普通高等教育创新型人才培养系列教材

大学普通物理实验
（第2版）

主编　赵 杰

北京航空航天大学出版社

内 容 简 介

本书系统、全面地介绍了高校物理学专业的"普通物理实验"课程及工科各专业的"大学物理实验"课程内容,涵盖误差理论、力学、热学、电磁学、光学、原子物理、部分近代物理实验等内容,共计 70 个实验项目。本书综合性、设计性、创新性项目占比高,部分实验项目附带参考实验数据。

本书的通用性强,实验项目涵盖了高校物理学专业课程的绝大部分实验教学项目,可作为高校物理学专业"普通物理实验"及工科"大学物理实验"课程的教材或参考书,也可作相关技术人员的参考资料。

图书在版编目(CIP)数据

大学普通物理实验 / 赵杰主编. --2 版. -- 北京 :
北京航空航天大学出版社,2024.9
ISBN 978 - 7 - 5124 - 4213 - 9

Ⅰ. ①大… Ⅱ. ①赵… Ⅲ. ①普通物理学—实验—高
等学校—教材 Ⅳ. ①O4 - 33

中国国家版本馆 CIP 数据核字(2024)第 097535 号

大学普通物理实验(第 2 版)
主编 赵 杰
策划编辑 董 瑞 责任编辑 周世婷
*
北京航空航天大学出版社出版发行

北京市海淀区学院路 37 号(邮编 100191) http://www.buaapress.com.cn
发行部电话:(010)82317024 传真:(010)82328026
读者信箱:goodtextbook@126.com 邮购电话:(010)82316936
北京九州迅驰传媒文化有限公司印装 各地书店经销
*
开本:787×1 092 1/16 印张:16.75 字数:440 千字
2024 年 9 月第 2 版 2024 年 9 月第 1 次印刷 印数:1 000 册
ISBN 978 - 7 - 5124 - 4213 - 9 定价:58.00 元

前　言

　　本书是在深刻领会党的二十大关于"实施科教兴国战略,强化现代化建设人才支撑"精神的基础上,按照教育部和山东省教育厅关于物理是实验教学示范中心建设的要求,结合编者长期的实验教学改革经验和成果编写的。在编写过程中,力争做到突破传统的物理实验教学模式,增加了许多综合设计性和提高创新性的实验内容,将许多传统的实验项目(或其部分内容)改进为设计型(或局部设计型)实验项目,使学生由被动地执行实验过程变为主动地参与实验过程。本书将各实验课程的实验教学项目与内容进行大胆改革,打破了传统实验教材的结构体系,建立了基础型实验、提高型实验、综合设计研究创新型实验,结构层次清晰。注重培养学生动手能力、创新思维能力,减少单纯验证性实验的比例。删除或更新不符合教学发展的传统实验项目。为了实现教学内容的现代化,使之与科学技术的发展相适应,与生产和工程技术实际相衔接,本书增加了一些综合性、应用型的实验项目。

　　由于各个高校的实验仪器不尽相同,实验教材很难同理论教材那样具有很好的通用性。为此,我们在编写该书的过程中注重提高教材的通用性,有的实验还提供了可供选择的仪器和实验方法。本书也将有助于提高学生的分析和解决问题能力、动手能力、创新能力等综合素质。本教材选择的实验项目和实验内容,突出了时代性、先进性、适用性。

　　本书实验内容涉及大学物理中的力学、热学、电磁学、光学、原子物理、部分近代和应用物理的知识,本书既可作为高校物理学专业的普通物理实验教材,又可作为非物理学专业的大学物理实验教材,专业通用性强。

　　本书主编为赵杰,副主编为杨学锋、罗秀萍、陈书来、刘辉兰、王红梅,参与编写的还有李海彦、刘志华、王吉华、崔廷军、魏勇、赵东来、李振华。

　　本书编写过程中,参考和引用了国内部分高校编写的实验教材以及部分国内知名仪器生产厂家的仪器说明书中的内容,在此一并表示感谢。

　　由于时间仓促,且编者水平有限,书中的不当之处,恳请读者批评指正。

赵杰(教授)

2024 年 1 月

目　　录

第 1 部分　基础型实验

第 2 部分　提高型实验

第 3 部分　综合设计研究创新型实验

第1章 绪 论

1.1 物理实验的地位和作用

我们要践行党的二十大提出的"必须坚守正创新"的号召。物理学的研究对象具有相当的普遍性,其基本理论渗透在自然科学的许多领域,应用于生产技术的各个部门,是自然科学的许多领域和工程技术的基础。创新离不开物理学,因此,学好物理学很重要。

物理学是建立在实验基础上的一门自然科学学科。任何物理规律的发现和理论的建立都以严格的实验为基础,并受到实验的检验。在物理学的整个发展过程中,物理实验起着非常重要的作用。

在经典力学发展之初,首先把科学的实验方法引入物理学研究中的物理学家是伽利略。在此之后,物理学的研究才真正走上科学的道路。经典物理学的奠基人牛顿则在大量实验的基础上总结出牛顿三大定律和万有引力定律。

物理学中的麦克斯韦电磁学理论是一个较完善的理论,然而其理论的建立则离不开奥斯特在一次课堂实验中发现的电流的磁效应和法拉第数十年的实验研究结论——磁也可以产生电。正因为有了这两位科学家的实验研究,才使得电磁学的理论大厦得以圆满建成。奥斯特和法拉第的结论推动了电磁学的发展,同样杨氏双缝实验和光电效应实验也相应推动了光学的发展,其中双缝实验揭示了光的波动性,光电效应实验告诉人们光也同时具有量子性。

现代科学技术的高速发展更离不开物理学理论和实验的构思和方法。物理实验的一些实验理论、方法已经广泛渗透到了自然科学的各个学科和工程技术领域。例如,声波测井、物质的化学成分与光谱的结构分析、原油或油品流动性质的研究等,实际上都是一些专业的物理实验。正是把物理实验方法运用于各领域专业,才使其他专业得到迅速发展。

"大学物理基础实验"是大学理工科学生进行科学实验训练的一门独立的必修基础课程,是学生进入大学后受到系统实验方法和实验技能训练的开端。大学物理实验课程对学生能力和素质的培养不仅包含通常意义上的实验技能和操作技能,也包含实验过程中发现问题和解决问题的能力、综合分析能力、创新能力、科学发现能力的启蒙,还包含实验者的科学态度、求是精神、坚韧不拔的意志、追求真理的勇气及爱护实验仪器的良好品德和科学习惯。它在培养学生运用实验手段去分析、观察、发现以至研究、解决问题的能力方面,以及培养学生的创新能力和创新精神方面都起着重要的作用,并且是理论课程不能替代的。

物理实验的作用不仅在于实验的内容,更重要的是实验进行的过程。在实验进行的过程中,学生们不仅掌握了知识,而且了解到知识创造的过程,从而学会学习,为终身教育打下一个坚实的基础。另外,在实验过程中同学间的相互协作、共同探索的品质和团队精神也得到培养。物理实验课的基本环节包括课前预习、实验过程、实验报告。

1.2　课前预习

课前预习对做好实验起十分重要的作用。

一次实验课的时间有限,从熟悉仪器到测出数据,任务繁重。若课前不明确实验的目的、要求、原理和方法,不知道要测量哪些物理量、用什么仪器和怎样测量,不明确实验的思路和基本过程,不了解哪些地方是本次实验的重点以及需要特别注意的地方,到上课时就不可能做好实验。可以肯定地说,实验能否顺利进行,能否获得预期的结果,很大程度上取决于预习是否充分。因此,每次做实验之前必须预习,而且必须认真预习!

预习时主要阅读实验教材相关内容,必要时还要参考其他资料,以求基本掌握实验的整体概况,明确实验目的,弄懂实验原理,了解实验内容,熟悉实验步骤。对实验中使用的仪器和装置,要阅读教材中有关仪器部分,了解使用方法和注意事项。总之,要通过课前的预习和思考,在脑海中形成一个初步的实验方案,并在此基础上写出预习报告。预习报告的内容包括实验名称、实验目的、实验原理概要、实验仪器、实验内容和步骤概要。上实验课前教师要检查预习报告,没有预习者不允许进行实验。

1.3　实验过程

实验过程是实验课的中心环节。

在动手实验之前,要先认识和清点所用仪器、装置和器具,了解其主要功能、量程、级别、操作方法和注意事项,不要急于测量。实验时,要有目的、有计划地进行操作。首先是布置、安装(或接线)和调试仪器。仪器的布局要合理,尽量按电路图的布局摆放各个仪器,这样接线不易出错,也便于教师快速检查,提高效率。还要考虑到实验者和仪器的安全。合理选择仪器量程,严格遵守使用说明和操作规程,细致、耐心地把仪器调整到最佳工作状态。在电学实验中,接线完毕后,学生应自己做一次检查,再请指导教师复查,确认正确无误后才能接通电源。

调试完毕后即可开始实验。起初可做探索性试验操作,粗略地观察一下实验过程,若无异常现象,便可正式进行实验。如出现异常现象,应立即切断电源,认真分析,仔细排查,并向指导教师反映。待找出原因,排除异常后再开始进行实验。

测量时要把原始数据整齐地记录在预习时已经准备好的数据处理表格中,注意数据的有效数字和单位。不要将原始数据记在另外的纸上再誊写到数据处理表格中,这样容易出错,况且这也就不再是第一手的"原始记录"了。如果记录的数据有错误,可用一斜线轻轻划掉,把正确的原始数据写在其旁,但不得涂改数据。要记住,原始数据是实验的最珍贵资料。

实验完毕后,先不要急于拆除实验仪器和它们的连接关系,而要暂时保持测试条件,请教师审阅实验记录正确后再拆除,否则如果实验数据错误,还要再连接一遍费时费力甚至没时间重新测试。必要时也可能要重新测量。最后,经教师确认并签字后,再将仪器整理到实验开始前的摆放状态,清理环境卫生后再离开实验室。

1.4　实验报告

实验报告是对所做实验的系统总结,是学生表达能力和信息交流能力的集中体现,也是交流实验成果的媒介,要用简明的形式将实验结果完整而又真实地表达出来。写报告时要求文字通顺,字迹端正,图表规矩,结果正确,讨论认真且全面。应养成实验完成后尽早将实验报告完成并上交的习惯。一份完整的实验报告应包括:实验名称、姓名、学号、指导教师姓名、实验日期、实验目的、实验原理、实验仪器、实验步骤、数据处理、实验结果和结果讨论。

　　数据处理一项中应包括:数据表格、计算过程、图示法或图解法处理数据和误差分析(包括确定实验结果的误差范围,找出影响实验结果的主要因素等;误差过大时应分析原因,对误差做出合理的解释)。

　　实验结果一项中应包括测量结果,即被测量的最佳估计值。若是对同一量的多次测量,则测量结果应是测量值的算术平均值。并且必须附带测量不确定度或绝对误差和相对误差(含计算方法、概率及测量次数)。必要时,应说明测量所处的条件,或影响量的取值范围。有些实验报告,还可模仿学术论文的形式撰写,以培养和训练撰写科学论文的能力。如果实验是观察某一物理现象或验证某一物理定理,则需要根据误差判断实验是否验证了理论。

　　结果讨论一项包括:实验过程中观察到的正常或异常现象、数据、结果等可能的解释,对实验仪器装置和实验方法改进的建议及推广到社会实际领域的设想等。在这一项实验者还可以记录下印象特别深刻的体会感受等内容。

1.5　物理实验的基本规则

　　① 实验前必须认真预习,并写出预习报告,不预习和达不到要求者不准进行实验。

　　② 准时到实验室上课,每次实验前学生都要签到。迟到者,指导教师应对其进行批评教育;迟到超过 15 分钟者不准进行当日的物理实验。

　　③ 做实验时,态度要严肃认真,积极思考,严谨实践。注意保持实验室安静、整洁;不得自行调换仪器,如遇仪器发生故障或异常情况应及时报告指导教师。

　　④ 操作仪器、连接线路必须按照有关规程和注意事项进行。因违反规程或违反纪律而损坏仪器时,应填写仪器损坏报告并按学校规定赔偿。数据测量完毕,应交给指导教师检查,教师在原始记录上签字认可后,将仪器整理到实验开始前的状态,才能离开实验室。每个实验大组应安排值日生课后及时清扫实验室。

　　⑤ 不能无故缺课,如果因故不能上课要事先请假,并和同班其他组的同学互换实验时间,让同学把纸质的情况说明交给本次任课老师。无故缺席或无情况说明者按规定扣除一定的实验分数;缺课太多或有其他严重违规行为的按学校规定处理。

　　⑥ 教师签字的原始记录不得丢失,如丢失则须补做该实验或扣除一定的实验成绩。

第 2 章　误差理论与数据处理

（赵　杰）

　　物理实验离不开对物理量的测量,待测物理量的真值是客观存在的数值,但受限于测试条件等不利因素,测量值与实际的真值之间总存在一定的差异,即误差。研究误差的意义在于：

　　① 分析误差产生的原因,以便采取最佳实验手段来减小误差。

　　② 正确处理测量实验数据,使得到的数据更接近真值。

　　③ 合理选择仪器和实验方法,使测出的数据更加合理。

2.1　测　量

1. 测量的定义

　　测量就是用仪器或工具对待测物理量测取数据的过程。具体地说,测量就是将待测量与标准量进行比较,确定被测量的量值。通俗地讲,测量就是借助仪器,用某一计量单位把待测量的大小表示出来,确定待测量是该计量单位的多少倍。测量数据要写明数值的大小和计量单位。

2. 测量的类型

（1）按测量方式分

按测量方式不同,测量可分为直接测量和间接测量。

　　① 直接测量：用测量仪器能直接测出被测量的数值的测量过程称为直接测量,相应的被测量称为直接测量量。例如,用游标卡尺测物体的长度,用天平称物体的质量,用秒表测时间等,这些均是直接测量。相应的长度、质量、时间等均称为直接测量量。直接测量按测量次数分为单次测量和多次测量。

　　单次测量：只测量一次的测量称为单次测量。单次测量主要用于测量对精度要求不高,测量比较困难或测量过程带来的误差远远大于仪器不确定度的测量。例如,在单摆实验中,测摆线的长度用的就是单次测量。

　　多次测量：测量次数超过一次的测量称为多次测量。多次测量按测量条件主要分为等精度测量和非等精度测量。

　　② 间接测量：对于某些物理量,由于没有合适的测量仪器,不便或不能进行直接测量,只能先测出与待测量有一定函数关系的直接测量量,再将直接测量的结果代入函数式进行计算,得到待测物理量的测量值,这个过程称为间接测量,即先进行直接测量,然后经过一定的数学运算才能得到测量结果,相应的被测量称为间接测量量。例如,测立方体物体的密度,必须先测量物体的边长 a 和质量 m,然后利用公式 $\rho = \dfrac{m}{v} = \dfrac{m}{a^3}$ 计算密度。物理实验中绝大多数测

量都是间接测量。

（2）按测量条件分

按测量条件不同，测量可分为等精度测量和非等精度测量。

① 等精度测量：在测量条件相同的条件下进行的多次重复性测量称为等精度测量，即环境、人员、仪器、方法等不变，对同一个待测量进行多次重复测量。由于各次测量的条件相同，因此，每次测量结果的可靠性是相同的，不能确定某次测量比另一次测量更准确，也即认为每次测量的精度都是相同的。在"大学物理实验"课上进行的测量，几乎都是等精度测量。

② 非等精度测量：在不同测量条件下（例如环境温度、光照等发生了变化），用不同的仪器、不同的测量方法、不同的测量次数、不同的人员进行测量和研究，这种测量叫作非等精度测量。它主要用于高精度的测量。

在实际测量中，常用的测量主要是单次测量、等精度测量和间接测量。当测量精度要求不高时，用单次测量；当测量精度要求比较高时，用等精度测量；当无法直接测量时才用间接测量。

3. 测量的方法

常用的测量方法有直读测量法、比较测量法、替代测量法、放大测量法、平衡测量法、模拟测量法、几何光学测量法、干涉测量法和衍射测量法等。

2.2　误　差

在一定实验条件下，任何一个物理量都有一个客观存在的真值，但是真值是无法获知的。测量值只能接近真值，也即测量值与真值之间总存在差异，该差异就是测量误差。测量误差的大小反映了测量的准确度。误差按照不同的定义方式，产生了各种概念。

1. 测量误差

测量误差产生的原因诸多，其主要原因是仪器的精度等级的局限性、实验室温度及光照等环境的影响、实验理论的近似性、实验人员的个人因素等。测量误差可分别用绝对误差、相对误差、百分误差来表示。

（1）绝对误差

$$绝对误差 = 测量值 - 真值 \qquad (2-1)$$

绝对误差反映了测量的准确程度。由于误差存在于一切测量过程中，真值虽然是客观存在的实际值，但无法得到，又因为平均值是最接近真值的，因此，在等精度测量中常用测量值与平均值之差估算绝对误差，即

$$绝对误差 = 测量值 - 平均值 \qquad (2-2)$$

估算绝对误差时，有时用被测量的公认值、理论值或更高精度的测量值来代替真值。

（2）相对误差

$$相对误差 = \frac{绝对误差}{真值} \times 100\% \qquad (2-3)$$

相对误差反映的是测量过程中出现的误差在整个物理量中所占的比重。

(3) 百分误差

$$百分误差 = \frac{测量值 - 公认值}{公认值} \times 100\% \qquad (2-4)$$

由于任何测量都不可避免地引入误差，因此需要分析误差，尽可能缩小误差，并对最后结果中的误差做出估计界定。这就是物理及科学实验中不可缺少的工作。测量误差按其产生的原因与性质又可分为系统误差、随机误差和粗大误差。

2. 系 统 误 差

在同一实验条件下，多次测量同一物理量的值时，误差的正负号及绝对值保持不变(比如测量值总是偏大或偏小)，或在条件变化时，按一定规律变化的误差称为系统误差。这里所说的"一定规律"是指这种误差可以归为某一个或某几个因素的函数，这种函数可用解析公式、曲线或数据表格来表达。系统误差的来源有以下几方面。

① 仪器误差。仪器本身的缺陷或者实验人员没按照使用方法使用，如仪器或测量工具的零点没调好、刻度不准、仪器没校准好等。

② 理论或实验方法引起的误差。这是由于测量所依据的理论公式的近似性或测量方法的局限性，或者实验没达到理论所要求的实验条件。比如，单摆实验测重力加速度时摆角大于5°，用天平称重没考虑空气的浮力，忽略电表内阻对测量结果的影响等。

③ 环境导致的误差。如测光强时，室内遮光不好导致受环境光的影响而测量结果偏大。

④ 人为误差。受限于实验人员个人习惯导致的误差。例如，有的人把头偏向一侧读数，控制开关或读取数据速度较慢等。

系统误差总是使多次测量结果偏向某一方，数据都偏大或都偏小，直接影响了测量结果的准确性。可见，采用多次测量取平均的方法也无法消除系统误差，只能找出产生误差的原因来消除或减小系统误差。但发现和减小系统误差不是很容易的，这取决于实验人员的实验能力。

3. 随 机 误 差

在消除或忽略系统误差的条件下，测得的各个数据仍有差别，这种误差称为随机误差。随机误差的特点是测出的某物理量的绝对值的大小以及正负号以不可预知的变化方式呈现。这种误差是实验条件中随机出现的微小变化引起的(包含仪器的和人为的)。但正方向和负方向误差出现的概率相同，测量次数越多该规律越明显，这就是正态分布规律。多次测量的算数平均值可以减小随机误差的影响且趋于真值。当测量次数足够多时，该误差符合统计规律。

(1) 残差、偏差、误差

设 x_0 为被测物理量的真值，$\bar{x}$ 为有限的 n 次测量被测物理量的平均值，m 为无限次测量的总平均值。

残差 Δx_i 为单次测量值 x_i 与有限次测量平均值 $\bar{x}$ 之差，即

$$\Delta x_i = x_i - \bar{x} \qquad (2-5)$$

偏差 Δx_{mi} 为单次测量值 x_i 与无限次测量平均值 m 之差：

$$\Delta x_{mi} = x_i - m \qquad (2-6)$$

其中，
$$m = \lim_{n \to \infty} \frac{\sum_{i=1}^{\infty} x_i}{n}$$

误差 Δx_{0i} 为单次测量值 x_i 与真值 x_0 之差,即

$$\Delta x_{0i} = x_i - x_0 \qquad (2-7)$$

由于残差和误差有正负,故常用"方均根"的方法进行统计,得到的结果分别称为"标准偏差"和"标准误差"。当不考虑系统误差或系统误差为零时,偏差才等于误差。

(2) 正态分布

对于一维正态分布(见图 2-1),满足高斯方程:

$$f(\Delta x_{mi}) = \frac{1}{\sigma \sqrt{2\pi}} \exp\left[-\frac{1}{2}\left(\frac{\Delta x_{mi}}{\sigma}\right)^2\right] \qquad (2-8)$$

式中,σ 为标准偏差(简称标准差),与偏差 Δx_{mi} 成函数关系,表达式为

$$\sigma = \lim_{n\to\infty} \sqrt{\frac{1}{n}\sum_{i=1}^{n}(x_i - x_0)^2} \qquad (2-9)$$

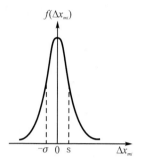

图 2-1

由(2-8)式可见,σ 选定后,所表达的函数关系或正态分布曲线的尖锐程度就唯一确定了。σ 越小,正态分布曲线越尖锐,测量精度越高。

为了统计随机误差的概率分布,现将概率密度函数在 $(-\infty, +\infty)$、$(-\sigma, +\sigma)$、$(-2\sigma, +2\sigma)$、$(-3\sigma, +3\sigma)$ 区间积分,得到随机误差在相应区间的概率值分别为

$$P(-\infty, +\infty) = \int_{-\infty}^{+\infty} f(\Delta x_{mi}) \mathrm{d}\Delta x_{mi} = 100\%$$

$$P(-\sigma, +\sigma) = \int_{-\sigma}^{+\sigma} f(\Delta x_{mi}) \mathrm{d}\Delta x_{mi} = 68.3\%$$

$$P(-2\sigma, +2\sigma) = \int_{-2\sigma}^{+2\sigma} f(\Delta x_{mi}) \mathrm{d}\Delta x_{mi} = 95.4\%$$

$$P(-3\sigma, +3\sigma) = \int_{-3\sigma}^{+3\sigma} f(\Delta x_{mi}) \mathrm{d}\Delta x_{mi} = 99.7\%$$

由此可知,随机误差落在 3σ 的概率仅为 0.3%,是正常测试不会出现的小概率事件,因此就把某次测量值偏离平均值 $\pm 3\sigma$ 定义为误差极限,如果出现残差 $\Delta x_i \geqslant 3\sigma$,就应该在测量列数据中剔除该测量值。在物理实验中,通常以 68.3% 的置信概率为准来计算标准差 σ。

正态分布具有以下四个重要特性。

① 单峰性:很小的误差数量多且误差数据集中,形成一个峰值。该值出现在 $\Delta x_i = 0$ 附近,即接近真值的实验数据出现的概率最高。

② 对称性:正负误差出现的概率相同。

③ 有界性:$|3\sigma|$ 为误差的极限界限。

④ 抵偿性:正负误差具有抵消性。当测量次数 $n\to\infty$ 时,测量的平均值就逼近真值。因此,要减少随机误差,就得增加测量次数来提高测量精度。

对于有限次测量,测量列中任一个测量值的标准偏差公式(即贝塞尔公式)为

$$\sigma_x = \sqrt{\frac{1}{n-1}\sum_{i=1}^{n}(x_i - \bar{x})^2} \qquad (2-10)$$

σ_x 反映了该组测量列中的任意一个测量值 x_i 与真值的靠近或分散程度,当以此描述一列测量的偏差时,表示该列测量数据中任一个测量值的标准偏差落在 $(-\sigma_x, +\sigma_x)$ 区间内的置信概率为 0.683。然后,再用 t 分布(有限次测量的 t 分布曲线比高斯曲线峰值区域稍微矮点且曲线的两边有些抬高,但两者的形状很相似,类似图 2-1)系数对标准偏差进行修正,估算

出测量列各个数据的标准偏差:

$$\sigma_t = \sigma_x \times t_{0.683} \tag{2-11}$$

由表 2 - 1 可见,在置信概率为 68.3% 的情况下,测量次数大于 6 次,t 因子数值就接近 1,t 分布与正态分布给出的随机误差结果差别不大,因此,实验中用测量次数大于等于 6 次的测量列算数平均值的标准偏差来估算测量结果的随机误差。

表 2 - 1　实验中不同测量次数 t 因子的数值表

n	2	3	4	5	6	7	8	9	10	…	∞
$t_{0.683}$	1.84	1.32	1.20	1.14	1.11	1.09	1.08	1.07	1.06	…	1

测量列的算术平均值的标准偏差:

设在相同的条件下,系统误差分量为零。此时,对同一物理量做多列重复测量,每一列数据都可得到一个不同的算术平均值,随机误差的存在导致每个测量列的算术平均值也不同。这些平均值围绕真值有一定的分布,这个分布说明了算术平均值也是有误差分布的。因此,用算术平均值的标准偏差来表征其算术平均值可靠性的评定标准。

对某物理量 x 测量 n 次,其平均值为

$$\bar{x} = \frac{1}{n}(x_1 + x_2 + x_3 + \cdots + x_n) \tag{2-12}$$

则算术平均值的标准偏差为

$$\sigma_{\bar{x}} = \sqrt{\frac{\sum_{i=1}^{n}(x_i - \bar{x})^2}{n(n-1)}} = \frac{\sigma_x}{\sqrt{n}} \tag{2-13}$$

因此,测量列的算术平均值的标准偏差 $\sigma_{\bar{x}}$ 仅为测量列任一测量值的标准偏差 σ_x 的 $\frac{1}{\sqrt{n}}$ 倍,它反映了测量列的算术平均值随不同测量列的不一致程度,也反映了偏离真值的程度。显然,测量列的算术平均值比测量列中的任何一个测量值都要接近真值,并且当 $n \to \infty$ 时,$\sigma_{\bar{x}} \to 0$,即其算术平均值不再分散化,而是逼近真值。这也说明增加测量次数可以减小随机误差。$\sigma_{\bar{x}}$ 表示测量列算术平均值的标准偏差落在 $(-\sigma_{\bar{x}}, +\sigma_{\bar{x}})$ 区间内的置信概率为 0.683,也表示在忽略了其他误差(如系统误差、粗大误差)的条件下,真值落在 $(\bar{x} - \sigma_{\bar{x}}, \bar{x} + \sigma_{\bar{x}})$ 区间的概率为 68.3%。

可以用最小二乘法来证明测量列的平均值就是真值的最佳估计值。

根据最小二乘法原理(见后续最小二乘法相关内容),可得到下列表达式:

$$\sum_{i=1}^{n}(x_i - x_{最佳})^2 = \min \tag{2-14}$$

为达到极小值条件,应对式(2-14)求一阶导数并令其为零,即

$$f'\left[\sum_{i=1}^{n}(x_i - x_{最佳})^2\right] = 0 \tag{2-15}$$

同时还要满足其二阶导数大于零。由于

$$f''\left[\sum_{i=1}^{n}(x_i - x_{最佳})^2\right] = 2n \tag{2-16}$$

显然,其二阶导数是大于零的,说明求出的极值为极小值。

解式(2-15),得

$$2\sum_{i=1}^{n}(x_i - x_{最佳}) = 0$$

即

$$\sum_{i=1}^{n}(x_i - x_{最佳}) = 0$$

因此

$$x_{最佳} = \frac{\sum_{i=1}^{n} x_i}{n} = \bar{x} \qquad (2-17)$$

由式(2-17)可知,测量列数据的算术平均值就是最接近真值的实验数据。

4. 粗大误差

粗大误差是实验者粗心大意而产生的,比如把数据读错或记错、仪器有故障等。但只要认真、细心做实验,正确操作和记录实验数据,该类误差是完全可以避免的。

粗大误差误差较大,明显歪曲了测量结果,此类数据是坏值,要剔除。粗大误差剔除的方法是先计算平均值 $\bar{x}$,再计算标准偏差 $\sigma_x = \sqrt{\dfrac{1}{n-1}\sum_{i=1}^{n}(x_i - \bar{x})^2}$,当某个或某几个实验数据 x_i 的残差 $\Delta x_i = x_i - \bar{x} \geq 3\sigma_x$ 时,就应在该测量列数据中剔除这些坏值,该方法也称 3σ 法。

2.3　不确定度

1. 不确定度的定义

前述的误差是一个理想的概念,本身就是不确定的,又由于真值不能准确得到,故测量误差也无法确切获得。因此,引入不确定度的概念。不确定度是被测物理量的真值落在某个数值范围内的一个评定。

不确定度通过置信区间和置信概率来表述,例如把实验结果 X 写为

$$X = X_0 \pm \Delta X \qquad (P = P_0) \qquad (2-18)$$

式中,ΔX 为不确定度;X_0 为平均值。X 置信区间为 $(X_0 - \Delta X, X_0 + \Delta X)$,置信概率为 P_0,也即真值落在 $(X_0 - \Delta X, X_0 + \Delta X)$ 区间的概率为 P_0(物理实验取 0.683 或 68.3%)。

总的不确定度(简称不确定度)是由多次测量用统计方法计算出的 A 类分量 ΔX_A 与用非统计方法算出的 B 类分量 ΔX_B,用"方、和、根"而合成的,即

$$\Delta X = \sqrt{\Delta X_A^2 + \Delta X_B^2} \qquad (2-19)$$

相对不确定度为

$$\delta = \frac{\Delta X}{X} \times 100\% \qquad (2-20)$$

ΔX_A 与 ΔX_B 应该取相同的置信概率(物理实验中为 68.3%)。

2. 仪器的不确定度

物理实验中的非统计误差因素有多个可能性,但最主要的还是仪器本身带来的误差,此时

的不确定度属于 B 类不确定度:

$$\Delta X_B = \frac{\Delta X_{允差}}{\beta}$$

式中, $\Delta X_{允差}$ 为仪器标明的允差; β 是与仪器误差分布规律相关的常数。

当仪器误差服从均匀分布时, $\beta=\sqrt{3}$; 当仪器误差服从正态分布时, $\beta=3$; 当无法获知仪器的误差分布规律时,本着不确定度取宽限值的原则一律取 $\beta=\sqrt{3}$ 。仪器误差大多服从均匀分布,也即误差大小及正负号的概率相同,其概率曲线是一个矩形。

仪器不确定度的获得途径:

① 由仪器或说明书中给出(有的仪器在铭牌上已经标明了仪器的不确定度)。

② 由仪器的准确度等级获得:

$$\Delta X_{允差} = \frac{仪器的准确度等级 \times 量程}{100} \tag{2-21}$$

仪器的准确度等级由高到低排列为 0.1,0.2,0.5,1.0,1.5,2.5,5.0,共七个等级。

对于大多数仪器而言, B 类不确定度计算公式为

$$\Delta X_B = \frac{\Delta X_{允差}}{\sqrt{3}} \tag{2-22}$$

③ 其他无参数标注仪器的允差:

a. 连续读数的仪器取 $\Delta X_{允差} = \frac{1}{2} \times$ 最小分度值;

b. 非连续读数的仪器取 $\Delta X_{允差} = $ 最小分度值 + 由仪表精度等级算出的允差;

c. 数字式仪表 $\Delta X_{允差}$ 取数字的最末位 ± 1 。

在物理实验中,连续读数的仪器有米尺、螺旋测微计、千分表、显微镜、光具座、指针式电表等;非连续读数的仪器有游标卡尺、分光计上的角度盘、电阻箱、机械秒表等;数字式仪器有数字式电压表、数字式电流表、数字式欧姆表、数字式频率计等。

得到仪器允差 $\Delta X_{允差}$ 后,利用式(2-22)可计算出仪器的 B 类不确定度 ΔX_B 。实验室常用测量仪器的主要指标及允差见表2-2。

表 2-2　实验室常用测量仪器的主要指标及允差

仪器名称	量　程	最小分度	$\Delta X_{允差}$
直尺/mm	300	1	±0.5
游标卡尺/mm	125	0.02	±0.02
螺旋测微计/mm	0~25	0.01	±0.005
物理天平/g	500	0.05	±0.025
酒精温度计/℃	−20~60	1	±0.5
电表(0.5级)	—	—	0.5%×量程
电表(2.5级)	—	—	2.5%×量程

2.4　有效数字

1. 有效数字的定义

从多位数据的左端第一个非零数字到右端最后一位的所有数字(包含 0)均为有效数字。例如,0.123 0 是 4 位有效数字,其最后一位 0 是估读的,称为可疑位,不同的人读出的结果可能不同,但是前面的 0.123 都是准确的,不同的人读出的结果相同。

2. 有效数字的说明

① 非零数字后面不得随意增减 0。例如,用直尺测量物体末端正好对在 97 mm 刻度上,那么该物体长度应记为 97.0 mm,也即有 3 位有效数字,数字 9 和 7 都是准确数字,只有 0 是可疑的估读数字。如果记为 97 mm 就错了,此时有 2 位有效数字,数字 7 变为可疑数字。两者的读数精度差了 10 倍。对于连续刻度读数的直尺、指针式电表、螺旋测微计等,应估读最小刻度的 1/10 作为可疑位数字。

② 左边第一个非零数字左边的所有 0 都不是有效数字。例如,把 97 mm 改写成 0.097 m 后有效数字还是 2 位。

③ 在运算过程中,π,$\sqrt{2}$,$\sqrt{3}$ 等无理数要直接按计算器上的相应按键调出数据取用,以减小计算误差。

④ 有效数字的科学表达法。为方便表达很大或很小的数据,通常改写成小数点前只包含一位非零数字再乘以 $10^{\pm n}$(n 为正整数)的形式,该方法为有效数字的科学表达法。例如,把 97 mm 换算成微米单位,就不应写为 97 000 μm,因为按照有效数字定义这就变成 5 位有效数字了,相当于错误地将测量精度提高了 100 倍,应该把数据改写为 9.7×10^4 μm,这样有效数字还是 2 位,而 10^4 不是有效数字。因此,在单位变换或一般表达式变换为科学表达式时,有效位数不能改变。

3. 数值的取舍规则

测量数据的位数取舍是按照"四舍六入五凑偶"来进行的。尾数小于 5 的去掉(舍),尾数大于 5 的则进位(入),尾数等于 5 的把前面数凑成偶数(若前面数已经是偶数了,就要舍去后面这个数,保持前面那个偶数不变;若前面数是奇数,要把后面这个 5 进位,使前面那个奇数变为偶数)。例如,把下列多位有效数字都改写为 4 位有效数字。

3. 141 59→3.142; 2.717 29→2.717; 4.510 50→4.510(0 也是偶数);

3. 215 50→3.216; 7.691 499→7.691; 5.432 51→5.433(要舍掉的 5 后面还有 1,相当于要舍掉的 5 大于 5,按照 6 对待)

注意,在数据处理运算的中间过程不能只取一位可疑数字,而是要多取 1 或 2 位,最佳方法是将原始数据交由计算器运算,根据计算器给出的最后结果,再截取位数正确的有效数字即可。对于光速等物理常数及 π,$\sqrt{3}$ 等无理数,没有可疑位,计算过程中不应减少位数做近似处理;用计算器运算时,这些无理数要直接从计算器调出,不能减少位数加入运算。

4. 有效数字的运算规则

实验数据的处理过程是有效数字的运算过程。数据中的准确数字与准确数字运算后还是准确数字;可疑数字与可疑数字或准确数字运算后都是可疑数字;间接测量量的最后结果只保留一位有效数字。

基于上述规则,可得到下述具体运算规则。

① 进行加减运算时,计算结果的有效位的末位,取到参与运算各个分量中可疑位的最大位。各分量的末位都是可疑位,可疑位用下划线表示。例如:

$$
\begin{array}{r}
217.4\underline{6} \\
31.\underline{2} \\
+\ 5.71\underline{4} \\
\hline
254.\underline{374}
\end{array}
\qquad
\begin{array}{r}
57\underline{6} \\
-\ 61.7\underline{2} \\
\hline
514.\underline{28}
\end{array}
$$

上述两个算式的得数分别为 254.4 和 514,这是因为参与运算的各个分量的可疑位的最大位分别为小数点后一位(31.$\underline{2}$)和个位(57$\underline{6}$)。

② 乘、除运算时,计算结果的有效位数应与参与运算的各分量(分量中的非实验数据的准确数字,如计算公式中的自然整数及常量的有效数字位数均视为无限多)中有效数字位数最少的分量相同。例如:

$$1.632 \times 11.2 = 18.278\ 4 \approx 18.3$$

$$\frac{1.185\ 4 \times 1.053\ 5 \times 77.0}{35.111 \times 13.011 \times 0.609} = 0.345\ 636\ 039\ 0 \approx 0.346 = 3.46 \times 10^{-1}\ \text{(用科学表达式)}$$

③ 乘方、开方运算的有效数字位数与其底数相同。例如:

$$3.14^2 = 9.859\ 6 \approx 9.86$$

$$\sqrt{256} = 16.0$$

实际计算时,如果用计算器计算,中间过程不必进行数据位数的取舍,直接代入各个原始数据计算,只须将最后得数按有效数字规则进行取舍即可。

④ 指数、对数、三角函数运算的有效数字位数由误差分析来定。例如计算 lg 5.56:

lg 5.56 = 0.745 074…。变化估读位:lg 5.5$\underline{7}$ = 0.745 855…,运算结果的小数点后第 4 位才开始变化,也即小数点后第 4 位数字是可疑的。因此, lg 5.5$\underline{6}$ = 0.7450$\underline{\ }$,是 4 位有效数字,比 5.57 多了一位有效数字。可总结出规律:常用对数运算结果的有效数字的小数点后的位数比其真数的位数多一位(此时,第一位数大于 5)或相同;自然对数运算结果的有效数字位数,其小数点后的位数与其真数的有效数字位数相同,例如 ln 56.7 = 4.038。

对于指数 e^x 运算,数据很大,需要用科学记数法写出,计算结果的小数点前面只保留一位非零数字,小数点后面保留的有效数字位数与指数在小数点后面的有效数字位数相同。例如:$e^{9.24} = 1.03 \times 10^4$。

对于 10^x,数据很大,也需要用科学记数法写出,计算结果的小数点后保留的有效数字位数与指数在小数点后面的数字位数相同或少一位(一般当 10^x 计算结果中的左面首位数字大于 5 时)。例如:

两者相同位数:$10^{9.24} = 1.7\underline{4} \times 10^9$

少一位时：$10^{0.924} = 8.39$

⑤ 有效数字与不确定度的关系

由于有效数字的末位是估读位，存在着不确定性，而不确定度也只保留一位有效数字，因此，最终结果的数据表达就应该把平均值数据的小数点后的位数与不确定度的小数点后位数写成相同的，例如重力加速度最终测量结果要写成：

$$g = \bar{g} \pm \Delta g = 9.81 \pm 0.02 (\mathrm{m/s^2})(P = 0.683)$$

2.5　测量结果和不确定度的计算

1. 单次直接测量

在某些精度要求不高或条件不允许的情况下，只须进行单次测量。由于是单次测量，因此由统计方法计算的 A 类不确定度：

$$\Delta X_A = 0$$

B 类不确定度：

$$\Delta X_B = \frac{\Delta X_{允差}}{\sqrt{3}} \tag{2-23}$$

测量结果为 X_1，不确定度为

$$\Delta X = \sqrt{\Delta X_A^2 + \Delta X_B^2} = \Delta X_B = \frac{\Delta X_{允差}}{\sqrt{3}} \tag{2-24}$$

2. 多次直接测量

通常实验数据的测量要重复多次，以便提高测量精度。一般选取测量次数 $\geqslant 6$，使 t 分布因子接近 1，便于计算 ΔX_A。数据处理前应去掉导致系统误差的因素及剔除粗大误差，再进行下面的分析计算。

测量结果：

$$x_{最佳} = \frac{\sum_{i=1}^{n} x_i}{n} = \bar{x} \tag{2-25}$$

不确定度：

$$\Delta X = \sqrt{\Delta X_A^2 + \Delta X_B^2} = \sqrt{\sigma_{\bar{x}}^2 + \left(\frac{\Delta X_{允差}}{\sqrt{3}}\right)^2} \tag{2-26}$$

据式（2-11）和式（2-13），可得式（2-26）中算术平均值的标准偏差：

$$\sigma_{\bar{x}} = \sqrt{\frac{\sum_{i=1}^{n}(x_i - \bar{x})^2}{n(n-1)}} \times t_{0.683} \approx \sqrt{\frac{\sum_{i=1}^{n}(x_i - \bar{x})^2}{n(n-1)}} \times 1 \tag{2-27}$$

3. 间接测量

在物理实验中，大部分实验都是经过间接测量也即经过运算来获得最终结果的。间接测量值是把直接测量的结果代入函数关系式(即测量公式)计算而得到的。由于直接测量有误差,导致间接测量也有误差。函数运算必然影响间接测量值,这就是误差传递。各直接测量值的误差与间接测量值的误差之间的关系式,称为误差传递公式。

间接测量结果的不确定度取决于直接测量结果的不确定度和测量公式的具体形式。分析如下:

设 $y=f(x_1,x_2,\cdots,x_n)$,其中 $x_1,x_2,\cdots,x_n$ 为 n 个各自独立的直接测量值,y 为间接测量得出的值,将各直接测量值的算术平均值代入公式,即可求出间接测量的最佳估计值,即

$$\bar{y}=f(\bar{x}_1,\bar{x}_2,\cdots,\bar{x}_n) \tag{2-28}$$

间接测量的不确定度:对被测量的函数关系式进行全微分,来求结果的不确定度。为使微分简化,具体分为两种形式。

① 当测量公式为和差形式时,直接对函数微分来求不确定度 ΔY。

$$\mathrm{d}y=\frac{\partial f}{\partial x_1}\mathrm{d}x_1\pm\frac{\partial f}{\partial x_2}\mathrm{d}x_2\pm\cdots\pm\frac{\partial f}{\partial x_n}\mathrm{d}x_n \tag{2-29}$$

其中,$\mathrm{d}y$ 对应于 y 的不确定度 ΔY;$\mathrm{d}x_1,\mathrm{d}x_1,\cdots,\mathrm{d}x_n$ 分别对应于各自的不确定度。当 $x_1,x_2,\cdots,x_n$ 各自独立时,间接测量量 Y 的不确定度等于各个分量的均方根(或称方和根)。因此,

$$\Delta Y=\sqrt{\left(\frac{\partial f}{\partial x_1}\Delta x_1\right)^2+\left(\frac{\partial f}{\partial x_2}\Delta x_2\right)^2+\cdots+\left(\frac{\partial f}{\partial x_n}\Delta x_n\right)^2} \tag{2-30}$$

例 2-1　求函数 $Y=2X-Z$ 的不确定度。

解:对 Y 求微分:

$$\mathrm{d}Y=2\mathrm{d}X-\mathrm{d}Z$$

根据式(2-30),用不确定度符号代替上式中的微分符号,有

$$\Delta Y=\sqrt{(2\Delta X)^2+(\Delta Z)^2}$$

其中,直接测量的物理量 X、Z 的不确定度 ΔX、ΔZ 可由式(2-26)求出。

② 当测量公式为乘除、指数等形式时,要先取自然对数,再微分求相对不确定度 $\Delta Y/Y$。

$$\ln Y=\ln f(x_1,x_2,\cdots,x_n)$$

$$\frac{\mathrm{d}Y}{Y}=\frac{\partial \ln f}{\partial x_1}\mathrm{d}x_1+\frac{\partial \ln f}{\partial x_2}\mathrm{d}x_2+\cdots+\frac{\partial \ln f}{\partial x_n}\mathrm{d}x_n \tag{2-31}$$

用不确定度符号代替微分符号,则式(2-31)变为

$$\frac{\Delta Y}{Y}=\sqrt{\left(\frac{\partial \ln f}{\partial x_1}\Delta x_1\right)^2+\left(\frac{\partial \ln f}{\partial x_2}\Delta x_2\right)^2+\cdots+\left(\frac{\partial \ln f}{\partial x_n}\Delta x_n\right)^2} \tag{2-32}$$

几种常用函数的不确定度传递公式见表 2-3。需要注意的是,表中的不确定度 ΔA 或 ΔB 都是各自物理量的不确定度(由 A、B 两类不确定度合成的总的不确定度),即包含了用统计规律计算出的 A 类不确定度和由仪器参数等算出的 B 类不确定度,数据处理时不要丢掉其中的任何一类不确定度。当然,如果某类不确定度远小于另一类不确定度,则可忽略。

表 2-3　常用函数的不确定度传递公式

函数关系式	不确定度传递公式	
	不确定度公式	备　注
$Y=A\pm B$	$\Delta Y=\sqrt{(\Delta A)^2+(\Delta B)^2}$	

函数 关系式	不确定度传递公式	
	不确定度公式	备　注
$Y = A \times B$	$\dfrac{\Delta Y}{Y} = \sqrt{\left(\dfrac{\Delta A}{A}\right)^2 + \left(\dfrac{\Delta B}{B}\right)^2}$	相对不确定度公式
$Y = \dfrac{A}{B}$	$\dfrac{\Delta Y}{Y} = \sqrt{\left(\dfrac{\Delta A}{A}\right)^2 + \left(\dfrac{\Delta B}{B}\right)^2}$	相对不确定度公式
$Y = \sqrt[n]{A}$	$\dfrac{\Delta Y}{Y} = \dfrac{1}{n}\dfrac{\Delta A}{A}$	相对不确定度公式
$Y = \sin A$	$\Delta Y = \mid\cos A\mid \times \Delta A$	—
$Y = \ln A$	$\Delta Y = \dfrac{\Delta A}{A}$	—

例 2 - 2　求函数 $Y = \dfrac{2X}{Z^3}$ 的相对不确定度。

解: 将函数两边取对数,得

$$\ln Y = \ln 2 + \ln X - 3\ln Z$$

再将上式两边取微分,有

$$\frac{\mathrm{d}Y}{Y} = \frac{\mathrm{d}X}{X} - 3\frac{\mathrm{d}Z}{Z} \tag{2-33}$$

用不确定度代替微分符号,则式(2 - 33)变为

$$\frac{\Delta Y}{Y} = \sqrt{\left(\frac{\Delta X}{X}\right)^2 + \left(3\frac{\Delta Z}{Z}\right)^2}$$

即不确定度:

$$\Delta Y = Y \times \sqrt{\left(\frac{\Delta X}{X}\right)^2 + \left(3\frac{\Delta Z}{Z}\right)^2} \tag{2-34}$$

式(2 - 34)中直接测量的物理量 X、Z 的不确定度 ΔX、ΔZ 可由式(2 - 26)求出,式中的 X、Z 为各自的平均值。

4. 实验结果的最后表示方法

$$Y = \bar{Y} \pm \Delta Y = \cdots(置信概率\ P = 68.3\%), \quad 相对不确定度 = \frac{\Delta Y}{Y} = \cdots$$

其中,ΔY 通常取 1 位有效数字,且与 $\bar{Y}$ 的小数点后的位数相同,相对不确定度通常取两位有效数字,但是在数据处理中间过程要多取 1 或 2 位有效数字。

例 2 - 3　用螺旋测微计($\Delta_{允差}\pm 0.004$ mm)对一钢丝直径 d 进行 6 次测量,测量值见表 2 - 4。螺旋测微计的零位读数为 -0.008 mm,试进行不确定度的数据处理并写出测量结果。

表 2 - 4 测量数据及数据计算

i	1	2	3	4	5	6
直径 d/mm	2.125	2.131	2.121	2.127	2.124	2.126
$\bar{d}_{零误}$/mm	2.126					
$d_i - \bar{d}_{零误}$/mm	0.001	0.005	−0.005	0.001	−0.002	0.000

解:消除可定的系统误差后,钢丝直径的平均值 $\bar{d} = \bar{d}_{零误} + 0.008 = 2.134$,根据式(2-10),可知测量列的标准偏差为

$$\sigma = \sqrt{\frac{1}{6-1} \sum_{i=1}^{6} (d_i - \bar{d}_{零误})^2} =$$

$$\sqrt{\frac{1}{6-1} (0.001^2 + 0.005^2 + 0.005^2 + 0.001^2 + 0.002^2)} = 0.003\,3$$

用 3σ 法检查是否有坏数据:

$$3\sigma = 3 \times 0.003\,3 = 0.0099$$

经检查表 2-2 中的残差 $d_i - \bar{d}_{零误}$ 最大才 0.005,都小于 0.009,因此测量列中无坏值。

A 类不确定度的计算

根据式(2-27),可知钢丝直径的算术平均值的标准偏差为

$$\sigma_{\bar{d}} \approx \sqrt{\frac{\sum_{i=1}^{n} (d_i - \bar{d}_{零误})^2}{n(n-1)}} = \sqrt{\frac{\sum_{i=1}^{6} (d_i - \bar{d}_{零误})^2}{6(6-1)}} = \frac{\sigma}{\sqrt{6}} = \frac{0.003}{\sqrt{6}} \text{mm}$$

则不确定度的 A 类分量 $\Delta X_A = \sigma_{\bar{d}} = \dfrac{0.003}{\sqrt{6}}$ mm。

B 类不确定度的计算

$$\Delta X_B = \frac{\Delta_{允差}}{\sqrt{3}} = \frac{0.004}{\sqrt{3}} \text{mm}$$

根据式(2-19),可知不确定度(也即合成总的不确定度)为

$$\Delta d = \sqrt{\Delta X_A^2 + \Delta X_B^2} = \sqrt{\left(\frac{0.003}{\sqrt{6}}\right)^2 + \left(\frac{0.004}{\sqrt{3}}\right)^2} = 0.0026 \text{ mm} = 0.003 \text{ mm}$$

相对不确定度为

$$\frac{\Delta \bar{d}}{\bar{d}} = \frac{0.002\,6}{2.134} = 0.12\%$$

测量结果的最终表达为

$$d = (2.134 \pm 0.003) \text{ mm} \quad (置信概率\ P = 68.3\%)$$

相对不确定度为 0.12%。

例 2 - 4 用单摆测重力加速度的计算公式为 $g = 4\pi^2 L / T^2$,各个直接测量量周期 T 及摆长 L 的测量结果(参照例 2-3 的数据处理方法)为

$$T = (1.984 \pm 0.002) \text{ s}, \quad \Delta T / T = 0.10\%$$

$$L = (9.78 \pm 0.01) \times 10 \text{ cm}, \quad \Delta L / L = 0.10\% (P = 0.683)$$

试进行间接量重力加速度 g 的数据处理。

解：

$$\bar{g} = \frac{4\pi^2 L}{T^2} = \frac{4\pi^2 \times 97.8}{1.984^2} = 980.9 \text{ cm} \cdot \text{s}^2$$

将上述重力加速度公式两边取自然对数，有

$$\ln g = \ln 4\pi^2 + \ln L - \ln T^2 = \ln 4\pi^2 + \ln L - 2\ln T \tag{2-35}$$

再对式(2-35)两边取微分：

$$\frac{\mathrm{d}g}{g} = \frac{\mathrm{d}L}{L} - 2\frac{\mathrm{d}T}{T} \tag{2-36}$$

用不确定度代替微分符号，式(2-36)变为

$$\frac{\Delta g}{g} = \sqrt{\left(\frac{\Delta L}{L}\right)^2 + \left(2 \times \frac{\Delta T}{T}\right)^2} = \sqrt{\left(\frac{0.1}{100}\right)^2 + \left(2 \times \frac{0.1}{100}\right)^2} =$$

$$0.002\,236 \approx 0.22\% \text{（相对不确定度取两位有效数字）}$$

则不确定度：

$$\Delta g = \bar{g} \times 0.002\,2 = 980.9 \times 0.002\,2 \text{ cm} \cdot \text{s}^{-1} =$$

$$2.157\,98 \text{ cm} \cdot \text{s}^{-1} \approx 2 \text{ cm} \cdot \text{s}^{-1} \text{（不确定度取 1 位有效数字）}$$

重力加速度测量结果为

$$g = \bar{g} \pm \Delta g = (981 \pm 2)\text{cm} \cdot \text{s}^{-1} = (9.81 \pm 0.02) \times 10^2 \text{cm} \cdot \text{s}^{-1} (P = 0.683)$$

注意：不确定度的末位要与平均值的末位的位数级别一致，且最后数据要写成科学表达式。

重力加速度 g 的相对不确定度为 0.22%。

5. 用不确定度均分原则选择仪器

不确定度均分原则是将间接测量要求的总不确定度均匀分配到各个相关的分量中（或者说设置成各个相关分量的不确定度都相等），由此选择各个物理量的测量方法和所应使用的仪器及精度。一般情况下，对测量结果影响较大的物理量应采用精度较高的仪器来测量，相反，对测量结果影响较小的物理量，就可用精度低的仪器测量，这样做可降低实验成本、节约资源，符合物尽其用、绿色环保的要求。

具体做法是：根据各量之间的函数关系公式写出不确定度传递公式，再把总不确定度均匀分配给各个分量，并使各个分量的不确定度≤均分的不确定度，然后再根据各个分量不确定度计算公式来计算允差，从而确定仪器的种类及精度。

例 2-5　用直尺粗测圆柱体直径 $D \approx 7$ mm、高 $h \approx 20$ mm。如果要精确测量该圆柱体的体积 V，并规定体积 V 的相对不确定度 $\frac{\Delta V}{V} \leqslant 0.1\% = 0.001$，试用不确定度均分原则来选择测量仪器的种类和精度。

解：由已知条件可知，该圆柱体的高度 h 和直径 D 都为可直接测量量，体积 V 为间接测量量，其计算公式为

$$V = \frac{\pi}{4} D^2 h$$

由式(2-32)，可得体积 V 的相对不确定度：

$$\frac{\Delta Y}{Y} = \sqrt{\left(\frac{2}{D}\Delta D\right)^2 + \left(\frac{1}{h}\Delta h\right)^2} \qquad\qquad (2-37)$$

由不确定度均分原则可知,式(2-37)中的两个相对不确定度分量的不确定度均分都 $\leqslant 0.05\%$,也即

$$\frac{2}{D}\Delta D \leqslant 0.0005, \qquad \frac{1}{h}\Delta h \leqslant 0.0005$$

由此可得直径 D 及高度 h 的测量不确定度:

$$\Delta D \leqslant 0.0005D/2 = 0.001\ 75\ \text{mm}, \Delta h \leqslant 0.000\ 5h = 0.01\ \text{mm}$$

对应的仪器允差可根据式(2-22)求得

$$\Delta D_{允差} = \sqrt{3}\,\Delta D \leqslant 0.001\ 75\sqrt{3} = 0.003\ 0\ \text{mm}$$

$$\Delta h_{允差} = \sqrt{3}\,\Delta h \leqslant 0.000\ 5\sqrt{3} = 0.017\ \text{mm}$$

可见,选择最小分度为 $0.01\ \text{mm}$(可估读到 $0.001\ \text{mm}$)、允差小于 $0.005\ \text{mm}$ 的螺旋测微计测量直径 D 就基本满足了测量需求(虽然螺旋测微计允差稍大,但很接近允差 $0.003\ 0\ \text{mm}$,如再找其他更高精度的仪器,实验成本就会明显提高,使用也不方便),选择最小分度为 $0.02\ \text{mm}$(允差)的游标卡尺测量高度 h,也满足需求,并且这两种测量工具的最大测量尺寸也都满足要求。但是如果用游标卡尺测量直径 D,则其允差不够;反之,用螺旋测微计测量高度 h,就有点大材小用。

2.6 　实验数据的处理方法

1. 列表法

把实验数据填入带有各个物理量名称的表格,就可简单明了地显示各个物理量的关系,并且可以发现坏数据及物理规律。使用列表法处理数据时,要注意以下几点:

① 要把表格的名称写在表格上方。

② 要求把名称及单位写在标题栏中,不必每个数据都写上。

③ 表中数据要正确反映测量数据的有效数字,并且数据应该是逐次递增或递减。

④ 可以把中间数据处理后的(比如,各个测量值与平均值的各个相应的残差值)得数填入表中,以便于后期代入公式计算,如后期要计算 $\sum\limits_{i-1}^{n}(x_i - \bar{x})^2$,就把这 n 个 $x_i - \bar{x}$ 算出来填入表中。

⑤ 数据列的公因子及幂等可以提取到标题栏,以简化表格。

2. 作图法

作图法是将物理量之间的关系在坐标纸上以图线形式表示出来。

(1)作图法的作用和优点

① 作图法可把一系列数据之间的关系用图线直观地表示出来,并利用物理量之间的变化规律,找出对应的函数关系,以便求出经验公式。

② 如果图线是依据许多数据描出的平滑曲线,则作图法有多次测量取平均值的作用。

③ 能简便地从图线中读出实验需要的某些结果。例如,直线 $y = ax + b$ 就可以从图线的

斜率求出 a 值，从截距求出 b 值。

④ 可以用作图法作出仪器的校准曲线。

⑤ 在图线上可以读出没有观测的某点所对应的 x 值和 y 值（内插法）；在一定条件下，也可以从图线的延伸部分读到测量数据以外的点（外推法），这样，对限于实验条件无法测量的实验数据，就可以利用作图法推算出来，这一点是很有实用价值的。

⑥ 根据作出的图线，可以发现实验数据中的坏值。

（2）作图方法及规则

① 选坐标纸。作图用的纸有直角坐标纸、对数坐标纸、极坐标纸、指数坐标纸等，"大学物理实验"中多采用直角坐标纸。

② 确定坐标轴名称及比例。一般坐标轴的横轴为自变量，纵轴为因变量。要画出坐标纸方向箭头，在箭头位置标上名称及单位。在坐标轴上每隔一定距离标上数值。坐标轴的比例要使得画出的图线大小适中，既不能太大而使画出的图线仅占坐标纸一个很小区域，又不能太小而使画出的图线不完整（有些实验数据点在图线上不能出现）。坐标的起点可以不是零。

③ 描点及连线。为便于修改，描点要用铅笔。利用实验数据中自变量和因变量一一对应的测量值，在坐标纸上画出若干一一对应的点。这些点一般用小的×号来描述。如果在同一张坐标纸上画多个图线，可再选用其他符号描点以示区别。

连线要尽可能抵达或接近大多数的点，没有落在连线上的点也要均匀分布在连线两侧，个别偏离很大的点为坏值，要剔除。

④ 在图线的合适部位标上图名称等信息（名称、实验者的姓名、日期等）。

例 2 - 6　表 2 - 5 所列是伏安法测电阻的一组实验数据，试用作图法求出待测电阻 R_X 的阻值。

表 2 - 5　伏安法测电阻实验数据

测量次数 n	1	2	3	4	5	6	7
电压 U/V	0.00	1.00	2.49	4.01	5.40	6.71	8.20
电流 I/mA	0.00	0.51	1.20	1.81	2.51	3.22	3.81

① 选直角坐标纸及确定横轴纵轴。直角坐标纸的一个大格包含 10 个小格。选自变量电流 I 为为横轴，横向 ≥4 个大格就够用，考虑余量选 5 个大格；纵向选 9 个大格为电压 U 轴，每大格为 1 V。坐标轴上画出箭头、名称和单位。

② 利用表中各组实验数据描点。在一定电流范围内，连线应为一条直线。因此，要将描的点连成一条直线，注意使直线经过大多数的数据点，没有在直线上的数据点也应均匀分布在直线两旁。

③ 根据欧姆定律知，电阻 $R_X = U/I$。因此，画出的直线的斜率就是待测电阻阻值。为了使算出的差值 $U_A - U_B$ 及 $I_A - I_B$ 的有效数字位数不减少，应在直线上选取间隔较大的两点（不要选表中已有数据），从坐标纸上读出这两点横坐标及纵坐标的值 (U_A, I_A) 及 (U_B, I_B)，则待测电阻

$$R_X = \frac{U_A - U_B}{I_A - I_B} = \frac{(8.50 - 2.20)}{(4.00 - 1.00) \text{ mA}} = 2.10 \text{ k}\Omega$$

注意：用作图法及下述的图解法得出的最后实验数据随意性及误差较大，因此一般不做不

确定度的数据处理。

④ 最后在坐标纸上标上"电阻的伏-安特性曲线",写上作者姓名及日期等信息。

3. 图解法

图解法是根据已经画好的图线,用解析的方法求出该图线所对应的函数关系,也即经验方程式,进而求得其他相关参数。

(1) 直线图解的步骤

① 在直线靠近两个端头的内侧找两个点,最好找的这两个点的横坐标及纵坐标为整数,便于计算。为了减小误差,这两点尽量不用原有数据点,且这两个点不要选得太靠近。

② 求直线斜率和截距。设经验公式为 $y=ax+b$,其斜率可由 AB 两点的坐标(x_A,y_A)及(x_B,y_B)求出。

$$\begin{cases} y_A=ax_A+b \\ y_B=ax_B+b \end{cases}$$

解上述方程组得

$$a=\frac{y_B-y_A}{x_B-x_A}$$

$$b=\frac{x_By_A-x_Ay_B}{x_B-x_A}$$

或者再从直线上找第三个点(x_C,y_C),将其代入 $y_C=ax_C+b$,则截距 b 为

$$b=y_C-ax_C$$

(2) 曲线改成直线

对于物理量之间的关系不是线性的函数,只要通过方程式两边取对数等方式变换一下,并直接用变换后的量取代原始数据量,就可得到相应的线性关系,这就是曲线改直线。例如:

① 函数 $y=ax^b$(a、b 为常数)的 y,x 之间是非线性关系,画出的图线不是直线。现将 $y=ax^b$ 两边取对数,得

$$\lg y=\lg ax^b=\lg a+\lg x^b=\lg a+b\lg x$$

如果选取 $\lg y$ 为因变量来作为坐标的纵轴,$\lg x$ 为自变量来作为坐标的横轴,画出的图线即为直线。

② 函数 $y=ae^{bx}$(a、b 为常数)的 y,x 之间是非线性关系,画出的图线不是直线。现将 $y=ae^{bx}$ 两边取自然对数,得

$$\ln y=\ln(ae^{bx})=\ln a+\ln e^{bx}=\ln a-bx$$

如果选取 $\ln y$ 为因变量来作为坐标的纵轴,x 为自变量来作为坐标的横轴,画出的图线即为直线。

其他许多非线性函数也可通过变换得到线性关系,比如用单摆测重力加速度 $g=4\pi^2\dfrac{l}{T^2}$,把周期 T 的平方 T^2 作为横轴,摆长 l 作为纵轴,就改成直线了。曲线改直线方便了作图及实验数据处理。

4. 逐差法

逐差法是对自变量 x 为等间隔变化的数据进行逐项或者隔项相减的数据处理方式,仅适

用于一元函数的多项式：$y = a_0 + a_1 x + a_2 x^2 + \cdots$。

（1）逐项逐差法

自变量 x 为等间隔变化，对应的因变量 $y_1, y_2, \cdots, y_i$ 为自变量 x 数据的后项减去前项的差值，将其代入多项式，观察计算出的各次 y_i 是否为等差值，以此来验证多项式的正确性。设

$$y = a_0 + a_1 x$$

测得若干组数据为 (x_i, y_i)，其中 $i = 1, 2, 3, \cdots, n$。令 $x_i = x_0 + i\Delta x$，则

$$y_i = a_0 + a_1 x_i = a_0 + a_1(x_0 + i\Delta x) \quad (i = 1, 2, 3, \cdots, n)$$

对上述方程进行逐差，得

$$y_i - y_{i-1} = a_1 \Delta x \quad (i = 1, 2, 3, \cdots, n)$$

式中，Δx 为自变量的增量，x 等间隔变化，因此 $a_1 \Delta x$ 为恒量。显然，当相邻的各个函数值的逐差结果都是恒量时，说明函数为线性函数。

（2）隔项逐差法

对于等间隔变化量的测量数据，若用算术平均值公式 $\bar{x} = \dfrac{1}{n}\sum_{i=1}^{n} x_i$ 计算相邻测量结果增加（或减少）的平均值，其结果是只利用了最前和最后的两个实验数据，中间其余数据丢失，即

$$\Delta \bar{n} = \frac{(x_2 - x_1) + (x_3 - x_2) + (x_4 - x_3)}{3} = \frac{x_4 - x_1}{3}。$$ 可见，求平均值只有 x_1 和 x_4 起作用，但 x_2 和 x_3 不起作用，相当白测。

隔项逐差法是将测量数据前后等分为两组（实验数据必须为偶数个），将后一组的第一项与前一组的第一项相减，后一组的第二项与前一组的第二项相减……，再利用各个相减项的差值求平均，从而得出被测量的算术平均值。但是该情况下，表达式中分母的数字也应该相应变化。例如，上述数据分成两组：前一组为 x_1、x_2，后一组为 x_3、x_4，则 $\Delta \bar{x} = \dfrac{(x_3 - x_1) + (x_4 - x_2)}{2}$，另外上述跨度增加了的等间隔变化对应的另一个相关物理量变化值也相应增加了跨度，两者都不再是相邻的变化量了，计算时要注意。

例 2-7：拉伸法测材料的杨氏模量 E 计算公式为

$$E = \frac{4mgL}{\pi d^2 \Delta L} \quad (2-38)$$

式中，d 为待测金属丝的直径，沿其长度方向加一拉力 F 后，钢丝的伸长量为 ΔL。用螺旋测微计测量钢丝上、中、下部位各 1 次，得到金属丝直径平均值为 $d = 0.181\,3$ mm，钢丝长度 $L = 76.80$ cm。每增或减 200 g 砝码，钢丝的伸长值见表 2-6。试用逐差法求杨氏模量 E（省略不确定度的数据处理）。

解：将表 2-6 中数据代入式（2-38）得待测金属丝的杨氏模量为（已知重力加速度 $g = 9.800$ m/s^2）

$$\bar{E} = \frac{4\Delta mgL}{\pi d^2 \overline{\Delta L}} = \frac{4 \times 0.600\,0 \times 9.800 \times 0.768\,0}{\pi \times (0.181\,3 \times 10^{-3})^2 \times 0.730 \times 10^{-3}} = 2.40 \times 10^{11}\ \text{N/m}^2$$

表 2 - 6　拉伸法测杨氏模量实验数据表

增加砝码/g	长度			用隔项逐差法计算 $\overline{\Delta L}$/mm
	加砝码伸长坐标 y_i/mm	减砝码缩减坐标 y_i'/mm	同重量砝码加、减伸长坐标平均值 $\overline{y}_i = \dfrac{y_i + y_i'}{2}$/mm	
200.0	0.31	0.32	0.315	$\overline{y}_4 - \overline{y}_1 = 1.075 - 0.315 = 0.760$ mm
400.0	0.58	0.61	0.595	$\overline{y}_5 - \overline{y}_2 = 0.725$ mm
600.0	0.83	0.86	0.845	$\overline{y}_6 - \overline{y}_3 = 0.705$ mm
800.0	1.06	1.09	1.08	$\overline{\Delta L} = \dfrac{\overline{y}_4 - \overline{y}_1 + \overline{y}_5 - \overline{y}_2 + \overline{y}_6 - \overline{y}_3}{3} =$
1 000.0	1.30	1.34	1.32	$\dfrac{0.760 + 0.725 + 0.705}{3} = 0.730$ mm
1 200.0	1.55	1.55	1.55	该平均伸长量对应质量变化为 $\Delta M = m_4 - m_1 = 800.0$ g $- 200.0$ g $= 600.0$ g

5. 最小二乘法与线性拟合

根据前面章节内容已知,用作图法求出直线的斜率 b 和截距 a,就可确定这条直线所对应的经验公式。但用作图法拟合直线时,由于作图连线有较大的随意性,尤其是在测量数据比较分散时,对于同一组测量数据,不同的人去处理,所得的结果往往不同。因此,作图法是一种很粗略的数据处理方法,求出的 a 和 b 误差较大。用最小二乘法处理数据拟合直线时,任何人去处理同一组数据,只要计算过程没有错误,得到的斜率和截距都是唯一的、最佳的。用最小二乘法解得 a 和 b 来获得的线性函数关系方程称为回归方程,最简单的回归方程是一元线性回归方程。

最小二乘法原理:找一条最佳的拟合直线,在此直线上,各点相应的纵坐标值 $y_{最佳}$ 与实测值对应的纵坐标 y_i 差值的平方和是最小的。或者说最佳值 $y_{最佳}$ 是能使各次测量值 y_i 与最佳值 $y_{最佳}$ 的差值的平方和最小的那个值,其数学表达式为

$$\sum_{i=1}^{n}(y_i - y_{最佳})^2 = \min \tag{2-39}$$

对式(2-39)的 $y_{最佳}$ 求导,得

$$y_{最佳} = \frac{\sum_{i=1}^{n} y_i}{n} = \overline{y} \tag{2-40}$$

采用最小二乘法的目的是将一组符合 $y = a + bx$ 线性关系的测量数据,用计算的方法精确求出其常数 a 和 b。

(1) 求回归直线(直线拟合)

设直线方程为

$$y = a + bx \tag{2-41}$$

式中,因变量 y 是单一自变量 x 的一元函数。直线拟合的任务是计算常数 a 和 b 的最佳值。

对满足线性关系的一组等精度测量数据(x_i,y_i),$i=1,2,3,\cdots,n$,设自变量x的误差远小于因变量y的误差。这样,落在直线上的最佳数据点$(x_i,a+bx_i)$与没有落在直线上的数据点(x_i,y_i),在横轴x方向上的坐标一致,但在纵轴y方向上有差值(y_i-a-bx_i)。根据上述最小二乘法原理,应该满足:

$$D=\sum_{i=1}^{n}(y_i-a-bx_i)^2=\min \tag{2-42}$$

式(2-42)要达到极小值,其一阶导数必须为零,二阶导数≥0。

对a和b分别求一阶偏导数,有

$$\frac{\partial D}{\partial a}=-2\left(\sum_{i=1}^{n}y_i-na-b\sum_{i=1}^{n}x_i\right)$$

$$\frac{\partial D}{\partial b}=-2\left(\sum_{i=1}^{n}x_iy_i-a\sum_{i=1}^{n}x_i-b\sum_{i=1}^{n}x_i^2\right)$$

再求二阶偏导数,有

$$\frac{\partial^2 D}{\partial a^2}=2n$$

$$\frac{\partial^2 D}{\partial b^2}=2\sum_{i=1}^{n}x_i^2$$

因此

$$\frac{\partial^2 D}{\partial a^2}=2n\geqslant 0$$

$$\frac{\partial^2 D}{\partial b^2}=2\sum_{i=1}^{n}x_i^2\geqslant 0$$

可见,其二阶偏导数都是零,满足极小值条件。令一阶偏导数为零:

$$\frac{\partial D}{\partial a}=-2\left(\sum_{i=1}^{n}y_i-na-b\sum_{i=1}^{n}x_i\right)=0$$

$$\frac{\partial D}{\partial b}=-2\left(\sum_{i=1}^{n}(x_iy_i-a\sum_{i=1}^{n}x_i-b\sum_{i=1}^{n}x_i^2\right)=0 \tag{2-43}$$

得

$$\sum_{i=1}^{n}y_i-na-b\sum_{i=1}^{n}x_i=0$$

$$\sum_{i=1}^{n}x_iy_i-a\sum_{i=1}^{n}x_i-b\sum_{i=1}^{n}x_i^2=0 \tag{2-44}$$

为简化式(2-43)和式(2-44),引入平均值公式:

$$\bar{x}=\frac{\sum_{i=1}^{n}x_i}{n},\quad \bar{y}=\frac{\sum_{i=1}^{n}y_i}{n},\quad \overline{x^2}=\frac{\sum_{i=1}^{n}x_i^2}{n},\quad \overline{xy}=\frac{\sum_{i=1}^{n}x_iy_i}{n}$$

把上述 4 个平均值公式两边同乘以n后代入式(2-43)和式(2-44),两式即可简化为

$$\bar{y} - a - b\bar{x} = 0 \qquad\qquad (2-45)$$

$$\overline{xy} - a\bar{x} - b\overline{x^2} = 0 \qquad\qquad (2-46)$$

联立方程(2-45)和方程(2-46),解得

$$\begin{cases} a = \bar{y} - b\bar{x} & (2-47) \\[2mm] b = \dfrac{\bar{x} \times \bar{y} - \overline{xy}}{\overline{x^2} - \bar{x}^2} & (2-48) \end{cases}$$

将根据式(2-47)和式(2-48)算出的 a、b 值分别代入方程 $y = a + bx$,即可到最接近真值直线的最佳线性方程(回归直线方程),算出的 a、b 值就是用最小二乘法算出的该直线方程的最佳常数。显然,最佳常数是唯一的。

(2) y 的标准偏差

在最小二乘法中,先假定自变量 x_i 的误差可以忽略不计,是为了方便推导回归直线方程。操作中因变量函数 y_i 的误差大于自变量的误差即可认为满足假定。实际上,(x_i, y_i) 两者均是变量,都有误差,从而导致 y 的标准偏差为

$$\sigma_y = \sqrt{\frac{\sum\limits_{i=1}^{n}(y_i - bx_i - a)^2}{n-2}} \qquad\qquad (2-49)$$

式(2-49)为测量列的单个测量值 y_i 的标准偏差,根式中的分母为 $(n-2)$,是因为有两个变量。由式(2-49)可知,当测量次数 n 增多时,σ_y 变小并趋于稳定,因此当用最小二乘法进行线性拟合求解直线方程时,测量次数 n 一般不小于 10 次。

(3) 相关系数

如果实验过程在已知线性函数关系的情况下进行,就可利用最小二乘法求出所要拟合的直线方程中的截距 a 及斜率 b。但是,在不确定是否为线性函数关系的情况下,需要判断用最小二乘法拟合出的线性方程是否与实际相符,相符到什么程度。因此,引入一个相关系数 r:

$$r = \frac{\overline{xy} - \bar{x} \times \bar{y}}{\sqrt{(\overline{x^2} - \bar{x}^2)(\overline{y^2} - \bar{y}^2)}} \qquad\qquad (2-50)$$

相关系数是衡量一组测量数据 (x_i, y_i) 两变量之间线性相关的符合程度的参数。r 可正可负,其绝对值在 0 到 1 之间。r 的绝对值越接近 1,说明 x_i,y_i 两变量之间线性相关的程度越好,测量数据 (x_i, y_i) 落在或者靠近拟合直线上的数量越多(如果 r 的绝对值为 1,各个测量点就会完全落在拟合直线上),所拟合的直线越合理;当 r 的绝对值明显小于 1 时,说明 x_i,y_i 两变量之间线性相关的程度不好,测量数据大部分偏离拟合直线,拟合直线无意义;当 $r = 0$ 时,则表明测量数据 (x_i, y_i) 两变量之间是各自独立的变量,不存在线性相关性。因此,在用最小二乘法拟合直线方程时,要先用计算公式(2-50)检验一下,如果计算出的 r 的绝对值远小于 1,则不适宜用最小二乘法拟合直线方程。

(4) 用最小二乘法求直线方程

例 2-8 已知某金属导体的电阻与温度为系统关系:

$$R = R_0 + Bt$$

式中，B 为与该导体的电阻温度系数相关的常数；R_0 为该导体在 0 ℃时的电阻值。

试用最小二乘法求解其直线方程。实验数据见表 2 - 7。

表 2 - 7　金属导体的电阻温度关系实验数据

n	1	2	3	4	5	6	7	8	9	10	11	12	平均值
$t_i/℃$	15.0	20.0	25.0	30.0	35.0	40.0	45.0	50.0	55.0	60.0	65.0	70.0	$\bar{t}=42.5$
R_i/Ω	28.05	28.52	29.10	29.56	30.10	30.57	31.00	31.62	31.95	32.40	32.90	33.50	$\bar{R}=30.77$

解： 先由 $r = \dfrac{\overline{xy} - \bar{x} \times \bar{y}}{\sqrt{(\overline{x^2} - \bar{x}^2)(\overline{y^2} - \bar{y}^2)}}$ 确定相关系数，也即

$$r = \frac{\overline{tR} - \bar{t} \times \bar{R}}{\sqrt{(\overline{t^2} - \bar{t}^2)(\overline{R^2} - \bar{R}^2)}} \tag{2-51}$$

再求出各个平均值：

$$\bar{t} = \frac{\sum\limits_{i=1}^{n} t_i}{n}, \quad \bar{R} = \frac{\sum\limits_{i=1}^{n} R_i}{n}, \quad \overline{t^2} = \frac{\sum\limits_{i=1}^{n} t_i^2}{n}, \quad \overline{tR} = \frac{\sum\limits_{i=1}^{n} t_i R_i}{n}, \quad \overline{R^2} = \frac{\sum\limits_{i=1}^{n} R_i^2}{n}$$

然后将算出的各个平均值代入式(2-51)，可得相关系数 $r = 0.999$，接近 1。这表明导体的电阻 R 与其温度 t 之间的线性相关性很好，可以用最小二乘法进行线性拟合。因此，算出各个量的平均值并代入式(2-47)和式(2-48)就可计算出直线方程的截距 a 及斜率 b：

$$a = \bar{R} - b\bar{t} = 26.6 \ \Omega$$

$$b = \frac{\bar{t} \times \bar{R} - \overline{tR}}{\bar{t}^2 - \overline{t^2}} = 0.098 \ \Omega/℃$$

因此，用最小二乘法拟合的直线方程为

$$R = 26.6 + 0.098t$$

利用最小二乘法原理进行线性拟合直线方程的优点是：不同的实验者用同一组实验数据拟合得到的直线方程是唯一的，克服了作图法随意性的缺点。

应该指出，用最小二乘法求线性方程虽然可以得到最佳结果，但是计算量很大。可借助计算器来处理数据(有的计算器具有一元线性回归运算的功能)，只要依次输入 n 组数据，简单操作计算器即可快速显示出所求的各种数值。

2.7　习　题

1. 请判断下述情况下产生的误差是系统误差还是随机误差。

(1) 因温度变化引起的直尺伸缩；

(2) 指针式电压表的零点没调好；

(3) 实验者在读取指针式仪表数据时习惯于从左侧看；

(4) 电流表的内阻带来的测电流误差；

(5) 电源电压忽高忽低带来的测量误差；

(6) 天平的左右臂不等长带来的误差;

(7) 多次测量同一物理量,测量数据不一致。

2. 指出下列数字的有效数字位数。

$L = 1.010$ m; $R = 0.020$ Ω; $v = 3.570 \times 10^5$ m/s; $g = (980.100 \pm 0.002)$ cm/s^2

3. 判断下列各式的有效数字运算结果是否正确,如有误,请写出正确答案。

① $2.332 \times 1.23 = 2.868\ 36$;

② $(3.331 + 75.7) \div 3.0 = 26.343\ 667$;

③ $(25.02 - 23.01) \times 11.12 = 22.351\ 2$。

4. 根据有效数字及不确定度的规则,纠正下述测量结果的表达式。

$U = (12.112 \pm 0.03)$ V, $T = 3.30 \pm 0.22$, $S = 31.01$ km± 77 m, $m = (3.57 \times 10^3 \pm 0.757)$ kg。

5. 用螺旋测微计测出小球的直径为 6.371 mm,用有效数字规则计算小球的体积。

6. 已知函数关系 $M = \dfrac{\beta}{2}(x^2 + y^2)$,若 $\bar{x}$、$\bar{y}$、不确定度 Δx 及 Δy 都是已计算完的数据,β 为常数,试计算 M 的不确定度 ΔM。

7. 下述说法是否正确,如错误请纠正。

(1) 某电阻两端的电压测量结果为 $U = (5.15 \pm 0.02)$V$(P = 0.683)$,该结果说明电压值在 5.13~5.17 V 范围内。

(2) 用直尺测量物体的长度为 18.5 cm。

(3) $L = 20.7$ m$= 207\ 00$ mm。

8. 用分度值为 1 mm 的米尺测量一物体长度 L,在等精度测量条件下测得数据为 18.88 cm,18.86 cm,18.87 cm,18.84 cm,19.01 cm,18.96 cm。试求 $\bar{L}$ 及不确定度 ΔL,并写出测量结果表达式 $L = \bar{L} \pm \Delta L$。

9. 有一个单摆的摆线悬点到摆球最底部的长度为 L_0,摆球直径 $d = 1.910$ cm,则摆长 $L = L_0 - \dfrac{d}{2}$;改变摆长,测得相应每 30 个周期的时间 t,见表 2-8,用图解法求重力加速度。提示:需要曲线改直。

表 2-8 单摆实验数据

L_0/cm	60.42	72.06	81.04	90.52
t/s	46.457 5	50.775 5	53.910 0	56.972 4

10. 测得一个匀质硬球体的直径 $D = (3.95 \pm 0.02)$cm,质量 $m = (370.05 \pm 0.05)$g,请计算该球体的密度 ρ 及其不确定度,并用标准形式写出结果。

第1部分 基础型实验

实验1-1 固、液体密度的测定

（赵　杰）

质量是物体的基本属性之一，由于物体的重量 W 和质量 m 的关系为 $W=mg$，因此质量相等的物体，在同一地点重量（即重力）也必然相等。故质量的测量和力的测量是紧密相关的。质量的测量方法很多，但都是根据有关的基本力学定律，从被测物体受力达到平衡状态时来得出质量大小的。实验中采用的仪器主要是天平，惯性是物体固有属性之一，用天平所测物体的质量是引力质量，用动态法所测物体的质量是惯性质量。

【实验目的】

1. 练习使用物理天平进行称量。
2. 熟悉物质密度的测量方法。

【实验原理】

密度是物质的基本属性之一，在工业上经常通过测定物质密度来进行成分分析和纯度鉴定。密度的定义为

$$\rho = \frac{m}{V} \tag{1-1-1}$$

测出物体的质量 m 和体积 V 后，可间接得出物体的密度。利用天平很容易测出质量，对于规则固体，可测出它的外形尺寸，间接测得其体积。但是，对于不规则固体，若通过测外形尺寸来求体积，则计算过程比较麻烦，而采用转换方法来测定它的体积是比较容易的。

1. 用流体静力称衡法测不规则固体的密度

流体静力称衡法测量的基本原理是阿基米德原理：物体在液体中所受的浮力等于它所排开液体的重量。

如果不计空气的浮力，物体在空气中的重力 $W=mg$，则浸没在液体中的视重 $W_1=m_1g$，则物体所受的浮力为

$$F = W - W_1 = (m - m_1)g \tag{1-1-2}$$

式中，m 和 m_1 是物体在空气中及全部浸入液体中称衡时，相应的天平砝码的质量。浮力等于物体所排开液体的重量，即

$$F = \rho_0 V g \tag{1-1-3}$$

式中，ρ_0 是液体的密度；V 是排开液体的体积，亦即物体的体积。由式(1-1-1)、式(1-1-2)和式(1-1-3)可得待测物体的密度，即

$$\rho = \frac{m}{V} = \frac{m}{m - m_1} \rho_0 \tag{1-1-4}$$

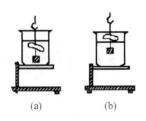

图 1-1-1 流体静力称衡

用流体静力称衡法测密度,避开了不易测量的不规则物体体积 V,转换成测量较容易测准的质量 m。实验中的液体常用水,ρ_0 为水的密度。如果待测物体的密度小于液体的密度,则可采用如下方法:

将待测物体拴上一个重物,使待测物体连同重物一起全部浸没在液体中进行称衡,如图 1-1-1(a)所示,这时相应砝码的质量为 m_2;再将物体提升到液面之上,重物仍浸没液体中进行称衡,如图 1-1-1(b)所示,这时相应的砝码质量为 m_3,则物体在液体中所受的浮力为

$$F = (m_3 - m_2)g \tag{1-1-5}$$

物体的密度为

$$\rho = \frac{m}{m_3 - m_2}\rho_0 \tag{1-1-6}$$

2. 用流体静力称衡法测液体的密度

测量液体密度,可以先将一个重物分别放在空气中和浸没在密度为 ρ_0 的已知的液体中称衡,相应的砝码质量分别为 m 和 m_1;再将该重物浸没在待测液体中称衡,相应的砝码质量为 m_2,则重物在待测液体中受到的浮力为

$$F = (m - m_2)g = \rho V g \tag{1-1-7}$$

重物在密度为 ρ_0 的液体中所的受浮力为

$$F' = (m - m_1)g = \rho_0 V g \tag{1-1-8}$$

由式(1-1-7)和式(1-1-8)可得待测液体密度:

$$\rho = \frac{m - m_2}{m - m_1}\rho_0 \tag{1-1-9}$$

3. 用比重瓶法测粒状物体的密度

如果物体是形状不规则的小颗粒,显然不可能将它们逐一用流体静力法称衡其质量,此时可采用比重瓶法来测定其密度。普通比重瓶是用玻璃制成的容积固定的容器,有多种不同的形状,本实验所用的比重瓶是形状最简单的一种,如图 1-1-2 所示。为了保证瓶内的容积固定,比重瓶的瓶塞用一个中间有毛细管的磨砂塞子做成。使用时,用移液管将液体注入瓶内,再用塞子塞紧,多余的液体就会通过塞子上的毛细管流出来,这样就可以保证比重瓶的容积是固定的。

图 1-1-2 比重瓶

设称得颗粒状物体的总质量为 m_1,比重瓶装满水后的质量为 m_2,装满水的比重瓶里加入颗粒状的待测物后质量为 m_3,则比重瓶里被颗粒状物体排出的水的质量为 $m_1 + m_2 - m_3$,颗粒状物体的体积为

$$V = (m_1 + m_2 - m_3)/\rho_0 \tag{1-1-10}$$

因此,可以求得颗粒状物体的密度:

$$\rho = m_1/V = m_1\rho_0/(m_1 + m_2 - m_3) \tag{1-1-11}$$

【实验器材】

物理天平、烧杯、比重瓶、温度计、细线、金属块、待测液体。

【实验内容】

1. 用流体静力法测固体样品的密度

① 检查、调整物理天平;

② 测出金属样品在空气中的质量 m;

③ 将盛有水的烧杯放在天平的托架上,使金属块全部浸入水中,称出其质量 m_1;

④ 记录实验时的水温,由表 1-1-1 查出该温度下的水的密度 ρ_0;

表 1-1-1 标准大气压室温下的纯水密度

温度 $t/℃$	密度 $\rho/(kg \cdot m^{-3})$	温度 $t/℃$	密度 $\rho/(kg \cdot m^{-3})$	温度 $t/℃$	密度 $\rho/(kg \cdot m^{-3})$
16.0	999.943	23.0	997.538	30.0	995.646
17.0	998.774	24.0	997.296	31.0	995.340
18.0	998.595	25.0	997.044	32.0	995.025
19.0	998.405	26.0	996.783	33.0	994.702
20.0	998.203	27.0	996.512	34.0	994.371
21.0	997.992	28.0	996.232	35.0	994.031
22.0	997.770	29.0	995.944	36.0	993.68

⑤ 称衡完毕后,检查天平是否保持空载平衡,如平衡已被破坏,则必须重新进行实验;

⑥ 计算出样品密度: $\rho = \dfrac{m}{m-m_1}\rho_0$;

⑦ 自己拟定测量石蜡样品密度的实验步骤,并计算出石蜡样品的密度。

2. 用流体静力法测待测液体的密度

① 将测定后的金属块擦干,使其全部浸没在待测液体中,称出金属块浸没在待测液体中的质量 m_2;

② 计算待测液体的密度: $\rho = \dfrac{m-m_2}{m-m_1}\rho_0$。

3. 用比重瓶法测小钢珠的密度

① 称量出 10 颗小钢珠的质量 m_1;

② 将比重瓶注满水并塞上塞子,擦去溢出的水,注意不要残留气泡,称出瓶和水的质量 m_2;

③ 将上述 10 颗小钢珠倒入比重瓶,称出比重瓶、水和 10 颗小钢珠的质量 m_3;

④ 计算出小钢珠的密度。

4. 水测量结果的不确定度

以上每次称衡请重复 5 次,按误差理论要求处理实验数据,求出测量结果的不确定度。

【注意事项】

1. 只有在物体进入液体后性质不会发生变化的情况下,才能用流体静力称衡法测量密度。

2. 使用物理天平称衡时,每次加减砝码必须使天平止动。

【思考讨论】

1. 使用天平前应进行哪些调节？如何消除天平不等臂误差？

2. 直接测量的工作流程中，如何确定测量次数、测量结果最佳值及其不确定度？

3. 测定不规则固体密度时，若被测物体浸入水中时表面吸有气泡，则实验所得密度是偏大还是偏小？为什么？

实验 1-2　惯性秤

（杨学锋　王红梅）

物理天平的原理是基于引力平衡，因此测出的是引力质量。本实验采用动态的方法，利用惯性秤测量物体的惯性质量。牛顿等人曾用单摆来验证引力质量和惯性质量的等价性，牛顿测出引力质量和惯性质量之比 m_g/m_I 等于 1 的精度为 10^{-5}。1948 年，厄缶设计的扭摆实验，测量精度达到了 3×10^{-9}。1972 年，布拉金斯基的测量精度达到了 9×10^{-13}。

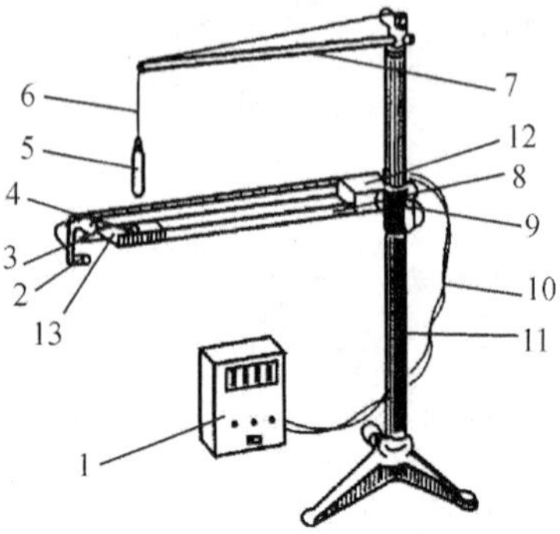

【实验目的】

1. 掌握用惯性秤测量惯性质量的原理和方法，加深对惯性质量和引力质量的理解。

2. 测定物体的惯性质量。

【实验仪器】

惯性秤及附件(见图 1-2-1)、周期测定仪或通用计算机计时器、天平。

1—周期测定仪；2—光电门；3—挡光片；4—砝码架；5—待测圆柱；6—悬线；7—吊杆；8—称体弹簧；9—管制器；10—光电门与周期测定仪连线；11—支撑杆；12—平台；13—秤台

图 1-2-1　惯性秤示意图

【实验原理】

根据牛顿第二定律 $F=ma$，有

$$m=F/a \tag{1-2-1}$$

由此式定义的质量称为惯性质量。

当惯性秤称台水平放置时，秤台及秤台上的负载在弹性恢复力的作用下在水平方向做往复运动，当振幅较小时，可近似做简谐振动，其周期表示为

$$T=2\pi\sqrt{(m+m_0)/k} \tag{1-2-2}$$

式中，m 为称台上负载的惯性质量；m_0 为称台的等效惯性质量；k 为惯性秤的刚性系数。

式(1-2-2)等号两边取平方，得

$$T^2=\frac{4\pi^2}{k}(m+m_0) \tag{1-2-3}$$

【实验内容】

1. 调整惯性秤秤台水平，接通计时系统。

2. 测空秤时的周期 T_0 6～10 次，并取平均值(一般使用 10 个周期挡位，$T_0=t_0/10$)。

3. 对于给定的 10 个惯性质量已知的片状标准砝码，每次一片，插入秤台的槽内，对相应

的周期 T_1，T_2，…，T_{10} 各测 6～10 次，取平均值。

4. 将待测圆柱体放入秤台的圆孔中，对两个相应的周期 T_{x_1} 和 T_{x_2} 各测 6～10 次，取平均值。

5. 用物理天平对两圆柱体的引力质量 m'_{x_1} 和 x'_{x_2} 各测 6～10 次。

【数据处理】

1. 根据测出的数据点做出惯性秤的定标曲线：$T^2 - m$ 图线（注意折线连接）。

2. 根据 $T^2_{x_1}$ 和 $T^2_{x_2}$，从 $T^2 - m$ 图线上查出 m_{x_1} 和 m_{x_2}。

3. 比较惯性质量和引力质量，计算百分误差。

$$\delta_1 = \frac{|m'_{x_1} - m_{x_1}|}{m_{x_1}} \times 100\%$$

$$\delta_2 = \frac{|m'_{x_2} - m_{x_2}|}{m_{x_2}} \times 100\%$$

【思考与讨论】

1. 什么叫惯性质量？什么叫引力质量？

2. 处于失重状态下的某一空间有两个物体，能用天平区别它们引力质量的大小吗？若用惯性秤，能区别它们惯性质量的大小吗？

实验 1-3　杨氏模量的测定

（杨学锋　王红梅）

材料受外力后必然发生形变，其内部协强（单位面积上受力大小）和协变（相对形变）的比值称为弹性模量。它是衡量材料受力后形变大小的重要参数，也是设计各种工程结构时选用材料的主要依据之一。本实验测量钢丝的纵向弹性模量（也称杨氏模量）。

【实验目的】

1. 掌握用光杠杆测量微小长度变化的原理和方法，训练正确调整测量系统的能力。

2. 测定杨氏模量。

3. 学会用逐差法处理数据。

【实验仪器】

杨氏模量测定仪、望远镜、直尺、米尺、游标卡尺、螺旋测微计。

【实验原理】

杨氏模量是描述弹性固体材料抗变形能力的一个重要物理量。设钢丝长度为 l，截面积为 S，沿长度方向受外力 F 后伸长了 Δl，则根据胡克定律有

$$\frac{F}{S} = E \frac{\Delta l}{l} \tag{1-3-1}$$

式中，比例系数

$$E = \frac{Fl}{S \Delta l} \tag{1-3-2}$$

称为材料的杨氏模量。它仅表征材料本身的性质,与其长度 l 及截面积 S 无关,但可由式(1-3-2)求出。

设钢丝的直径为 d,$S=\dfrac{1}{4}\pi d^2$,则

$$E=\frac{4Fl}{\pi d^2 \Delta l} \qquad (1-3-3)$$

式中,Δl 采用光杠杆放大原理的方法来测量。如图 1-3-1 和图 1-3-2 所示,平面镜 M 原处于铅直位置,杆 AC 水平,在望远镜中的读数为 x_0;加载后,钢丝伸长 Δl,杆 AC 的端点下降 Δl,使杆 AC 产生转角

$$\theta \approx \sin\theta = \Delta l/b \qquad (1-3-4)$$

与此同时,与杆 AC 固定在一起的平面镜 M 也随之转过角 θ 到达 M' 位置,这时可从望远镜中读出数值 x。令 $\Delta x = x - x_0$,由图中几何关系可知

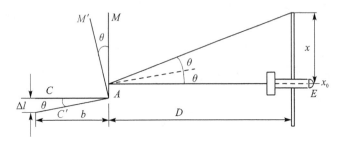

图 1-3-1　光杠杆放大原理

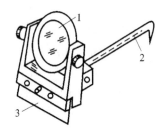

1—平面镜;2—杠杆支脚;3—刀口

图 1-3-2　光杠杆结构

$$2\theta = \Delta x/D \qquad (1-3-5)$$

故

$$\Delta l = \Delta x b/2D \qquad (1-3-6)$$

式中,$b/2D$ 称为光杠杆的放大倍数。

把式(1-3-6)代入式(1-3-3),得

$$E=\frac{8mglD}{\pi d^2 b \Delta x} \qquad (1-3-7)$$

式中,已代入 $F=mg$,m 为砝码的质量。

1. 仪器调整

① 如图 1-3-3 所示,调节杨氏模量测定仪的底脚丝,使立柱铅直。调节平台高度使光杠杆水平。

② 调节光杠杆镜面铅直。

③ 调节望远镜镜筒与平面镜同高。

④ 如图 1-3-4 所示,将望远镜直尺置于距杨氏模量测定仪约 1.5 m 处。

⑤ 调节望远镜目镜使十字叉丝清晰,调节物镜使直尺在平面镜中成像清晰,记下标尺读数 x_0'。

2. 测量

① 用米尺测镜面至标尺的距离 D,单次,将测量数据记录于表 1-3-1 中;用米尺测量钢丝的长度 l,单次,将测量数据记录于表 1-3-1 中;用游标卡尺测光杠杆长度 b,单次,将测量

数据记录于表 1-3-1 中;用螺旋测微计测钢丝直径 d,10 次,将测量数据记录于表 1-3-2 中;记录法码质量 m 于表 1-3-1 中。

② 依次加载一个砝码,共 7 次,记录每次的标尺读数 $x'_1, x'_2, \cdots, x'_7$ 于表 1-3-3。

③ 每次卸载一个砝码,返回到原始状态,记录每次的标尺读数 $x''_7, x''_6, \cdots, x''_1$ 于表 1-3-3。

【数据处理】

表 1-3-1 单次测量的数据

D/m	b/m	l/m	砝码质量 m/g

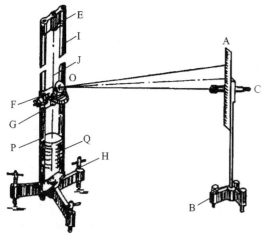

A—直尺;B—望远镜直横尺底座;C—望远镜;E—支架上端夹具;
F—平台;G—管制器;H—支架底座调节螺丝;I—支架;J—待测量
金属丝;O—反射镜面;P—砝码组;Q—砝码托

图 1-3-3 测定杨氏模量的实验装置

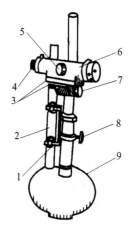

1—毫米尺组;2—标尺;3—微调螺丝;
4—视度圈;5—调焦手轮;6—调焦望远
镜;7,8—锁紧手轮;9—底座

图 1-3-4 镜尺组结构

表 1-3-2 钢丝直径的测量

次　数	1	2	3	4	5	6	7	8	9	10	平　均
d/m											

表 1-3-3 钢丝受外力后伸长量的测量

次　数	砝码质量 m/kg	增重读数 $x'_i \times 10^{-2}$/m	减重读数 $x''_i \times 10^{-2}$/m	平均读数 $x_i \times 10^{-2}$/m
1				
2				
3				
4				

次　数	砝码质量 m/kg	增重读数 $x_i'\times10^{-2}/\text{m}$	减重读数 $x_i''\times10^{-2}/\text{m}$	平均读数 $x_i\times10^{-2}/\text{m}$
5				
6				
7				
8				

1. 利用逐差法求出钢丝在 4 个砝码作用下的伸长量

$$\overline{\Delta x}=\frac{1}{4}\left[(x_4-x_0)+(x_5-x_1)+(x_6-x_2)+(x_7-x_3)\right]$$

$$=\frac{1}{4}(\Delta x_1+\Delta x_2+\Delta x_3+\Delta x_4)$$

2. 计算钢丝的杨氏模量

将各直接测量量的平均值代入式(1-3-7)，得

$$\overline{E}=\frac{8mglD}{\pi\overline{d}^2b\overline{\Delta x}}$$

【思考与讨论】

1. 本实验在测量操作中应注意哪些问题？
2. 本实验为什么要用逐差法处理数据？
3. 光杠杆的放大倍数与哪些因素有关？

【数据处理示例】

1. 数据记录

钢丝长度 $l=48.5\ \text{cm}$，平面镜到标尺的距离 $D=118.2\ \text{cm}$，光杠杆前后足间的距离 $b=9.880\ \text{cm}$。测量钢丝直径 d，并将数据记录于表 1-3-4 中，钢丝受外力后标尺的读数记录于表 1-3-5 中。

表 1 - 3 - 4　钢丝直径测量数据示例

次　数	1	2	3	4	5	平　均
d/cm	0.030 6	0.030 0	0.030 5	0.030 4	0.030 0	0.030 3

表 1 - 3 - 5　钢丝受外力后标尺的读数示例

次　数	1	2	3	4	5	6	7	8
m/kg	0	0.36	0.72	1.08	1.44	1.80	216	2.52
增重读数 x_i'/cm	19.10	19.40	19.68	19.98	20.22	20.50	20.82	21.08
减重读数 x_i''/cm	19.14	19.45	19.72	20.00	20.27	20.58	20.80	21.08

次　　数	1	2	3	4	5	6	7	8
平均读数 $x_i = \dfrac{(x'_i + x'')_i}{2}$ /cm	19.120	19.425	19.700	19.990	20.245	20.540	20.810	21.080

2. 用逐差法计算弹性模量

将钢丝的伸长量记录于表 1 - 3 - 6。

表 1 - 3 - 6　钢丝的伸长量数据示例

次　　数	1	2	3	4	平　均
$\Delta x = (x_{i+4} - x_i)$ /cm	1.125	1.115	1.110	1.090	1.110

$$E = \frac{8FlD}{\pi \overline{d}^2 b \overline{\Delta x}} = \frac{32 mglD}{\pi \overline{d}^2 b \overline{\Delta x}} = 2.046 \times 10^{11} \text{ Pa}$$

($F = 4mg$，$m = 0.36$ kg 视为准确值)

3. 不确定度的计算

不确定度的 A 类分量用 S 表示，B 类分量用 u 表示，合成不确定度用 σ 表示。

① 金属丝长度(l)、平面镜到标尺的距离(D)、光杠杆前后足间的距离(b)的不确定度。l、D、b 只测一次，不确定度只有 B 类分量，根据测量过程的实际情况，如尺有弯曲、不水平数值读不准等，估计出它们的误差限：$\Delta l = 0.3$ cm，$\Delta D = 0.5$ cm，$\Delta b = 0.02$ cm。

$$u_l = \frac{\Delta l}{\sqrt{3}} = \frac{0.3}{\sqrt{3}} \text{ cm} = 0.173 \text{ cm}$$

$$u_D = \frac{\Delta D}{\sqrt{3}} = \frac{0.5}{\sqrt{3}} \text{ cm} = 0.289 \text{ cm}$$

$$u_b = \frac{\Delta b}{\sqrt{3}} = \frac{0.02}{\sqrt{3}} \text{ cm} = 0.011\ 5 \text{ cm}$$

② 金属丝直径 d 的不确定度。

$$S_d = \sqrt{\frac{\sum (d_i - \overline{d})^2}{5(5-1)}} = \sqrt{\frac{3^2 + 3^2 + 2^2 + 1^1 + 3^2}{20}} \times 10^{-4} \text{ cm} = 1.26 \times 10^{-4} \text{ cm}$$

$$u_d = \frac{\Delta_{仪}}{\sqrt{3}} = \frac{0.000\ 5}{\sqrt{3}} \text{ cm} = 0.000\ 289 \text{ cm}(注：直径 d 可用千分尺测量，\Delta_{仪} = 0.000\ 5 \text{ cm})$$

合成不确定度 $\sigma_d = \sqrt{S_d^2 + u_d^2} = \sqrt{1.26^2 + 2.89^2} \times 10^{-4} \text{ cm} = 3.15 \times 10^{-4} \text{ cm}$

③ 用逐差求标尺读数差 $\overline{\Delta x}$ 的不确定度。

$$S_{\overline{\Delta x}} = \sqrt{\frac{\sum (\Delta x_i - \overline{\Delta x})^2}{4 \times (4-1)}} = \sqrt{\frac{0.015^2 + 0.005^2 + 0 + 0.02^2}{12}} \text{ cm} = 0.007\ 36 \text{ cm}$$

$$u_{\overline{\Delta x}} = \frac{\Delta_{仪}}{3} = \frac{0.05}{\sqrt{3}} \text{ cm} = 0.028\ 9 \text{ cm}(标尺的最小分度为 1 \text{ mm}，\Delta_{仪} = 0.05 \text{ cm})$$

$$\sigma_{\overline{\Delta x}} = \sqrt{S_{\overline{\Delta x}}^2 + u_{\overline{\Delta x}}^2} = 0.029\ 8 \text{ cm}$$

④ 弹性模 E 的不确定度由不确定度方差合成公式得出。应先推导相对不确定度的计算式。

由 E 的计算公式,两边取对数,得

$$\ln E = \ln l + \ln D - 2\ln \bar{d} - \ln b - \ln \overline{\Delta x} + \ln 32 + \ln m + \ln g - \ln \pi$$

对各变量求偏微分(m、g、32、π 分别为准确值或常数、常量)

$$\frac{\partial \ln E}{\partial l} = \frac{1}{l}, \quad \frac{\partial \ln E}{\partial D} = \frac{1}{D}, \quad \frac{\partial \ln E}{\partial \bar{d}} = -\frac{2}{\bar{d}}, \quad \frac{\partial \ln E}{\partial b} = -\frac{1}{b}, \quad \frac{\partial \ln E}{\partial \overline{\Delta x}} = -\frac{1}{\overline{\Delta x}}$$

将以上各式代入不确定度合成公式 $\dfrac{\sigma(E)}{E} = \sqrt{\sum_i \left[\dfrac{\partial \ln f}{\partial x_i}\sigma(x_i)\right]^2}$,得

$$\frac{\sigma(E)}{E} = \sqrt{\left[\frac{\sigma(l)}{l}\right]^2 + \left[\frac{\sigma(D)}{D}\right]^2 + 4\left[\frac{\sigma(\bar{d})}{\bar{d}}\right]^2 + \left[\frac{\sigma(b)}{b}\right]^2 + \left[\frac{\sigma(\overline{\Delta x})}{\overline{\Delta x}}\right]^2}$$

$$= \sqrt{\left(\frac{0.173}{48.5}\right)^2 + \left(\frac{0.289}{118.2}\right)^2 + 4\times\left(\frac{0.000\,315}{0.030\,3}\right)^2 + \left(\frac{0.011\,5}{9.880}\right)^2 + \left(\frac{0.029\,8}{1.110}\right)^2} \times 100\%$$

$$= 3.4\%$$

$$\sigma(E) = E\left[\frac{\sigma(E)}{E}\right] = 2.046\times10^{11}\times0.034\,2 \text{ Pa} = 0.070\times10^{11} \text{ Pa}$$

4. 测量结果

$$E = E \pm \sigma(E)(2.05\pm0.07)\times10^{11} \text{ Pa}$$

【几点说明】

1. 上述弹性模量 E 的计算,是先计算相对不确定度 $\sigma(E)/E$,再计算不确定度 $\sigma(E)$。对以乘除为主的运算,这样的顺序比较简便;若运算以加减为主,则先计算不确定度,再计算相对不确定度较好。

2. 注意测量结果的正确表示。不确定度取位不超过 2 位,当第一位数字为 1、2、3 时取 2 位;第一位大于 3 时只取 1 位。E 的有效数字由不确定度 $\sigma(E)$ 来确定,只能保留三位;相对不确定度一般保留两位有效数字。

3. 计算的中间过程,不确定度都保留了 3 位有效数字,其他的计算也多保留了 1～2 位有效数字,避免多次截断增大计算误差。

实验 1-4　复摆的研究

(杨学锋　王红梅)

复摆是一种在重力下绕水平轴转动的刚体。复摆的摆动周期与其悬挂点到质心的距离之间有着很有意义的规律,利用复摆还可测定当地的重力加速度。

【实验目的】

1. 研究复摆摆动周期与回转轴到重心距离的关系。

2. 测定重力加速度。

【实验仪器】

复摆装置、周期测定仪、米尺。

【实验原理】

当复摆绕固定轴作小角度摆动时,其运动规律可近似为简谐振动,摆动周期为

$$T = 2\pi\sqrt{\frac{I}{mgb}} \qquad (1-4-1)$$

式中,I 为复摆对回转轴的转动惯量;b 为回转轴到重心的距离;m 为复摆的质量。设 I_G 为复摆对通过重心的轴的转动惯量,a 为相应的回转半径,则

$$I = I_G + mb^2 = ma^2 + mb^2 \qquad (1-4-2)$$

将式(1-4-2)代入式(1-4-1),得

$$T = 2\pi\sqrt{\frac{a^2 + b^2}{gb}} \qquad (1-4-3)$$

为了研究 T 随 b 变化的规律,首先对式(1-4-3)进行定性分析。当 $b \to 0$ 时,$T \to +\infty$;当 $b \to \infty$,$T \to +\infty$。因此 b 在区间 $(0,\infty)$ 内变化,必有一点使 T 取最小值。令 $dt/db = 0$,可得 $b = a$,此时

$$T_{min} = 2\pi\sqrt{\frac{2a}{g}} \qquad (1-4-4)$$

作 $T-b$ 关系图线,如图 1-4-1 所示,在纵轴上任取一点 T_1,过此点作平行于横轴的直线,一般情况下,这条直线与 $T-b$ 图线交于 A、B、C、D 四点。当回转轴通过复摆上的这四点时,复摆具有相同的摆动周期,根据图示,有

$$T_1 = 2\pi\sqrt{\frac{a^2 + b_1^2}{gb_1}} = 2\pi\sqrt{\frac{a^2 + b_2^2}{gb_2}} \qquad (1-4-5)$$

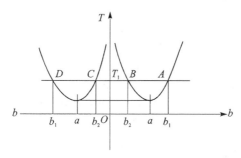

图 1-4-1　$T-b$ 关系图线

由式(1-4-5)解出

$$a^2 = b_1 b_2 \qquad (1-4-6)$$

将其代回式(1-4-5),得

$$T_1 = 2\pi\sqrt{(b_1 + b_2)/g} \qquad (1-4-7)$$

若令 $L = b_1 + b_2$,则式(1-4-7)与单摆的周期公式相同,所以称 $b_1 + b_2$ 为复摆对应于图示悬挂点的等值摆长。T_1 取不同的数值时,对应的悬挂点不同,相应的等值摆长也就不同,在实际操作中,重心的位置不易准确测定。所以一般不是测量 b,而测量悬挂点到某一端的距离 d,给出 $T-d$ 关系图线。

【实验内容】

1. 用米尺测出复摆的一端到各悬挂点的距离 b 或 d。

2. 用秒表测出复摆绕各悬挂点摆动 20 个周期所用的时间,重复 3 次。

【数据处理】

1. 根据测量的数据绘出 $T-d$(或 $T-b$)图线。绘图时要适当扩大纵坐标的比例,以便弯曲部分明显。

2. 根据 $T-d$ 图线总结复摆周期的变化规律。

3. 根据图上的两个最低点确定最小周期 $T_{\min}$ 和相应的等值摆长 $2a$,计算重力加速度:

$$g_1 = 4\pi^2(2a)/T_{\min}^2$$

再计算百分误差

$$\delta_1 = \frac{|g_1 - g_{标}|}{g_{标}} \times 100\%$$

4. 任作一条平行于横轴的直线,交图线于 A、B、C、D 四点,找出相应的等值摆长 l 和周期 T,由式(1-4-7)先计算重力加速度 g,再计算百分误差

$$\delta_2 = \frac{|g_2 - g_{标}|}{g_{报}} \times 100\%$$

5. $g_{标} = 979.952 \text{ cm/s}^2$

【思考与讨论】

1. 什么叫复摆的等值摆长?

2. 实验中复摆为什么要做小角度摆动?

实验 1-5 声速的测定

(杨学锋　王红梅)

声波是一种在弹性媒介中传播的机械波。声速是描述声波在媒质中传播特性的一个基本物理量。它的测量方法分为两类:第一类是根据关系式 $v=l/t$,测出传播距离 l 和时间 t 后,算出声速 v;第二类是利用关系式 $v=f\lambda$,通过测量其频率 f 和波长 λ 计算出声速 v。本实验所采用的共振干涉法即属于后者。波长的测量采用驻波法,而频率则在信号源上直接读出。

【实验目的】

1. 用驻波法测量空气中的声速。

2. 掌握用电声换能器进行电声转换的测量方法。

3. 学会用逐差法处理测量数据。

【实验仪器】

超声声速测定仪、低频信号发生器、示波器、计算机计数器

【实验原理】

频率在 20 Hz～20 kHz 的声波称为可闻声波,频率超过 20 kHz 的声波称为超声波。由于超声波具有波长短、定向发射等优点,因此在超声波段测量声速较为方便。

声波的传播速度 v 与声波频率 f 和波长 λ 之间满足以下关系:

$$v = f\lambda \tag{1-5-1}$$

实验中频率 f 用频率计测得,而波长 λ 用驻波法测得。

实验仪器如图 1-5-1 所示。超声声速测定仪上有两个压电换能器 S_1 和 S_2,S_1 作为平面超声波波源,当给换能器施加变化的电信号时,它将产生同样变化的纵向伸缩,推动空气振

动,向前发射平面超声波。S_2 是平面超声波接收器,调节 S_1 与 S_2 的方向水平,则 S_1 和 S_2 之间存在由声源 S_1 发出的入射波,还有 S_2 表面反射回来的反射波,入射波和反射波相互干涉形成驻波。当 S_1 和 S_2 间的距离满足关系

$$L = n\frac{\lambda}{2} \qquad (n = 0,1,2,\cdots) \qquad (1-5-2)$$

时,两个表面才会形成稳定的驻波共振现象。这时驻波的波腹达到极大,同时在 S_2 处的声压也极大。因此,如果保持波源频率 f 不变,移动接收器 S_2 的位置,依次测出接收信号为极大的位置,则可用逐差求出波长。

声波在空气中传播的理论值可由下式计算:

$$v_{理} = v_0\sqrt{1 + \frac{t}{273.15}} \qquad (1-5-3)$$

式中,v_0 为℃的声速度,331.45 m/s;t 为摄氏温度。

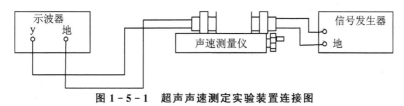

图 1 - 5 - 1　超声声速测定实验装置连接图

【实验内容】

1. 连接好线路。

2. 调节低频信号发生器,使输出频率在 35 kHz 左右,输出电压在 10～15 V。

3. 调节换能器 S_1 和 S_2 表面严格平行。

4. 谐振频率的调节。两换能器 S_1 和 S_2 靠近,调节低频信号发生器频率,使示波器上显示的电压信号幅值最大。然后仔细调节 S_2 的位置,再使示波器显示的幅值最大。这样反复调节信号源频率和 S_2 的位置,使示波器显示的信号幅值最大。此时信号源的输出频率等于换能器的固有谐振频率。

5. 缓慢移动 S_2,测量连续出现 16 个极大值时 S_2 的位置,重复 4 次。

6. 测出信号源的频率和室内空气的温度。

【数据处理】

1. 将测量数据填入自拟的表格内。

2. 用逐差法求出信号的波长。

3. 由式(1 - 5 - 1)计算出声速。

4. 由式(1 - 5 - 3)计算出理论声速。

5. 计算百分误差。

$$\delta = \frac{|v_{理} - v|}{v_{理}} \times 100\%$$

【思考与讨论】

1. 怎样调整系统的谐振频率?

2. 各种气体中的声速是否相同?

实验 1-6　弦振动的研究

(杨学锋　王红梅)

对波动的研究几乎出现在物理学的每一领域中。如果在空间某处发生的扰动,以一定的速度由近及远向四处传播,则称这种传播的扰动为波。机械扰动在介质内的传播形成机械波,电磁扰动在真空中或介质内的传播形成电磁波。不同性质的扰动的传播机制不同,但由此形成的波却有共同的规律性。本实验介绍一种利用驻波原理测量弦线上横波波长的方法。

【实验目的】

1. 验证弦线上横波波长和弦线张力、密度的关系。
2. 观察横波所形成的驻波波形,用驻波法测频率。

【实验仪器】

电振音叉、滑轮、钩码、米尺、弦线。

【实验原理】

音叉发出的波经反射后沿反方向传播,于是弦线上同时存在两列频率相同的波,入射波和反射波可分别表示为

$$y_1 = A\cos 2\pi f\left(t - \frac{x}{v}\right) \tag{1-6-1}$$

$$y_2 = A\cos 2\pi f\left(t + \frac{x}{v}\right) \tag{1-6-2}$$

迭加后为

$$y = y_1 + y_2 = 2A\cos\frac{2\pi x}{\lambda}\cos 2\pi ft \tag{1-6-3}$$

各点的振幅大小与位置 x 有关,当 $\left|\cos\dfrac{2\pi x}{\lambda}\right| = 1$,即

$$x = \frac{n\lambda}{2} \qquad (n = 0,1,2,\cdots) \tag{1-6-4}$$

时的位置振幅最大,等于 $2A$ 为波腹,当 $\left|\cos\dfrac{2\pi x}{\lambda}\right| = 0$,即

$$x = (2n+1)\frac{\lambda}{4} \qquad (n = 0,1,2,\cdots) \tag{1-6-5}$$

时的位置振幅最小,称为波节。这种波腹、波节不随时间改变的波称为驻波。当弦的长度为半波长的整数倍时产生共振,此时驻波振幅最大且稳定。相邻波节间的距离为

$$L = \lambda/2 \tag{1-6-6}$$

横波的传播速度为

$$v = \sqrt{T/\rho} \tag{1-6-7}$$

式中,T 为线的张力;ρ 为线密度。

又　　　　　　　　　　　　　　　　$v = f\lambda$ 　　　　　　　　　　　　　　　(1-6-8)

式中,f 为振动频率,故有

$$\lambda = \frac{1}{f}\sqrt{T/\rho} \tag{1-6-9}$$

将式(1-6-6)代入式(1-6-9),得

$$L = \frac{1}{2f}\sqrt{T/\rho} \tag{1-6-10}$$

所以

$$f = \frac{1}{2L}\sqrt{T/\rho} \tag{1-6-11}$$

【实验内容】

1. 在如图 1-6-1 所示的实验装置中,调节音叉起振,移动音叉,在弦线中形成驻波。

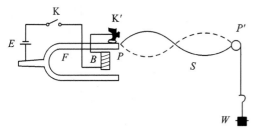

图 1-6-1　弦振动实验装置

2. 改变钩码的质量分别为 50 g、100 g、150 g、200 g、250 g、300 g,调出驻波,数出半波个数 n,用米尺量出相应的弦线长度 l,重复 4 次,数据记录于表 1-6-1 中。

3. 悬挂大约 100 g 的物体,移动音叉,使产生稳定的驻波,测出 n 和 l,重复 8 次。钩码质量 m 用天平称衡,数据记于表 1-6-2 中。

4. 测出弦线的线密度,记录音叉标称频率 f_0。

【数据处理】

1. 作 $L-\sqrt{T}$ 图,验证 λ 和 $\sqrt{T}$ 的线性关系。由图线斜率计算音叉的频率 f,并计算百分误差。

$$\delta_f = \frac{|f - f_0|}{f_0} \times 100\%$$

表 1-6-1　测量数据记录表　　　　　$f_0 = \underline{\qquad}$,$\rho = \underline{\qquad}$

m/g	$T = mg$	$\sqrt{T}$	半波数 n	线长度 l/mm	半波长 L/mm	$\overline{L}/mm$
50						
100						

m/g	$T=mg$	$\sqrt{T}$	半波数 n	线长度 l/mm	半波长 L/mm	$\bar{L}/\text{mm}$
⋮						
300						

2. 利用计算法测振动频率 f,并求百分误差。

$$f = \frac{1}{\lambda}\sqrt{\frac{T}{\rho}} = \frac{1}{2L}\sqrt{\frac{T}{\rho}}$$

表 1-6-2 测量数据记录表

$T=mg=$ _____ , $m=$ _____ , $\rho=$ _____

项 目	序 号								
	1	2	3	4	5	6	7	8	平 均
线长 $l/(10^2\ \text{m})$									—
半波数 n									—
半波长 L/cm									

【思考与讨论】

驻波有什么特点?在驻波中波节能否移动,弦线有无能量传波?

实验 1-7 金属比热容的测定

(刘志华 刘辉兰 赵东来)

单位质量的物质,其温度升高 1 K(1 ℃)所需的热量叫作该物质的比热容,其值随温度而变化。比热容的测定对研究物质的宏观物理现象和微观结构之间的关系有重要意义。冷却法测定金属比热容是量热学中常用的方法。通过做冷却曲线可测量各种金属在不同温度时的比热容。

【实验目的】

1. 学会基本的量热方法——冷却法。

2. 测定金属的比热。

【实验原理】

将质量为 M_1 的金属样品加热后，放到温度较低的介质（例如：室温中的空气）中，样品将会逐渐冷却。其单位时间的热量损失（$\Delta Q / \Delta t$）与温度下降的速率成正比，于是得到下述关系式：

$$\frac{\Delta Q}{\Delta t} = C_1 M_1 \frac{\Delta \theta_1}{\Delta t} \tag{1-7-1}$$

式中，C_1 为该金属样品在温度 θ_1 时的比热容；$\Delta \theta_1 / \Delta t$ 为金属样品在 θ_1 时的温度下降速率。根据牛顿冷却定律有

$$\frac{\Delta Q}{\Delta t} = a_1 s_1 (\theta_1 - \theta_0)^m \tag{1-7-2}$$

式中，a_1 为热交换系数；s_1 为该样品外表面的面积；m 为常数；θ_1 为金属样品的温度；θ_0 为周围介质的温度。由式（1-7-1）和式（1-7-2）可得

$$C_1 M_1 \frac{\Delta \theta_1}{\Delta t} = a_1 s_1 (\theta_1 - \theta_0)^m \tag{1-7-3}$$

同理，对于质量为 M_2，比热容为 C_2 的另一种金属样品，可有同样的表达式，即

$$C_2 M_2 \frac{\Delta \theta_2}{\Delta t} = a_2 s_2 (\theta_2 - \theta_0)^m \tag{1-7-4}$$

由式（1-7-3）和式（1-7-4）可得

$$\frac{C_2 M_2 \dfrac{\Delta \theta_2}{\Delta t}}{C_1 M_1 \dfrac{\Delta \theta_1}{\Delta t}} = \frac{a_2 s_2 (\theta_2 - \theta_0)^m}{a_1 s_1 (\theta_1 - \theta_0)^m}$$

所以

$$C_2 = C_1 \frac{M_1 \dfrac{\Delta \theta_1}{\Delta t} a_2 s_2 (\theta_2 - \theta_0)^m}{M_2 \dfrac{\Delta \theta_2}{\Delta t} a_1 s_1 (\theta_1 - \theta_0)^m} \tag{1-7-5}$$

如果在两样品的形状尺寸都相同（$s_1 = s_2$），两样品的表面状况也相同（如涂层、色泽等）且周围介质（空气）的性质也相同的情况下，有 $a_1 = a_2$。那么当条件不变（即室温 θ_0 恒定而样品又处于相同温度 $\theta_1 = \theta_2 = \theta$）时，式（1-7-5）可简化为

$$C_2 = C_1 \frac{M_1 \left(\dfrac{\Delta \theta}{\Delta t} \right)_1}{M_2 \left(\dfrac{\Delta \theta}{\Delta t} \right)_2} \tag{1-7-6}$$

当各样品的温度变化范围 $\Delta \theta$ 相同时，式（1-7-6）可以简化为

$$C_2 = C_1 \frac{M_1 (\Delta t)_2}{M_2 (\Delta t)_1} \qquad (1-7-7)$$

如果已知标准金属样品的比热容为 C_1，质量为 M_1，待测样品的质量为 M_2，以及两样品在温度 θ 时的冷却速率之比(或时间)，就可以求出待测的金属材料的比热容 C_2。几种金属材料的比热容见表 1-7-1。

表 1-7-1　几种金属材料的比热容

比热容	$C_{Fe}/(J \cdot kg^{-1} \cdot ℃^{-1})$	$C_{Al}/(J \cdot kg^{-1} \cdot ℃^{-1})$	$C_{Cu}/(J \cdot kg^{-1} \cdot ℃^{-1})$
温度为 100 ℃	4.60×10^2	9.63×10^2	3.93×10^2
温度为 200 ℃	5.02×10^2	10.13×10^2	4.06×10^2

【实验器材】

如图 1-7-1 所示，其中，热源采用 75 W 电烙铁改制而成，利用底盘支撑固定并可上下移动；实验样品为直径 5 mm，长 30 mm 的小圆柱，其底部钻一深孔用于安装热电偶，而热电偶的冷端则安装在冰水混合物内。

【实验内容】

1. 温度用铜-康铜热电偶测量。热电势用三位半数字电压表测量，数字电压表的量程为 20 mV，根据电压表读数，查看本实验后面所列附录一：铜-康铜热电偶分度表，即可将热电势换算成温度。

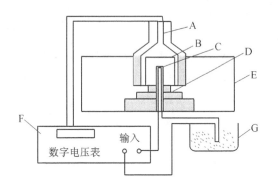

A—热源；B—实验样品；C—铜-康铜热电偶；
D—热电偶支架；E—防风容器；
F—三位半数字电压表；G—冰水混合物
图 1-7-1　比热容测定实验仪

2. 选取长度、直径、表面光洁度尽可能相同的三种金属样品(铜、铁、铝)用物理天平或电子天平分别测出其质量 M_{Cu}、M_{Fe}、M_{Al}。

3. 使热电偶热端的铜导线与数字表的正极相连；冷端的铜导线与数字表的负极相连。当数字电压表读数为一定值即 200 ℃(9.28 mV)时，切断电源移去电炉，样品继续安放在与外界基本隔绝的金属圆筒内自然冷却(筒口须盖上盖子)。当温度降到 102 ℃(4.37 mV)时开始计时，测出样品从 102 ℃(4.37 mV)下降到 98 ℃(4.18 mV)所需要的时间 Δt_0。按铁、铜、铝的次序分别测量其温度下降时间，每一样品重复测量 5 次，数据记录在表 1-7-2 中。

表 1-7-2　样品由 102 ℃下降到 98 ℃所需时间(单位为 s)

样品	次数					平均值 $\overline{\Delta t}$	$\sigma_{\Delta x}$
	1	2	3	4	5		
Fe							

样　品	次　数					平均值 $\overline{\Delta t}$	$\sigma_{\Delta x}$
	1	2	3	4	5		
Cu							
Al							

4. 以铜为标准,由式(1 - 7 - 6)计算铁和铝样品的比热容并计算误差。

5. 样品质量:$M_{Cu} = \underline{\hspace{1.5cm}}$ g;$M_{Fe} = \underline{\hspace{1.5cm}}$ g;$M_{Al} = \underline{\hspace{1.5cm}}$ g。

测量条件:热电偶冷端温度 $\theta_0 = 0$ ℃。

【注意事项】

1. 热电偶的冷端必须安装在冰水混合物内(即保证热电偶参考端温度为 0 ℃),否则数字电压表的读数将与本书所列参考值不同。

2. 金属样品在自然冷却时必须将热源移去。

3. 金属样品加热时温度较高,取放时必须用镊子,避免烫伤。

【思考讨论】

1. 冷却法测金属比热容的理论根据是什么?

2. 分析本实验中哪些因素会引起系统误差? 测量时应怎样减小误差?

3. 试比较冷却法与传统混合法在测定金属比热容时的优劣。

实验 1 - 8　水的比汽化热的测定

（刘志华　赵　杰　刘辉兰　赵东来）

物质由液态向气态转化的过程称为汽化,液体的汽化有蒸发和沸腾两种不同的形式。通常定义单位质量的液体在温度保持不变的情况下转化为气体时所吸收的热量称为该气体的比汽化热。液体的比汽化热不但与液体的种类有关,而且与汽化时的温度有关。液体的比汽化热是一个重要的热学参量。本实验用混合法测量水 100 ℃时的比汽化热。

【实验目的】

1. 测定水在沸腾温度下的比汽化热。

2. 学习 AD590 集成电路温度传感器的测温原理。

3. 学习热学实验中系统散热带来的误差的修正方法。

【实验原理】

物质由气态向液态转化的过程称为凝结,凝结时将释放出与在同一条件下汽化所吸收的相同的热量,因而,可以通过测量凝结释放出的热量来测量液体汽化时的汽化热。本实验采用混合法测定水的汽化热。方法是将烧瓶中接近100 ℃的水蒸气,通过短的玻璃管加接一段很短的橡皮管(或乳胶管)插入到量热器内杯中。如果水和量热器内杯的初始温度为θ_1 ℃,而质量为m的水蒸气进入量热器的水中被凝结成水,当水和量热器内杯温度相同时,其温度值为θ_2 ℃,根据热平衡原理,水的汽化热可由下式得到:

$$ML + MC_W(\theta_3 - \theta_2) = (mC_W + m_1 C_{Al} + m_2 C_{Al}) \cdot (\theta_2 - \theta_1) \qquad (1-8-1)$$

式中,C_W为水的比热容;m为原先在量热器中水的质量;C_{Al}为铝的比热容;m_1和m_2分别为铝量热器和铝搅拌器的质量;θ_3为水蒸气的温度;L为水的汽化热。

集成电路温度传感器AD590由多个参数相同的三极管和电阻组成。该器件的两引出端当加有某一定直流工作电压(一般工作电压可在4.5~20 V范围内)时,如果该温度传感器的温度升高或降低1 ℃,那么传感器的输出电流增加或减少1 μA,它的输出电流的变化与温度变化满足如下关系:

$$I = B \cdot \theta + A \qquad (1-8-2)$$

式中,I为AD590的输出电流,单位μA;θ为摄氏温度;B为斜率;A为摄氏零度时的电流值,该值恰好与冰点的热力学温度273 K相对应(实际使用时,应放在冰点温度时进行确定)。利用AD590集成电路温度传感器的上述特征,可以制成各种用途的温度计。通常在实验时,采取测量取样电阻R上的电压求得电流I。

【实验器材】

液体比汽化热测定仪(见图1-8-1)、电子天平。

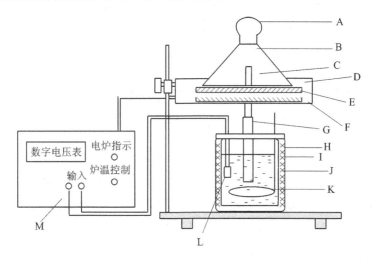

A—烧瓶盖;B—烧瓶;C—通气玻璃管;D—托盘;E—电炉;F—绝热板;G—橡皮管;H—量热器外壳;
I—绝热材料;J—量热器内杯;K—铝搅拌器;L—AD590M温控和测量仪表

图1-8-1　液体比汽化热实验仪结构图

【实验内容】

1. 集成电路温度传感器AD590的定标

每个集成电路温度传感器的灵敏度有所不同,在实验前,应将其定标。按图1-8-2要求连接。(实际提供的测量仪器已经接好电阻为 $1\,000\times(1\pm1\%)$ Ω，数字电压表为四位半，传感器电源电压为 6 V，只要把 AD590 的红黑接线分别插入相应孔即可进行定标或测量)。把实验数据用最小二乘法进行直线拟合，求得斜率 B，截距 A 和相关系数 γ。

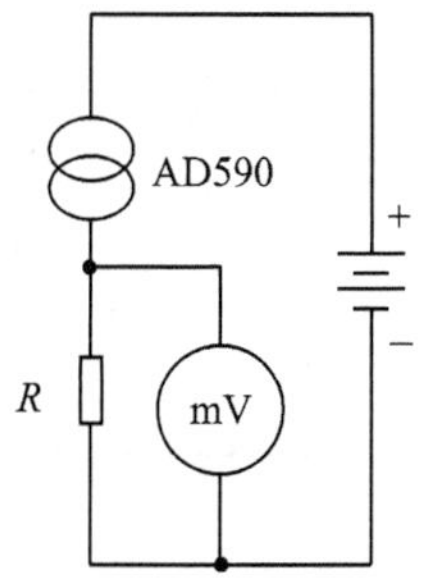

图 1 - 8 - 2

2. 水的汽化热实验

① 用电子天平称取量热器和搅拌器的质量 m_1+m_2，然后在量热器内杯中加一定量的水，再称出盛有水的量热器和搅拌器的质量 M_0，减去 m_1+m_2，得到水的质量 m。

② 将盛有水的量热器内杯放在冰块上，预冷却到比室温低的某一温度。将预冷过的内杯放到量热器内再放在水蒸气管下，使通气橡皮管插入水中约 1 cm 深。(注意气管不宜太深以防止通气管被阻塞。)

③ 根据集成电路温度传感器 AD590 的定标结果，读出温度仪读数 θ(室温)。

④ 通蒸汽前，要首先记录温度仪的数值 θ_1(量热器中水的初温)。

⑤ 将盛有水的烧瓶加热，开始加热时可以将温控电位器顺时针调到底，此时瓶盖移去，使低于 100 ℃ 的水蒸气从瓶口逸出。当烧瓶内水沸腾时，可以由温控器调节出气量，保证水蒸气进入量热器的速率符合实验要求。

⑥ 将瓶盖盖好，继续让水沸腾，向量热器内的水中通蒸汽并搅拌量热器内的水。

⑦ 停止电炉通电，并打开瓶盖不再向量热器通气，继续搅拌量热器内杯中的水，读出水和内杯的末温度 θ_2(通蒸汽时间以尽可能使量热器中水的末温度 θ_2 与室温的差值同室温与初温 θ_1 差值相近为宜，这样可使实验过程中量热器内杯与外界的热交换相抵消)。

⑧ 再一次称量出量热器内杯水的总质量 $M_总$。计算出通入量热器中水蒸气的质量 $M=M_总-M_0$(M_0 为未通气前，量热器内杯、搅拌器和水的总质量)。

⑨ 将所得到的测量结果代入式(1 - 8 - 1)，即求得水在 100 ℃ 时的汽化热。

⑩ 重复以上步骤 2~3 次，分别计算每次的汽化热数值，进行误差分析。

【数据处理】

1. 集成电路温度传感器 AD590 的定标数据记录于表 1 - 8 - 1 中。

表 1 - 8 - 1　集成电路温度传感器 AD590 的定标数据

$\theta/℃$						
U/mV						
$I/\mu\mathrm{A}$						

根据集成电路温度传感器 AD590 的定标结果，经最小二乘法拟合得 $B=$ _____ μA/℃；$A=$ _____ μA；$r=$ _____。

2. 水的汽化热的测量数据记录于表 1 - 8 - 2 中。

表1-8-2　水的汽化热的测量数据

编　号	m/g	u_1/mV	$\theta_1/℃$	u_2/mV	$\theta_2/℃$	$M_{总}/\text{g}$	M/g
1							
2							
3							

$m_1 = \underline{\qquad}$ g；$m_2 = \underline{\qquad}$ g；$\theta_3 = 100.00$ ℃

$[C_{\text{W}} = 4.187 \times 10^3 (\text{J/kg} \cdot ℃)；C_{\text{Al}} = 0.900\ 2 \times 10^3 (\text{J/kg} \cdot ℃)]$

【注意事项】

1. 在实验中不可用手去触碰仪器发热部位。

2. 烧瓶中的水要保持一定的量。

【思考讨论】

1. 当进入量热器内杯中的水蒸气混入一些水滴时，对实验有何影响？应怎样进行修正？

2. 本实验在测量温度方面，有何独到的优势？

实验1-9　液体表面张力系数的测定

（刘志华　赵　杰　刘辉兰　赵东来）

液体表面张力系数是表征液体性质的一个重要参数。表面张力能够说明液体的许多现象。例如泡沫的形成、润湿和毛细现象等。表面张力的大小可用表面张力系数来描述。测定表面张力系数的方法很多，常用的方法有拉脱法、毛细管法、液滴测重法和最大气泡压力法。本实验用拉脱法测定液体表面张力系数。

【实验目的】

1. 学习传感器的定标方法。

2. 观察拉脱法测液体表面张力的物理过程和物理现象，并用物理学基本概念和定律进行分析和研究，加深对物理规律的认识。

3. 测量纯水和其他液体的表面张力系数。

【实验原理】

液体表面层内分子相互作用的结果使液体表面自然收缩，犹如张紧的弹性薄膜。由于液体表面收缩而产生的沿着切线方向的力称为表面张力。设想在液面上作一长为 πD 的圆环（D 为该圆环的直径），圆环两侧液面以一定的力 f 相互作用，而且力的方向与圆环垂直，其大小与圆环长 πD 成正比，即

$$f = \alpha \pi D \tag{1-9-1}$$

式中，α 为液体表面张力系数，单位为 $\text{N} \cdot \text{m}^{-1}$。

将一表面洁净的圆形金属吊环固定在传感器上，将该环浸没于液体中，并渐渐拉起圆环，当它从液面拉脱瞬间传感器受到的拉力差值 f 为

$$f = \pi(D_1 + D_2)\alpha \tag{1-9-2}$$

式中，D_1、D_2 分别为圆环外径和内径，α 为液体表面张力系数，所以液体表面张力系数为

$$\alpha = f / [\pi(D_1 + D_2)] \tag{1-9-3}$$

液体表面张力为

$$f = (U_1 - U_2)/B \tag{1-9-4}$$

式中，B 为传感器的灵敏度，通过对传感器定标求得；U_1、U_2 为电压表数值。

【实验器材】

液体表面张力系数仪主机如图 1-9-1 所示，它包括垂直调节台、硅压阻力敏传感器、$\phi 3.3$ cm 铝合金吊环、0.5 g 片码（7 只，定标用）、吊盘、$\phi 12$ cm 玻璃皿、镊子。

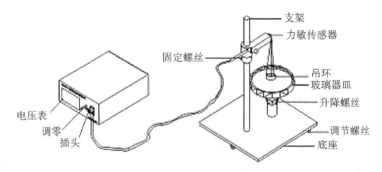

图 1-9-1　液体表面张力系数测定仪结构图

【实验内容】

1. 打开液体表面张力系数仪主机预热。

2. 清洗玻璃器皿和吊环。

3. 在玻璃器皿内放入被测液体并安放在升降台上。（玻璃器皿底部可用双面胶与升降台面贴紧固定）

4. 将砝码盘挂在力敏传感器的钩上。

5. 若整机已预热 15 min 以上，可用力敏传感器定标，在加砝码前应首先对仪器调零，安放砝码时应尽量轻。

6. 换吊环前应先测定吊环的内外直径，然后挂上吊环，在测定液体表面张力系数过程中，可观察到液体产生的浮力与张力的情况，以顺时针转动升降台大螺帽时液体液面上升，当环下沿部分浸入液体中时，改为逆时针转动该螺帽，这时液面往下降（或者说吊环往上提拉），观察吊环浸入液体中及从液体中拉起时的物理过程和现象。特别应注意吊环即将拉断液柱前一瞬间数字电压表读数值为 U_1，拉断时一瞬间数字电压表读数值为 U_2。记下这两个数值，重复 4 次。

【数据处理】

1. 硅压阻力敏传感器定标

硅压阻力敏传感器定标实验数据记录在表 1-9-1 中。

表 1-9-1　传感器定标数据

m/g							
U/mV							

用计算机进行直线拟合,得到力敏传感器灵敏度 B,拟合的相关系数 r。

2. 表面张力系数 α 测量

用游标卡尺测量金属圆环:外径 D_1、内径 D_2,调节上升架,记录环在即将拉断水柱时数字电压表读数 U_1,拉断水柱时数字电压表读数 U_2。由式(1-9-3)计算液体表面张力系数 α,实验数据及计算数据记录在表1-9-2中。

表1-9-2 测张力系数数据

序 号	U_1/mV	U_2/mV	f/N	$\alpha/(\text{N}\cdot\text{m}^{-1})$
1				
2				
3				
4				

【注意事项】

1. 吊环须严格处理干净。可用 NaOH 溶液洗净油污或杂质后用清洁水冲洗干净,并用热吹风烘干。

2. 吊环水平须调节好,如果偏差 1°,测量结果引入误差为 0.5%;偏差 2°,则误差为 1.6%。

3. 仪器开机须预热 15 min。

4. 在旋转升降台时,动作要缓慢,尽量减小液体的波动。

5. 实验过程中要扣上防风罩,以免实验室风力稍大,使吊环摆动,致使零点波动,所测系数不准确。

6. 若液体为纯净水,在使用过程中防止灰尘和油污及其他杂质污染。特别注意手指不要接触被测液体。

7. 实验结束后,须将吊环用清洁纸擦干,用清洁纸包好,放入干燥缸内。

【思考讨论】

1. 试分析引起液体表面张力系数 α 值系统误差的主要原因。

2. 试分析本实验方法与传统液体表面张力系数 α 测量方法的优劣。

实验1-10 空气比热容比的测定

(刘志华 刘辉兰 赵东来)

气体的定压比热容 C_p 和定容比热容 C_v 的比 $\gamma = C_p/C_v$ 称为气体的比热容比,又称为气体的绝热系数。它是一个重要的物理量,在热力学方程中经常用到。

【实验目的】

1. 用绝热膨胀法测定空气的比热容比。

2. 观测热力学过程中空气状态变化及基本规律。

3. 学习用传感器精确测量气体压强和温度的原理与方法。

【实验原理】

测量比热容比 γ 值的装置如图 $1-10-1$ 所示。

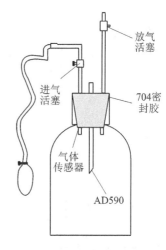

图 $1-10-1$ 测量比热容比的
装置示意图

把原来处于大气压强 P_0 及室温 T_0 下的空气称为状态 $0(P_0,V_0,T_0)$。关闭放气活塞 C_2,从进气活塞处把空气送入贮气瓶中,达到状态 $I'(P_1',V_1,T_1')$。V_1 为贮气瓶体积。这个过程使瓶内空气压强增大,温度升高,即 $P_1'>P_0,T_1'>T_0$。关闭活塞 C_1,待稳定后瓶内空气达到状态 (P_1,V_1,T_0),这是一个等容放热过程,系统温度降至室温 T_0,压强减小,即 $P_1<P_1'$。迅速打开阀门 C_2,使瓶内空气与大气相通。以剩余在瓶内的气体为研究对象,放气前状态为 I(P_1,V',T_0),放气后到达状态 II(P_0,V_1,T_1)。当压强到达 P_0 时,迅速关闭活塞 C_2。由于放气过程很短,可认为是一个绝热膨胀过程,瓶内气体压强减小,温度降低。关闭活塞 C_2 之后,贮气瓶中气体温度将逐渐升高,压强增大,待稳定后达到状态 III(P_2,V_1,T_0)。这是一个等容吸热过程。

状态 I 到状态 II 是绝热过程。以绝热膨胀后留在瓶内的气体作为热力学系统,应用绝热过程方程得

$$\left(\frac{P_1}{P_0}\right)^{\gamma-1}=\left(\frac{T_0}{T_1}\right)^{\gamma} \tag{1-10-1}$$

状态 II 到 III 是等容过程。应用查理定律得

$$\frac{P_2}{P_0}=\frac{T_0}{T_1} \tag{1-10-2}$$

可得

$$\left(\frac{P_1}{P_0}\right)^{\gamma-1}=\left(\frac{P_2}{P_0}\right)^{\gamma} \tag{1-10-3}$$

因此

$$\gamma=\frac{\lg P_1-\lg P_0}{\lg P_1-\lg P_2} \tag{1-10-4}$$

利用式 $(1-10-1)$,通过测量 P_0、P_1 和 P_2 的值,求得空气的比热容比 γ 的值。

【实验器材】

贮气瓶(包括瓶、活塞 2 只、橡皮塞、打气球)、硅压力传感器及同轴电缆、电流型集成温度传感器及电缆、三位半数字电压表、四位半数字电压表、5 kΩ 电阻或电阻箱。

【实验内容】

1. 按图 $1-10-1$ 接好仪器的电路。AD590 的正负极请勿接错。用 Forton 式气压计测定大气压强 P_0,用水银温度计测环境室温 θ_0。开启电源,将电子仪器部分预热 20 min,然后用调零电位器调节零点,把三位半数字电压表表示值调到 0。

2. 关闭活塞 C_2,打开活塞 C_1,用打气球把空气稳定地徐徐压入贮气瓶 B 内。用压力传感器和 AD590 温度传感器测量空气的压强和温度。记录瓶内压强均匀稳定时的压强 p_1' 和温度

θ_0(室温 θ_0)于表 1-10-1 中。

3. 突然打开阀门 C_2,当贮气瓶的空气压强降低至环境大气压强 P_0 时(这时放气声消失),迅速关闭活塞 C_2。

4. 当贮气瓶内空气的温度上升到室温 θ_0 时,记下贮气瓶内气体的压强 P_2' 于表 1-10-1 中。

5. 实验内容 2~4 重复 4 次,数据记录于表 1-10-1 中。

6. 用式(1-10-4)进行计算,求得空气比热容比的值。

【数据处理】

$$P_1 = P_0 + P_1'/2\,000$$

$$P_2 = P_0 + P_2'/2\,000$$

$$\gamma = \frac{\ln P_0 - \ln P_1}{\ln P_2 - \ln P_1}$$

(注:200 mV 读数相当于 1.000×10^4 Pa)

表 1-10-1　测量数据

$P_0/(10^5\,\text{Pa})$	P_1'/mV	T_1'/mV	P_2'/mV	T_2'/mV	$P_1/(10^5\,\text{Pa})$	$P_2/(10^5\,\text{Pa})$	γ

【仪器描述】

本套仪器主要由三部分组成:(1)贮气瓶:包括玻璃瓶、进气活塞、橡皮塞;(2)传感器:扩散硅压力传感器和电流型集成温度传感器 AD590 各一只;(3)数字电压表 2 只:三位半数字电压表做硅压力传感器的二次仪表(测空气压强)、四位半数字电压表做集成温度传感器的二次仪表(测空气温度)。

空气温度测量采用电流型集成温度传感器 AD590(见图 1-10-1),它是新型半导体温度传感器。温度测量灵敏度高,线性好,测温范围为 $-50 \sim 150$ ℃。AD590 接 6 V 直流电源后组成一个稳流源(见图 1-10-2),它的测温灵敏度为 1 μA/℃。如串接 5 kΩ 电阻,可产生 5 mV/℃ 的信号电压变化;接 0~2 V 量程四位半数字电压表,可检测到最小 0.02 ℃ 的温度变化。

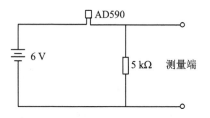

图 1-10-2　稳流源组成示意图

扩散硅压力传感器配三位半数字电压表,测量范围大于环境气压 0~10 kPa,灵敏度为 20 mV/kPa。实验时,贮气瓶内空气压强变化范围约 6 kPa。气体压力传感器探头,由同轴电缆线输出信号,与仪器内的放大器及三位半数字电压表相接。当待测气体压强为环境大气压强 P_0 时,数字电压表显示为 0;当待测气体压强为 $P_0 + 10.00$ kPa 时,数字电压表显示为 200 mV;仪器测量气体压强灵敏度为 20 mV/kPa,测量精度为 5 Pa。

【注意事项】

1. 实验过程中当打开阀门 C_2 放气时,听到放气声结束应迅速关闭活塞。提早或推迟关闭活塞 C_2 都将影响实验结果,引入误差。由于数字电压表上有滞后显示,如用计算机实时测量,发现此次放气时间约零点几秒,并与放气声产生消失很一致,所以关闭活塞 C_2,采用听声音更可靠些。

2. 实验要求环境温度基本不变,如发现环境温度不断下降,可在远离实验仪器处适当加温,以保证实验正常进行。

【思考讨论】

1. 估算Ⅰ→Ⅱ过程中温度的变化为多少? 与压强差是否有关?

2. 状态Ⅰ→Ⅱ放气过程可视为绝热过程的条件是什么?

实验 1－11　RLC 电路的谐振特性研究

（赵　杰）

在电子和无线电技术中广泛地利用 RLC 串联或并联谐振电路来选频或陷波,也可两种电路组合成各类滤波器。例如常用的调幅收音机选台电路,就是利用磁棒线圈和可变电容的串联谐振来挑选出人们所要听的电台的。

【实验目的】

1. 理解交流电路中 RLC 串联和并联谐振的基本原理。

2. 掌握测量幅频特性曲线的方法。

3. 理解回路品质因数 Q 值的物理意义。

【实验器材】

低频信号源、交流毫伏表(或数字万用表)、电阻箱、电感箱、电容箱、双踪示波器(非必需的)各 1 个。

【实验原理】

1. RLC 串联电路的谐振特性

RLC 串联电路如图 1－11－1 所示,其中 R、L、C 分别为标准电阻、电感、电容箱。R_L 为电感的等效损耗阻抗。U_i 为低频信号源,其输出电压和角频率分别为 U_i 和 ω。V_R 为电阻 R 上并联的电压表。对低频而言,电容 C 上的损耗极小,可认为它是无电阻的纯电容。其交流电压 U_i 与交流电流 I(均为有效值)的关系为

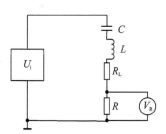

图 1－11－1　RLC 串联电路

$$I = \frac{U_i}{\sqrt{(R+R_L)^2 + \left(\omega L - \dfrac{1}{\omega C}\right)^2}}$$

(1－11－1)

式中,整个分母为 RLC 串联电路对交流电呈现的阻抗,当 $\omega L - \dfrac{1}{\omega C} = 0$ 时,电流 I 最大,此时

对应谐振状态,对应的角频率 $\omega_0 = 2\pi f_0$ 为谐振角频率,谐振频率 $f_0 = \dfrac{\omega_0}{2\pi}$。电压与电流的位相差 φ 为

$$\varphi = \arctan\left(\frac{\omega L - \dfrac{1}{\omega C}}{R + R_L}\right) \qquad (1-11-2)$$

由式(1-11-2)可见,当 $\omega L - \dfrac{1}{\omega C} = 0$ 时,$\varphi = 0$,此时电压电流同相位,对外呈现纯电阻性且阻抗很低,此时感抗 ωL 与容抗 $\dfrac{1}{\omega C}$ 相等;当 $\omega < \omega_0$ 或 $\omega > \omega_0$ 时,φ 为负或正,整个电路带有电容性或电感性。可见电流 I 和相位差 φ 都是信号源频率 f 的函数。

$$f_0 = \frac{\omega_0}{2\pi} = \frac{1}{2\pi\sqrt{LC}} \qquad (1-11-3)$$

图1-11-2为RLC串联电路的幅频特性曲线,定义电流降为谐振电流 I_0 的 $1/\sqrt{2}$ 时,对应的频带宽度 $f_2 - f_1$ 为通频带宽,则RLC串联电路的选择性用品质因数 Q 值表示:

$$Q = \frac{f_0}{f_2 - f_1} = \frac{U_C}{U} = \frac{U_L}{U} = \frac{1}{R + R_L}\sqrt{\frac{L}{C}} \qquad (1-11-4)$$

可见,Q 值与通频带宽成反比关系,谐振时,电容上与电感上的电压值相等(相位相反)且是信号源电压的 Q 倍,当 Q 值很高时,会出现在电容或电感上得到的电压可远大于总电压的现象(因此串联谐振常被称为电压谐振)。但由于电感上的损耗电阻较大,实际是测不出 U_L 的,但电容上的电压 U_C 可准确测出。提高电感与电容的比值(但谐振频率也相应提高)或降低电阻值(谐振频率不变)都可提高 Q 值。Q 值越大,幅频特性曲线越尖锐,选择性越好。

2. RLC并联电路的谐振特性

RLC并联电路如图1-11-3所示,此时的电阻箱 R_V 仅是为了测电流而设置的,且其阻值远小于其他部分的阻抗。也可取消电阻箱 R_V,直接用交流电流表代之。R、R_L 分别为外接电阻和电感上的电阻,电容上的电阻可忽略,则总电阻 $R_B = R + R_L$。

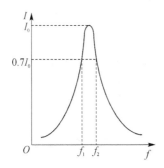

图1-11-2 RLC串联电路的幅频特性曲线

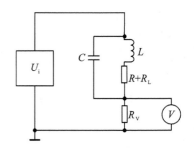

图1-11-3 RLC并联电路

RLC并联电路的电流 I 和相位差 φ 分别为

$$I = U/\sqrt{\frac{R_B^2 + (\omega L)^2}{(1 - \omega^2 LC)^2 + (\omega C R_B)^2}} \qquad (1-11-5)$$

$$\varphi = \arctan\left[\frac{\omega L - \omega C\left[R_B^2 + (\omega L)^2\right]}{R_B}\right] \qquad (1-11-6)$$

可见,两者都与频率相关。当 $\varphi = 0$ 时,整个电路为纯电阻性,发生谐振,此时对应的频率为 ω_B。

$$\omega_B = 2\pi f_B = \sqrt{\frac{1}{LC} - \left(\frac{R_B}{L}\right)^2} = \sqrt{\frac{1}{LC}}\sqrt{1 - \frac{CR_B^2}{L}} \qquad (1-11-7)$$

而对应具有与 RLC 串联电路同样参数的 RLC 并联电路,结合式(1-11-3),(1-11-4)和式(1-11-7)就变为

$$\omega_B = 2\pi f_B = \omega_0\sqrt{1 - \frac{CR_B^2}{L}} = \omega_0\sqrt{1 - \frac{1}{Q^2}} \qquad (1-11-8)$$

式中,$Q = \frac{1}{R_B}\sqrt{\frac{L}{C}} = \frac{1}{R + R_L}\sqrt{\frac{L}{C}}$,可见,当 Q 远大于 1 时 $\omega_B = \omega_0$,即此情况下并联谐振与串联谐振频率相同,也可用式(1-11-3)计算谐振频率。

并联谐振电路的总电流 I 的频率特性与串联谐振电路相反。在某一频率下谐振时,电容和电感支路内的电流几乎相等,但位相几乎相反,总电流 I 有极小值,对外呈现很高的阻抗。支路电流比总电流大很多,因此并联谐振常被称为电流谐振。

【实验内容】

1. 测量 RLC 串联电路的谐振频率和幅频特性曲线

① 按图 1-11-1 接线。调节 $L = 0.01$ H,$C = 1\ \mu$F,$R = 10\ \Omega$,调节信号源输出电压 $U_i = 2$ V 的正弦波,量出 R 上的电压值 U_R,即可算出电流 I。频率从 600 Hz 开始,每隔 200 Hz 测一次电压值,一直测到 4 kHz。在谐振峰附近每隔 50 Hz 测一个点。对于每个测试频率点,都要手动调节信号源输出电压,始终保持为 2 V。

从上述实验数据中找出谐振频率,再次将信号源调到该频率,输出电压再调回 2 V,测量此时电感箱上的电压值 U_L 和电容箱上的电压值 U_C。

② 令 $R = 100\ \Omega$,仿照①再测另一组数据。

③ 由上述两组实验数据,在同一张坐标纸上,作 RLC 串联电路的幅频特性曲线两条。在坐标纸上画出通频带宽 $f_2 - f_1$,找出谐振频率 f_0,并对两条曲线进行比较,得出结论。用式(1-11-3)计算出的谐振频率跟实验测出的谐振频率进行比较。

④ 用电容箱上的电压值 U_C 等数据,由式(1-11-4)用三种方法(不用 U_L)计算 Q 值,并加以比较,看是否基本一致。对比谐振时电感箱上的电压值 U_L 和电容箱上的电压值 U_C。

2. 选做内容

① 利用双踪示波器测量 RLC 串联电路的相频特性,也即 RLC 串联电路的电压与电流的相位差与信号源频率的关系(可以只定性观察)。要求自行设计电路和实验方法,得出定性的结论($f = f_0$、$f > f_0$、$f < f_0$ 三种情况)。

② 测量 RLC 并联电路的谐振频率和幅频特性曲线。参考 RLC 串联电路的实验方法进行测量(仍选择 $L = 0.01$ H,$C = 1\ \mu$F)。要注意每个测试点都保持总电流不变的前提下,测量 RLC 并联电路两端的总电压与信号源频率的关系(这实质是 RLC 并联电路的总阻抗与信号源频率的关系,电压最高意味着该频率下的阻抗最高,如果信号源电压不变,对外呈现的总电流最小)。

【思考讨论】

1. 串联谐振时,电感箱两端的电压为何大于电容箱两端的电压?
2. Q 值的高低与什么参数相关,如何提高 Q 值?

实验 1-12　示波器原理和使用

(赵　杰)

示波器是应用很广泛的电子测量仪器,可以测量信号电压波形和幅值、频率、周期、相位差等一切可以转化为电压信号的物理量。它可分为模拟示波器和数字示波器,模拟示波器由模拟电路组成,只能实时显示波形;数字示波器可存储信号并可直接显示更多被测电信号的信息。示波器一般都是双踪(可输入两路信号同时显示)的。

【实验目的】

1. 了解示波器的基本原理及其结构。
2. 学会用示波器测量电压的波形、电压、频率、相位差。
3. 学会用利萨如图形测频率。

【实验仪器】

模拟双踪示波器 1 个、低频信号源 2 个。

【实验原理】

1. 示波器的基本结构

模拟示波器的种类繁多,结构和性能大同小异,图 1-12-1 所示为示波器的结构原理图。它由玻璃壳以及其内的组件构成的示波管、Y 轴(垂直)放大器、X 轴放大器及各自的可调衰减器、扫描触发器、同步与触发、工作电源六部分组成。

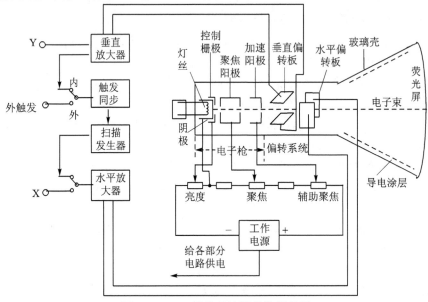

图 1-12-1　双踪示波器结构原理图

（1）示波管

示波管主要由电子枪、偏转系统和荧光屏三部分组成，它们被封装在一个高真空的玻璃壳内。

电子枪：由灯丝、阴极、控制栅极、聚焦阳极和加速阳极组成。灯丝通电后加热阴极，阴极是一个表面涂有可发射热电子材料的金属圆筒，被加热后就发射电子。控制栅极是一个顶端有小孔的圆筒，套在阴极外面。它的电压比阴极低，对阴极发射出来的电子起阻碍控制作用，只有速度较大的电子才能穿过顶端的小孔，然后在后面阳极的吸引下射向荧光屏。示波器就是通过调节控制栅极的电压以控制射向荧光屏的电子多少，从而改变了屏上的光斑亮度。当控制栅极、聚焦阳极与加速阳极之间电压调节合适时，形成静电透镜，对电子束有聚焦作用。示波器面板上的"聚焦"调节，就是调聚焦阳极电压，"辅助聚焦"实际是调加速阳极的电压。

偏转系统：由两对互相垂直安装的偏转板组成。在偏转板加上适当的电压，电子束通过时，其运动方向发生偏转，从而使电子束在荧光屏上产生的光斑位置发生变化。

荧光屏：屏上涂有荧光粉，电子打上去它就发光而形成光斑。荧光粉是有余辉的，再加上人眼睛的视觉暂留效应，几十赫兹以上的重复电信号将使移动光点形成连续的亮线。

（2）放大和衰减系统

根据静电场和力学原理，可推出电子束在荧光屏上的 X、Y 偏移量与加在 X、Y 偏转板上的电压成正比。但由于待测电压可能很小也可能很高，将导致电子束偏转太小或逸出荧光屏区域，这就需要先把过小的信号电压加以放大或太高的电压信号衰减后再加到偏转板上，为此，设置了 X 轴及 Y 轴电压放大器和衰减器。衰减器控制钮通常用"VOLTS/DIV"表示。

（3）扫描触发器及波形显示原理

扫描触发器及波形显示原理如图 $1-12-2$ 所示。显然，只在垂直偏转板或者只在水平偏转板上加上待测正弦或其他交流电压信号，则电子束在荧光屏上形成的亮点将随电压的变化在垂直方向来回运动，结果在屏上看到的是一条竖直或水平亮线，所以，要观察加在上垂直偏转板上的电压随时间变化的规律，必须同时在 X 轴上加一锯齿形电压，如图 $1-12-2$ 所示。这就把竖直亮线按时间展开，这个展开的过程叫"扫描"。将待测电压加在垂直偏转板上的同时，在 X 轴上加锯齿电压，电子的运动就是两个互相垂直运动的合成。当锯齿波周期严格等于输入信号周期的整数倍时，可保证每次扫描的起点都对应信号电压的相同相位点上（看到的波形上的任意一个亮点都是多次重复扫描产生的），在荧光屏上可得到稳定的波形。

（4）同步触发原理

让锯齿波周期严格等于输入信号周期的整数倍的过程称为同步。实现的方法是从被测信号中分出一部分去控制扫描发生器，使锯齿波电压的频率自动跟踪着被测信号的频率变化，这叫内同步；也可以从示波器外部引入一个特殊电压来控制扫描发生器，这叫外同步。

（5）工作电源

工作电源为示波管和示波器各部分电路提供各自所需的电源。

（6）校正信号源

校正信号源为示波器内部自带的方波信号源，通常为 $1\,kHz$、$2\,V$ 峰峰值。

2. 利用利萨如图形测频率

把两个正弦信号分别加到垂直与水平偏转板上，则荧光屏上光点的轨迹由两个互相垂直的谐振动合成。当两个正弦信号频率之比为整数比且两者相位差稳定时，其轨迹是一个稳定的利萨如图形，见图 $1-12-3$，不同的相位差得到不同形状的利萨如图形。找出利萨如图与水

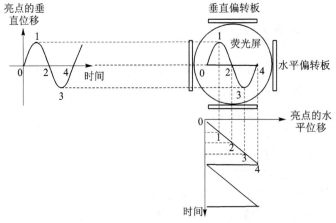

图 1 - 12 - 2　示波器显示波形原理图

平直线的最多交点数目 N_X(图 1 - 12 - 3 中为 4 个),与垂直直线的最多交点数目 N_Y(图 1 - 12 - 3 中为 2 个),最多交点数目 N_X,N_Y 与加到垂直偏转板电压频率 f_Y、水平偏转板电压频率 f_X 有如下关系:

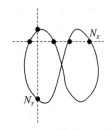

图 1 - 12 - 3　利萨如图形测频率

$$N_X \cdot f_X = N_Y \cdot f_Y \qquad (1 - 12 - 1)$$

利用这一关系就可测量正弦信号频率 f_Y,且不受相位差改变导致的不同利萨如图形的影响。频率相同,相位差不同的利萨如图不同:两信号的相位差 0°、180° 分别是一条正、负斜率的斜直线,相位差为 90° 时为一个正圆或正椭圆。

3. 示波器的基本测量方法

(1) 测量电压

衰减器控制钮通常用"VOLTS/DIV"表示,当其中心的细调旋在厂家给定的校准位置时(一般是顺时针拧到头),衰减器的该挡位就表明荧光屏上每个大格代表多少伏电压 k,读出波形在荧光屏上占的垂直方向大格数 y,就可利用示波器测量电压的峰峰值 U_{pp}。

$$U_{pp} = k \cdot y \qquad (1 - 12 - 2)$$

其有效值为

$$U = \frac{U_{pp}}{2} \cdot \frac{\sqrt{2}}{2} \qquad (1 - 12 - 3)$$

式(1 - 12 - 2)和式(1 - 12 - 3)要求示波器探头置于无衰减×1 挡位(×10 为衰减 10 倍)。

(2) 测量时间

当扫描电压用锯齿波时,荧光屏上的 X 轴坐标与时间相关。如果锯齿波的频率和 X 放大器的增益一定,那么 X 轴每格对应的时间就是一定的,可用扫描时间旋钮(TIME/DIV)示值来表示。如预置扫描时间旋钮在 α(比如 1 ms)位置,即 X 轴每大格对应 α ms。那么,取荧光屏上的波形中任一段区域,读出其在水平方向占的大格数 x,则该段区域对应的时间 t 为

$$t = \alpha \cdot x \qquad (1 - 12 - 4)$$

利用式(1 - 12 - 4),就可以测量周期、频率、两个波形的相位差(此时要 XY 双踪输入)。

【实验内容】

1. 认识熟悉示波器面板

将 1 - 12 - 1 与示波器面板上相应旋钮等部件一一对应观察,认识各部件的功能。开启电

源,调节 Y 轴"VOLTS/DIV"旋钮在 1 V 挡位,调节水平亮线的亮度和聚焦良好,如无亮线,则分别交替调节水平及垂直位置调节旋钮"POSITION"。

将 X 和 Y 输入方式选择开关打在 AC 位置,将"增益校准"和"扫描校准"分别旋在校准位置,选择内触发同步。信号源取 1 kHz,输出端接到示波器 Y 轴输入端上。反复调节示波器各个常用旋钮和开关,分别调出和观察正弦波、方波、三角波形,反复认识和熟悉各个部件的作用(尤其是锯齿波扫描时间旋钮决定波形的周期数和稳定度)。若调锯齿波扫描时间粗调及微调旋钮波形还是水平走动,则可调节触发电平调节钮"LEVEL"使波形稳定下来。

2. 测量正弦电压的峰峰值和频率(周期)

将低频信号源调在 1 V(有效值),频率 0.5 及 1 kHz,调出 1～2 个周期稳定、幅值合适的正弦波后,测出有关数据并记入 1-12-1 表中,用示波器测量或计算出其电压峰峰值、有效值、周期、频率。

表 1-12-1　实验数据

	波形图	电压挡位 k	占的最大垂直格数 y	峰峰值 $U_{pp}=k \cdot y$	计算有效值 U	扫描时间旋钮挡位 α	1 个周期的水平格数 x	周期 $T=\alpha \cdot x$	计算频率 f
500 Hz									
1 kHz									

3. 利用利萨如图形测频率

将另一低频信号源的输出端接到示波器 X 轴输入端并调到 $f_x=50$ Hz。将示波器置于"$X-Y$"工作状态,以 X 轴输入信号为频率已知信号,测量 Y 轴输入端信号的频率。调节 Y 轴输入端信号的频率(频率在 25,50,100,150,200 Hz 附近寻找)及幅度,使荧屏上出现稳定的利萨如图形,记录数据于表 1-12-2 中。

表 1-12-2　实验数据

利萨如波形图					
与竖线最多交点数目 N_X					
与水平线最多交点数目 N_Y					
计算待测电压频率 f_Y/Hz					
Y 轴信号源实际显示频率					

观察不同的相位差得到的不同形状的利萨如图形,但最终算出的频率不变。

4. 选做内容

自行设计测量 RC 串联电路中 R 与 C 上电压之间相位差的实验。

【注意事项】

1. 荧光屏上波形亮度不可调得过亮,并尽量避免光点方式测量,以免损坏荧光屏。

2. 示波器和低频信号源上所有开关及旋钮都有一定的调节限度,不可过度调节。

【思考与讨论】

1. 简述示波器显示电压-时间图形(电信号波形)的原理。

2. 如果只有一个低频信号源,如何利用利萨如图形测频率?

实验 1－13　惠斯登电桥

（赵　杰）

伏安法测电阻精度和使用的方便性都不太好,而惠斯登直流电桥可以很精确且很方便地测量 1 Ω 以上的直流电阻,它是一种比较法测量方式。

【实验目的】

1. 掌握惠斯登电桥的原理。
2. 用自己组装的惠斯登电桥及成品电桥测电阻。
3. 学会和熟悉电阻箱以及电桥的基本调节技能。

【实验原理】

图 1－13－1 为惠斯登单臂电桥原理图。其中 R_1、R_2、R_3 为阻值远大于各自两端导线电阻值和各个接点接触电阻阻值的可变标准电阻箱;R_X 为待测电阻。这四个电阻构成电桥的四个桥臂。G 为检流计或直流毫伏表(可用数字万用表直流电流或直流电压挡代替),构成电桥的桥路;滑线变阻器 R 为检流计 G 的保护电阻,开始置于最大阻值;E 为直流电源;K 为开关。当调节电阻箱 R_1、R_2、R_3 的阻值,使检流计 G 的电流趋近零时,C、D 两点等电位,R_1、R_2 上的电流都为 I_1,R_3、R_X 上的电流都为 I_2,故以下方程组成立:

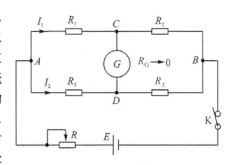

图 1－13－1　惠斯登电桥原理图

$$\begin{cases} I_1R_1=I_2R_3 \\ I_1R_2=I_2R_X \end{cases}$$

由该方程组可得

$$R_X=\frac{R_2}{R_1}R_3 \tag{1-13-1}$$

式(1－13－1)是满足上述所有条件下推出的电桥平衡条件,如果 R_1、R_2、R_3 的阻值已知,或者 R_2 与 R_1 的比值以及 R_3 的阻值已知,就可用来计算待测电阻 R_X。可见,这是一种拿着已知标准电阻去比较待测电阻的方法,称比较法,既然是比较法,各个桥臂的阻值就不能差得太多。由于电桥平衡是通过读检流计 G 的大小而不是具体数值,只要检流计 G 灵敏度高就行而不涉及其读数的精度,故不会引入读数误差。另外,式(1－13－1)与电源 E 无关,电源 E 的稳定性也不会给测量结果带来影响。这两者就使得电桥测量结果很精确。虽然式(1－13－1)是在电桥平衡条件下推出来的,但检流计 G 即便是零,也不是真正的为零,而是电流小到用该检流计无法测出而已,用更高灵敏度的检流计仍可检出有电流,从而可以进一步调平衡。为了表示检流计不够灵敏带来的误差,引入电桥灵敏度的概念,定义为

$$S = \frac{\Delta n}{\left(\dfrac{\Delta R_3}{R_3} \right)} \qquad\qquad (1-13-2)$$

其中,ΔR_3 为把电桥调平衡后,再把 R_3 变化一点的变化量,而 Δn 为由 R_3 变化一点引起的电桥略失平衡导致的检流计指针的偏转格数,用其他桥臂电阻的变化也可满足式(1-13-2)。

【实验器材】

成品箱式惠斯登电桥 1 个、灵敏检流计或数字万用表 1 个、电阻箱 3 个、5～20 kΩ 滑线变阻器 1 个、稳压直流电源或电池组 1 个、待测小碳膜电阻 2 个。

【实验内容】

1. 按图 1-13-1 所示连接线路。滑线变阻器 R 滑到最大阻值,开关 K 在断位。直流电源选取 5 V 左右。

2. 反复调节电阻箱 R_2、R_1 的阻值,正确选择其比值,调节平衡,使得电阻箱 R_3 的各个旋钮用上得最多,因这样调平衡后可得到最多位数的有效数字。选择 R_2、R_1 的阻值,正确选择其比值的方法是:先选择 R_2、R_1 的某个比值,再调节电阻箱 R_3 最大阻值挡的电阻旋钮至少有一个挡级可以改善平衡,这就算选对了。电阻箱 R_3 各电阻旋钮的调节方法是:应把其最大阻值级别的那一旋钮先调到中间的挡位,而将其余小于该旋钮的那些小阻值旋钮全归零。调节最大阻值级别的那一旋钮变大或变小,看是否可使电桥接近平衡,如果可以接近平衡,调到不管用时,再增大比它小的那一阻值旋钮增加一挡,如果平衡变差了,再试着增加更小级别的阻值旋钮,如果还不行,说明前一大阻值旋钮应减小一挡,再反过头来重新调节刚才调过的小阻值挡,小阻值挡从零开始逐渐增加,当增加到反而不平衡时要退回一挡,再增加比该旋钮级别更小的那个旋钮……如此反复,直至把其余更小阻值的阻值旋钮全用上。如果开始时调节最大阻值级别的哪一阻值旋钮变大或变小,根本不能使电桥接近平衡或干脆不起作用,说明该阻值旋钮最小的那一挡位阻值也太大,该阻值旋钮应归零才是。

在调节电阻箱几个阻值旋钮时要注意:第一,要先调节高阻值级别旋钮;第二,调节某一钮,级别比它小的所有的阻值旋钮全要置零,否则,永远得不到精确的数值。上述调节方法对电阻箱、电感箱、电容箱以及多旋钮组合调节同一个物理量的电子仪器是普遍适用的,这是各类实验的一个最重要基本技能,一定要熟练掌握!否则,所有用电阻箱、电感箱、电容箱等仪器的实验将不能得到正确的结果!

在电桥调节平衡的过程中,还要随着平衡的接近,逐渐减小滑线变阻器 R 的阻值,以保护检流计。如果用数字万用表的 DC 毫伏或毫安挡代替检流计 G,应逐步减小其量程。

3. 测量另一只待测电阻。

4. 测量电桥灵敏度。

5. 用成品箱式惠斯登电桥测量上述 3 个待测电阻,将结果进行比较。注意操作要符合厂家给的使用说明,尤其是当电桥很不平衡时检流计开关要以点按方式瞬间接通,防止损坏。

6. 选做内容:测量箱式电桥的灵敏度。

【思考讨论】

1. 式(1-13-1)成立的全部条件是什么?

2. 如何提高电桥的测量精度?滑线变阻器还可接在什么位置?

3. 在各个电阻箱允许的范围内,工作电流的大小对测量结果有无影响?

实验 1 – 14　用电流场模拟静电场

(赵　杰)

带电导体在空间形成的静电场,除极简单的情况外,大多数不能求出它的数学表达式,只能寻求实验的方法来测定。但直接测量静电场时,探针等探测物体和绝缘支架,会产生感应电荷和极化分子,又产生新的电场,与原电场叠加,使原电场产生显著的畸变,使得测量很困难。尽管稳恒电流场与静电场在本质上是不同的,但是在一定条件下导电介质中稳恒电流场与静电场的描述具有类似的数学方程,因而可以用稳恒电流场来模拟静电场。研究静电场的分布情况在工程技术中有重要意义,比如:示波管、显像管、带电粒子加速器内的电极形状和结构等都是由此研制成功的。

【实验目的】

1. 理解和掌握学习用电流场模拟描绘和研究静电场分布的原理和方法。
2. 加深对电场强度和电位概念的理解。

【实验原理】

稳恒电流场与静电场可以分别用两组对应的物理量电位 V 与场强 E 来描述,两者具有相似性,例如这两种场都遵守高斯定理和拉普拉斯方程。如果某静电场是由若干个带电体所产生的,且这些带电体各有一定的位置、形状和电位,那么,当我们把与上述带电体具有相同形状的导体放在均匀导电介质中的同样位置上,并在各导体上加上使其电位不变的直流电压,使均匀导电介质中形成电流时,这两种场的分布规律完全相同。下面就举一个最简单的可求出数学表达式的长直同轴圆柱体的例子。

图 1 – 14 – 1 表示的是长直同轴圆柱体的一个横截面,A 为内圆柱体,B 为外圆柱体,A、B 两圆柱体各自带上等量的正、负电荷。内圆柱体半径为 a,外圆柱体内半径为 b,某处的半径为 r。等位面是一系列同轴圆柱面,在垂直于轴线的任意一个截面内,等位线是一系列的同心圆,电力线沿径向向外辐射,只要研究该平面上的电场分布便可知整体。半径为 r 处各点电场强度为

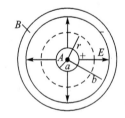

图 1 – 14 – 1　同轴圆柱体间的电场

$$E = \frac{\lambda}{2\pi\varepsilon_0 r} \qquad (1-14-1)$$

式中,λ 为 A 或 B 的电荷线密度。半径为 r 处各点与 B 间的电势差为

$$U_r - U_b = \int_r^b E \, dr = \frac{\lambda}{2\pi\varepsilon_0} \ln \frac{b}{r} \qquad (1-14-2)$$

A、B 两圆柱体之间的电势差为

$$U_a - U_b = \int_a^b E \, dr = \frac{\lambda}{2\pi\varepsilon_0} \ln \frac{b}{a} \qquad (1-14-3)$$

令外圆柱体 B 接地,则 $U_b = 0$,可得

$$U_r = U_a \frac{\ln \dfrac{b}{r}}{\ln \dfrac{b}{a}} \qquad\qquad (1-14-4)$$

$$E_r = -\frac{\mathrm{d}U_r}{\mathrm{d}r} = \frac{U_a}{\ln \dfrac{b}{a}} \cdot \frac{1}{r} \qquad\qquad (1-14-5)$$

下面把图 1-14-1 中的 A、B 两圆柱体之间接上直流电源,其电压为 $U_a - U_b$,并在 A、B 两圆柱体之间的空间加入导电率为 ρ 的均匀导电介质。在 A、B 两圆柱体的纵向(即垂直于纸面)取长度为 h 的一小段,则从半径 r 到 $r+\mathrm{d}r$ 之间均匀导电介质的电阻为

$$\mathrm{d}R = \frac{\rho}{2\pi h} \cdot \frac{\mathrm{d}_r}{r} \qquad\qquad (1-14-6)$$

r 和 b 间的电阻为

$$R_{rb} = \frac{\rho}{2\pi h} \int_r^b \frac{\mathrm{d}r}{r} = \frac{\rho}{2\pi h} \ln \frac{b}{r} \qquad\qquad (1-14-7)$$

a 和 b 间的电阻为

$$R_{ab} = \frac{\rho}{2\pi h} \int_a^b \frac{\mathrm{d}r}{r} = \frac{\rho}{2\pi h} \ln \frac{b}{a} \qquad\qquad (1-14-8)$$

令 $U_b = 0$,则径向电流为

$$I = \frac{U_a}{R_{ab}} = \frac{2\pi h}{\rho \ln \dfrac{b}{a}} U_a \qquad\qquad (1-14-9)$$

由式(1-14-7)和式(1-14-9)及欧姆定律,可得 r 处的电位:

$$U_r = IR_{rb} = U_a \frac{\ln \dfrac{b}{r}}{\ln \dfrac{b}{a}} \qquad\qquad (1-14-10)$$

由式(1-14-4)和式(1-14-10)可见,静电场和电流场具有相同的电位分布规律。虽然这是在最简单的可用数学方法推导出的情况,但是无数的实验证明,对其他任意形状的复杂场该结论都是普遍适用的。因此,可以用恒定稳压电流场(实验证明,稳压交流电流场也可以)来模拟静电场,通过测量稳压电流场的电位来求得所模拟的静电场的电位分布,还可利用电力线总是垂直于等位线的方法把电力线画出。

由上述原理可见,实验可在二维平面上进行,只要在电极间充以电导率较小的均匀导电介质薄层,电极用良导体材料,即可模拟二维静电场,对于纵向相同的电极,也代表了纵向各处的情况。导电介质可以是导电纸(纸上涂有石墨层),也可以是容器中的导电液体薄层。图 1-14-2 描述了电压表法及电流表法模拟静电场描绘电路,电压表法(一定要用内阻几

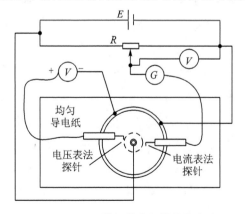

图 1-14-2　模拟静电场描绘仪电路

兆欧以上的高内阻数字电压表 V,以防电压表的接入降低被测点电压)是在电场中寻找电位相同(电压值相同)的点连成等位线,并且可以选择等电位差梯度画出多条等位线,根据等位线的密度来判断各处的场强分布;电流表法是电流表 G 的一端接在分压器电阻 R 的滑动端子上,另一端接探针,移动探针,找出使电流表指零时的等位点,然后再调节分压器输出到另一个电压值,找出另外一些等位点。

【实验器材】

模拟静电场描绘仪(包括电极架、电极、探针),模拟静电场电源,导电纸。

【实验内容】

1. 按图 1-14-2 所示接线(或按厂家的说明书要求接线),其中电压表法或电流表法任选其一,如果用电压表法可去掉变阻器 R、电流表 G 和相应的探针。电极的形状先选择长直同轴圆柱体的一个横截面(如图 1-14-2 所示)。

2. 首先记录两极电位值(电极电压可取 5~10 V,以负极为零电位),再按等电位间隔(或称等电位梯度)寻找 5~10 组等位点,每组取至少 20 个点,且均匀分布在各个方位,画在白纸(或坐标纸)上。记录内电极半径 a 和外电极内半径 b 并画在白纸上。用点画线连接等位点后在白纸上画出各条等位线,并注明每组等位点对应的电位值,利用等位线和电力线的垂直关系用实线画出电力线。注意操作中探针不要接触电极(电流表法时),动作还要轻,以免划坏导电纸。

实验时一体化的双层电极要对称地放在导电纸上和白纸上,且使二者尽量垂直并充分与导电纸接触。由式(1-14-4)计算各等位线半径 $r_{计算}$,将相关数据记入表 1-14-1 中。

表 1-14-1　数据记录

各条等位线电位值 U_r/V					
各条等位线半径 $r_{实测}$/mm					
各条等位线半径 $r_{计算}$/mm					
$r_{实测}$ 与 $r_{计算}$ 之间的百分误差					

3. 按上述方法,描绘带有等量异号电荷的两条长直平行圆导线间的某个横切面的电场(提示,在导电纸上就是两个等大的小圆电极)。

4. 选做内容:描绘其他电极(比如示波管内聚焦电极)的电场。

【思考讨论】

1. 用稳恒电流场模拟静电场的理论依据是什么?

2. 对电极和导电介质的导电率各有什么要求?

3. 电源电压调高或调低后保持不变,是否影响等位线的形状?

4. 如果电极和导电介质接触不良或导电介质不均匀会对实验结果有何影响?为什么?

实验 1 – 15　开尔文双臂电桥

（赵　杰）

由于导线以及接触电阻的影响,惠斯登直流电桥只可以测量阻值大于 1 Ω 的电阻,而开尔文双臂电桥可以测量阻值很低的电阻,它可以排除接触电阻以及导线的电阻带来的影响。

【实验目的】

1. 掌握开尔文双臂电桥和四线电阻的原理。

2. 用开尔文双臂电桥测量一段导线的电阻及金属的电阻率。

【实验原理】

图 1 – 15 – 1 所示为开尔文双臂电桥原理。其中 C_1、C_2 之间为一段待测导线,要测量的则是 P_1、P_2 之间区段的导线的电阻 R_X(不包括 P_1、P_2 两点的接触电阻)。H、K 之间为一个四线电阻,各个接点 C_1、C_2、P_1、P_2、H、A、B、K 的接触电阻用较大的小黑点表示,各处的导线都视为其电阻不为零。R_1、R_2、R_3、R_4 为阻值远大于各自两端导线阻值以及 C_1、C_2 之间和 H、K 之间阻值的可变标准电阻。H、K 之间为一个四线电阻,A、B 之间区域的电阻为 R_S(不包括 A、B 两点的接触电阻)。R_0 为 P_2 与 C_2 之间区段的电阻(不包含接触电阻)、C_2 与 H 之间导线电阻和其两端的接触电阻、H 与 A 之间区段的电阻(不包含接触电阻)之和。由于选择的 R_1、R_2、R_3、R_4 各自的阻值远大于各自两端导线阻值和 P_1、P_2、A、B 点的接触电阻,所以,各自两端导线阻值和 P_1、P_2、A、B 点的接触电阻可忽略不计,或者说消除了其对测量结果的影响。又由于 R_1、R_2、R_3、R_4 的阻值远大于 C_1、C_2 之间和 H、K 之间的阻值,R_1、R_2、R_3、R_4 支路对 C_1、C_2 之间和 H、K 之间的电流分流效应极小可忽略,使得 C_1、C_2 之间和 H、K 之间导体上的电流相等,都为 I_3。因此,当调节 R_1、R_2、R_3、R_4、R_S 的阻值,使检流计 G 的电流趋近零时,E、F 两点等电位,有以下方程组成立:

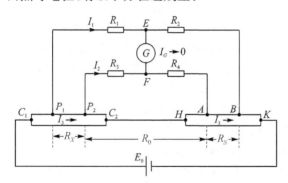

图 1 – 15 – 1　双臂电桥原理图

$$\begin{cases} I_1 R_1 = I_3 R_X + I_2 R_3 \\ I_1 R_2 = I_3 R_S + I_2 R_4 \\ I_2 (R_3 + R_4) = (I_3 - I_2) R_0 \end{cases}$$

由该方程组可得

$$R_X = \frac{R_1}{R_2}R_s + \frac{R_0 R_4}{R_3 + R_4 + R_0}\left(\frac{R_1}{R_2} - \frac{R_3}{R_4}\right) \qquad (1-15-1)$$

当 $\dfrac{R_1}{R_2} = \dfrac{R_3}{R_4}$ 时,

$$R_X = \frac{R_1}{R_2}R_s \qquad (1-15-2)$$

$\dfrac{R_1}{R_2} = \dfrac{R_3}{R_4}$ 的关系在成品电桥中是靠同轴转动比率臂来实现的,这就消除了电阻 R_0 的影响。可见,只要满足上述各项条件,就排除了所有引线电阻和接触电阻对测量结果的影响,用式(1-15-2)把低值电阻算出来。引线电阻的接法在低值电阻器件(比如超导体等)测量领域有广泛的应用,可有效地消除引线电阻和接触电阻对测量结果的影响。

通常把端子 P_1、P_2 称为电压端,把端子 C_1、C_2 称为电流端。如果测出均匀圆导线的一段电阻 R_X,则该金属的电阻率 ρ 为

$$\rho = R_X \frac{\pi d^2}{4l} \qquad (1-15-3)$$

式中,l 为待测圆导线的 P_1、P_2 之间的导线长度;d 为待测圆导线的直径。

【实验器材】

开尔文双臂电桥、千分尺、尺子、待测圆铜导线。

【实验内容】

1. 按厂家给出的面板上的操作要求进行功能预置。比如,对于单双桥组合式的,应将电桥的"电源选择"和"单桥倍率"全打在"双"位。用双臂电桥测量圆铜线 P_1、P_2 之间的电阻。要注意各个接点 C_1、P_1、P_2、C_2 的相应接线柱要全部接上并拧紧,为减小测量圆铜线 P_1、P_2 之间长度的相对测量误差,可以把 P_1、P_2 之间那段圆铜线选得长一些(也即不必拉直,弯曲后只要各部分之间不短路就行)。用千分尺和直尺分别测量待测圆铜线的直径 d(要在其不同部位测量五次,取其平均值)和 P_1、P_2 之间那段圆铜线的长度 l。

2. 选择"双桥倍率"的挡级,结合调节各相关电阻旋钮,以使所有电阻旋钮全部用上为准,因这样调平衡后可得到最多位数的有效数字。选择"双桥倍率"的挡级方法是:选择"双桥倍率"的某一挡级,调节最大阻值挡的电阻旋钮至少有一个挡级可以改善平衡,这就算选对了。电阻旋钮全用上的调节方法是:应把其最大阻值级别的那一旋钮先调到中间的挡位,而将其余小于该旋钮的那些小阻值旋钮全归零。调节最大阻值级别的那一旋钮变大或变小,看是否可使电桥接近平衡,如果可以接近平衡,调到不管用时,再增大比它小的那一阻值旋钮增加一挡,如果平衡变差了,再试着增加更小级别的阻值旋钮,如果还不行,说明前一大阻值旋钮应减小一挡,再反过头来重新调节刚才调过的小阻值挡,小阻值挡从零开始逐渐增加,当增加到不平衡时要退回一挡,再增加比该旋钮级别更小的那个旋钮……,如此反复,直至把其余更小阻值的阻值旋钮全用上。如果开始时调节最大阻值级别的那一阻值旋钮变大或变小,根本不能使电桥接近平衡或干脆不起作用,说明该阻值旋钮最小的那一挡位阻值也太大,该阻值旋钮应归零。

在调节电阻箱几个阻值旋钮时要注意:第一,要先调节高阻值级别旋钮;第二,调节某一钮,级别比它小的所有的阻值旋钮全要置零,否则,永远得不到精确的数值。

3. 改变上述待测圆铜线 P_1、P_2 之间那段圆铜线的长度 l，再进行上述测量多次。

4. 计算待测圆铜线的电阻率。

5. 选做内容：测量铁丝和铝丝的电阻率。

【思考讨论】

1. 式(1-15-2)成立的全部条件是什么？

2. 如何提高双臂电桥的测量精度？

3. 在各个电阻器允许的范围内，工作电流的大小对测量结果有无影响？

实验 1-16　用菲涅耳双棱镜测钠光波长

(罗秀萍)

双棱镜干涉是分波前的双光束干涉，这种干涉和两个相干光源是否实际存在无关。通过本实验，使学生学会用双棱镜产生光的清晰干涉条纹及测定光波波长的正确方法，进一步理解光的干涉本质和产生干涉的必要条件。

【实验目的】

1. 观察双棱镜产生的双光束干涉现象，进一步理解产生干涉的条件。

2. 学会用双棱镜测定光波波长。

【实验原理】

如果两列频率相同，振动方向相同的光沿着几乎相同的方向传播，并且这两列光波的位相差不随时间而变化，那么在两列光波相交的区域，光强的分布是不均匀的，在某些地方表现为加强，在另一些地方表现为减弱（甚至为零），这种现象称为光的干涉。干涉分为分振幅干涉和分波振面干涉两种。

菲涅耳双棱镜是分波振面双光束干涉的重要装置之一，如图 1-16-1 所示。图中，双棱镜 AB 由玻璃制成，有两个非常小的锐角（一般小于 1°）和一个非常大的钝角。当狭缝 S 发出的光波投射到双棱镜 AB 上时，经折射后，其波前便分割成两部分，形成沿不同方向传播的两束相干柱波。通过双棱镜观察这两束光，就好像它们由虚光源 S_1 和 S_2 发出的一样，故在两束光相互交叠区域 P_1P_2 内产生干涉。如果双棱镜的棱脊和光源狭缝平行，且狭缝的宽度较小，便可在白屏 P 上观察到平行于狭缝的等间距干涉条纹。

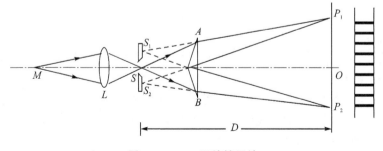

图 1-16-1　双棱镜干涉

设 d 代表两虚光源 S_1 和 S_2 的距离,D 为虚光源所在的平面(近似地在光源狭缝 S 的平面内)至观察屏 P 的距离,且 $D \gg d$,干涉条纹宽度为 Δx,则实验所用光波波长 λ 可由下式表示:

$$\lambda = \frac{d}{D} \Delta x \qquad (1-16-1)$$

式(1-16-1)表明,只要测出 d,D 和 Δx,就可算出光波波长。

由于干涉条纹宽度 Δx 很小,必须使用测微目镜进行测量。对于两虚光源的距离 d,可将一已知焦距为 f' 的会聚透镜 L' 置于双棱镜与测微目镜之间(见图 1-16-2),由透镜两次成像法求得。

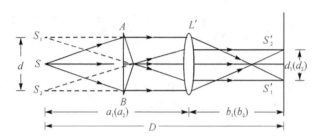

图 1-16-2　两次成像法测虚光源距离

只要使测微目镜到狭缝的距离 $D > 4f'$,前后移动透镜,从测微目镜中看到两虚光源 S_1 和 S_2 经透镜所成的实像,若得到放大的实像时两光源之间的距离为 d_1,而若得到缩小的像其距离为 d_2,从几何关系知

$$\frac{d}{d_1} = \frac{a_1}{b_1}, \frac{d}{d_2} = \frac{a_2}{b_2} \qquad (1-16-2)$$

当物和屏位置不变时,从共轭成像关系知 $a_1 = b_2, a_2 = b_1$,因此

$$\frac{d}{d_1} = \frac{d_2}{d} \qquad (1-16-3)$$

从而求出

$$d = \sqrt{d_1 d_2} \qquad (1-16-4)$$

用测微目镜测出 d_1 和 d_2 后,代入式(1-16-4)即求出两虚光源之间的距离。

【实验器材】

双棱镜、可调单缝、凸透镜、测微目镜、光具座、白屏、钠光灯。

【实验内容】

1. 调节光路

① 将钠光灯、狭缝、双棱镜、凸透镜、白屏与测微目镜放置在光具座上,并目测调整它们中心等高,共轴,双棱镜棱脊与狭缝平行等高。

② 点亮钠光灯,照亮狭缝,用白屏在凸透镜后面检查,经双棱镜折射后的光线,再经凸透镜成像,是否成两条清晰明亮的黄线?是否有叠加区?叠加区能否进入测微目镜?根据观测到的现象,作出判断,再进行必要的调节(共轴)。

③ 拿掉透镜和白屏。调节测微目镜,在视场中看到干涉条纹。在保证视场明亮不影响条纹观察的前提下,使狭缝的宽度尽量小些;若条纹数目少,可改变双棱镜与狭缝间的距离,直到

能观察到十条以上的清晰干涉条纹。

2．测量数据

① 用测微目镜测出干涉条纹的宽度 Δx。为了提高测量精度，可测出 n 条（10～20 条）干涉条纹的间距，再除以 n，即得 Δx。测量时，先用目镜叉丝对准某亮条纹的中心，然后旋转测微螺旋，使叉丝移过 n 个条纹，读出两次读数。重复测量三次，求平均值。

② 用米尺测出狭缝到测微目镜叉丝平面的距离 D。因为狭缝平面和测微目镜叉丝平面均不和光具座滑块的读数准线共面，在测量时应引入相应的修正。测三次，取平均值。

③ 用透镜两次成像法测量虚光源的距离 d。保持狭缝与双棱镜原来的位置不变使测微目镜到狭缝的距离大于 $4f'$，移动透镜，使虚光源在测微目镜中成放大的像，并测出放大像的间距 d_1；再移动透镜，使虚光源在测微目镜中成缩小的像，测出缩小像的间距 d_2。分别测量三次，求平均值。将所得结果代入式（1 - 16 - 4）求出 d。

3．利用测得的 $\overline{\Delta x}, \overline{d}, \overline{D}$ 值，求出钠光波长 λ，并计算测量误差。

【注意事项】

1．使用测微目镜时，首先要确定测微目镜读数装置的分格精度；要注意防止回程误差；旋转读数鼓轮时动作要平稳、缓慢；测量装置要保持稳定。

2．在测量光源狭缝至观察屏的距离时，因为狭缝平面和测微目镜的分划板平面均不和光具座滑块的读数准线共面，必须引入相应的修正。

3．测量 d_1、d_2 时，由于实像的位置确定不准，将给 d_1、d_2 的测量引入较大误差，可在透镜 L' 上加一直径约 1 cm 的圆孔光阑（用黑纸）增加 d_1、d_2 测量的精确度。（可对比一下加或不加光阑的测量结果。）

【思考讨论】

双棱镜和光源之间为什么要留一狭缝？为什么缝要很窄才可以得到清晰的干涉条纹？

实验 1 - 17　牛顿环等厚干涉的研究

（赵　杰）

当频率相同、振动方向相同、相位差恒定的两束光相遇时，在光波重叠区域，某些点合成光强大于分光强之和，某些点合成光强小于分光强之和，合成光波的光强在空间形成强弱相间的稳定分布，这种现象称为光的干涉。光的干涉是光的波动性的一种重要表现。日常生活中能见到诸如肥皂泡呈现的五颜六色，雨后路面上油膜的多彩图样等，都是光的干涉现象，都可以用光的波动性来解释。要产生光的干涉，两束光必须满足：频率相同、振动方向相同、相位差恒定的相干条件。实验中获得相干光的方法一般有两种——分波阵面法和分振幅法。等厚干涉属于分振幅法产生的干涉现象。

【实验目的】

1．理解等厚干涉现象。

2．利用牛顿环测透镜球面的曲率半径。

【实验原理】

将一曲率半径 R 很大的平凸透镜 L_1 放在一平面玻璃 L_2 的上面即构成一个牛顿环，如图

1-17-1所示。波长为 λ 的单色光源 S 发出的光经过凸透镜 L 投射到半透半反镜 F 上,向下反射的光投向牛顿环。牛顿环中的凸透镜的凸面与平面玻璃之间的空气夹层形成的空气膜是以凸透镜的中心 O 为圆点向外逐渐变厚的圆,等厚空气膜的连线是一个圆。这两条光线通过读数显微镜 M 后进入人的眼睛聚焦在视网膜上干涉成特定亮度的干涉圆环。这两束反射光在空气膜上下表面反射时都遵从入射角等于反射角规律,因此,"凸"光要比"平"光更折向内侧。"凸"光和"平"光是来自同一入射光线,用分振幅法获得的相干光,对于同样的光程差,两者干涉形成的亮度就相同,即形成了以 O 为圆心的干涉圆环。由于不同位置的反射光的光程差不同,形成的干涉圆环的半径及亮度也不同,这就形成了明暗相间的同心圆环干涉条纹,且中心为暗斑。可见,干涉圆环的亮度与空气膜的厚度有关,因此称等厚干涉。

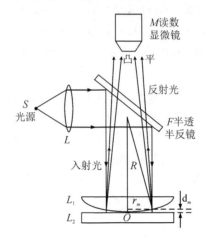

图 1-17-1 牛顿环实验光路

设透镜的曲率半径为 R,第 m 级干涉圆环的半径为 r_m,其相应的空气膜厚度为 d_m,则空气膜上、下表面反射光的光程差 δ 为

$$\delta = 2nd_m + \frac{\lambda}{2} \tag{1-17-1}$$

当光程差 δ 为波长的整数倍时为明纹,为半波长的奇数倍时为暗纹。

式(1-17-1)中,$\frac{\lambda}{2}$ 是空气膜下表面反射光线由光疏介质(空气)到光密介质(玻璃)在界面反射时发生半波损失引起的,因而导致附加光程差。

由图 1-17-1 可知

$$R^2 = (R - d_m)^2 + r_m^2 = R^2 - 2Rd_m + d_m^2 + r_m^2 \approx R^2 - 2Rd_m + r_m^2$$

$$d_m = \frac{r_m^2}{2R} \tag{1-17-2}$$

$\delta = (2m+1)\frac{\lambda}{2}$ 是两反射光干涉相消条件,将其代入式(1-17-1),得

$$2nd_m + \frac{\lambda}{2} = (2m+1)\frac{\lambda}{2} \tag{1-17-3}$$

因空气的折射率 n 近似为1,把式(1-17-2)代入式(1-17-3)化简得

$$r_m^2 = mR\lambda \quad \text{或} \quad r_m = \sqrt{mR\lambda} \tag{1-17-4}$$

由式(1-17-4)可见,暗环半径 r_m 与 m 和 R 的平方根成正比,随 m 的增大,环纹越来越密,而且越来越细。只要测出第 m 级暗环的半径,便可算出曲率半径 R。但是在透镜与平面玻璃板接触处,由于接触压力引起形变,导致接触处为一圆面。牛顿环的中心不是一个理想的接触点,而是一个不甚清晰的暗或明的圆斑。有时因镜面有尘埃存在,导致光程差难以准确确定。因此难以准确判定级数 m 和测量 r_m。为了获得比较准确的测量结果,可以用两个暗环半径 r_m 和 r_n 的平方差来计算曲率半径。

因为
$$r_m^2 = mR\lambda, \quad r_n^2 = nR\lambda$$

所以
$$r_m^2 - r_n^2 = (m-n)R\lambda$$

即
$$R = \frac{r_m^2 - r_n^2}{(m-n)\lambda} \tag{1-17-5}$$

由于 m 和 n 具有相同的不确定性,利用 $m-n$ 这一相对级次恰好消除由绝对级次的不确定性带来的误差。测量中很难确定牛顿环中心的确切位置,因此可用测量直径 D_m 和 D_n 来代替半径 r_m 和 r_n,即

$$R = \frac{D_m^2 - D_n^2}{4(m-n)\lambda} \tag{1-17-6}$$

式(1-17-6)即为本实验测量平凸透镜曲率半径的公式。可以证明,用同一直线上的弦长代替直径,该式仍然成立。

如果用摄像头、工业相机和计算机显示屏代替读数显微镜,光路原理与上述相仿,区别主要在于光路由上述的竖直方向变成了水平方向,也即光学导轨的方向。

【实验器材】

牛顿环仪,钠灯及电源,读数显微镜。

【实验内容】

1. 轻微转动牛顿环仪圆形框架上面的三个调节螺钉,使牛顿环位于透镜正中,但是禁止将这三个螺钉拧得太紧,以免玻璃破碎。

2. 把牛顿环仪放到显微镜的载物台上,打开钠光灯($\lambda = 589.3$ nm),调节半透半反镜,使钠灯黄光洒满整个显微镜的视场。调节镜筒高度,并调节镜筒上半透半反镜的倾斜度和左右方位,直到显微镜视场中出现明亮的黄斑。

3. 调节读数显微镜的目镜对十字叉丝聚焦,直至能看清分划板上的十字叉丝。使十字叉丝的其中一条与固定直尺平行并通过牛顿环的中心。

4. 转动调焦手轮对牛顿环聚焦,使之成像最清晰。

5. 转动测微鼓轮(水平移动),使十字叉丝从牛顿环的中心(0级)开始向左移动,直到十字叉丝的竖线移到左侧的第15级暗环,记录从左侧第3、4、5、13、14、15级暗环的位置读数 x_3、x_4、x_5、x_{13}、x_{14}、x_{15};再反向转动鼓轮,依次测出右侧第3级到第15级暗环的位置读数 y_3、y_4、y_5、y_{13}、y_{14}、y_{15}。某级暗环的左右位置读数之差即为该环直径,例如第3级暗环直径 $D_3 = |x_3 - y_3|$。

6. 自行设计数据表格,计算平凸透镜的曲率半径 R。提示:为简化计算,可取 $m-n = 10$,可得到式(1-17-6)中的 $D_m^2 - D_n^2$ 分别为 $D_{13}^2 - D_3^2$、$D_{14}^2 - D_4^2$、$D_{15}^2 - D_5^2$ 共计3个几乎等值的数据,要把这3个数据求平均值后再代入式(1-17-6)计算。

【思考讨论】

1. 牛顿环的中心为何是暗斑？

2. 如何利用牛顿环检验光学元件表面的质量？

3. 用白光照射时能否看到牛顿环的干涉条纹？此时的条纹有何特征？

实验 1-18 迈克尔逊干涉仪的调整和使用

（罗秀萍）

迈克尔逊干涉仪是 1883 年美国物理学家迈克尔逊制成的一种精密干涉仪，是一种典型的分振幅法产生双光束干涉的仪器，在科学研究和光学精密测量方面有广泛的应用。通过该实验熟悉迈克尔逊干涉仪的结构及调节方法，学会观察等倾及等厚干涉现象，学会测量激光、钠黄光的波长和钠黄光双线的波长差。

【实验目的】

1. 掌握迈克尔逊干涉仪的调节和使用方法。

2. 学会观察等倾及等厚干涉现象，学会测量激光，钠黄光的波长，钠光双黄线的波长差。

【实验原理】

1. 迈克尔逊干涉仪的构造介绍

迈克尔逊干涉仪的构造如图 1-18-1 所示，M_1 和 M_2 是在相互垂直的两臂上放置的两个平面反射镜，其背面各有三个调节螺钉，用来调节镜面的方位；M_2 是固定的，M_1 由精密丝杆控制，可沿臂轴前后移动，其移动距离可测量出来。仪器左侧直尺的最小分度值为 1 mm，前方粗动手轮窗口的最小分度值为 10^{-2} mm，右侧微动手轮的最小分度值为 10^{-4} mm，可估读至 10^{-5} mm，三个读数相加确定 M_1 的位置。在两臂相交处，有一与两臂轴各成 45°的平行平面玻璃板 G_1，且在 G_1 的第二表面上涂有半反射膜，它将入射光分成振幅近乎相等的反射光

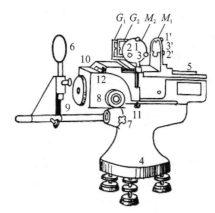

1,2,3,1′,2′,3′—平面反射镜调节螺钉；4—底座；5—平直导轨；6—观察毛玻璃屏；7—锁紧螺钉；8—微动手轮；9—粗动手轮；10—刻度盘观察窗；11—镜竖直微调螺钉；12—镜水平微调螺钉；G_1—分光板；G_2—补偿板；M_1—动镜；M_2—不动镜

图 1-18-1 迈克尔逊干涉仪

1 和透射光 2，故 G_1 板称为分光板。G_2 也是一平行平面玻璃板，与 G_1 平行放置，其厚度和折射率均与 G_1 相同。由于它补偿了光线 1 和 2 的光程差，故称为补偿板。

2. 迈克尔逊干涉仪的光路及干涉原理

迈克尔逊干涉仪的光路如图 1-18-2 所示。从扩展光源 S 射来的光到达分光板 G_1 后被分成两部分，反射光 1 在 G_1 反射后向着 M_1 前进；透射光 2 透过 G_1 后向着 M_2 前进。这两列光波分别在 M_1，M_2 上反射后逆着各自的入射方向返回，最后到达观察屏 E 处。既然这两列光波来自光源上同一点 O，因而是相干光，在 E 处的观察者能看到干涉图样。

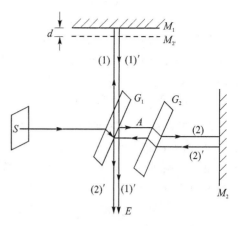

图 1-18-2　迈克尔逊干涉仪光路及干涉原理图

由于光在分光板 G_1 的第二面上反射，使 M_2 在 M_1 的附近形成一平行于 M_1 的虚像 M_2'，因而光在迈克尔逊干涉仪中自 M_1 和 M_2 的反射，相当于自 M_1 和 M_2' 的反射。由此可见，在迈克耳逊干涉仪中所产生的干涉与厚度为 d 的空气膜所产生的干涉是等效的。改变 M_1 和 M_2' 的相对方位，就可得到不同形式的干涉条纹。M_1 和 M_2 严格垂直，即 M_1 和 M_2' 严格平行时，可产生等倾干涉条纹；当 M_1 和 M_2' 接近重合，且有一微小夹角时，可得到等厚干涉条纹。

当两反射镜 M_1 与 M_2 严格垂直时，M_1 与 M_2' 相互平行，对于入射角为 θ 的光线，自 M_1 和 M_2' 反射的两束光的光程差为

$$\Delta = 2d\cos\theta \qquad (1-18-1)$$

式中，d 为 M_1 与 M_2' 的距离；θ 为光在 M_1 上的入射角。当空气膜厚度 d 一定时，光线 1，2 的光程差仅取决于入射角 θ。有相同的入射角 θ，就有相同的光程差 Δ，θ 的大小决定干涉条纹的明暗性质和干涉级次。这种仅由入射角决定的干涉称为等倾干涉。其干涉条纹是一系列与不同倾角 θ 相对应的同心圆环。其中亮条纹所满足的条件是

$$\Delta = 2d\cos\theta = k\lambda \qquad (1-18-2)$$

当 $\theta = 0$ 时，光程差 $\Delta = 2d$，对应于中心处两镜面的两束光具有最大光程差。因而中心条纹的干涉级次最高。

当 d 变大时，要保持光程差不变（即 k 不变），必须使 $\cos\theta$ 减小，即 θ 增大。所以逐渐增大 d 时，可看到干涉条纹从中心向外冒出。每当 d 增大 $\lambda/2$ 时，就从中心冒出一个圆环。反之，当 d 逐渐减小时，干涉圆环的半径会逐渐减小，条纹会不断向里收缩，条纹逐渐变疏变粗。每当 d 减小 $\lambda/2$ 时，就有一个圆环陷入。若转动微动手轮，缓慢移动 M_1 镜，使视场中心有 N 个条纹冒出或陷入，则可知 M_1 移动的距离为

$$\Delta d = N\frac{\lambda}{2} \qquad (1-18-3)$$

从而求出所用光源的波长 λ 为

$$\lambda = \frac{2\Delta d}{N} \qquad (1-18-4)$$

3. 在迈克尔逊干涉仪上观察不同定域状态的干涉条纹

(1) 点光源产生的非定域干涉

点光源 S 经 M_1 和 M_2' 反射产生的现象,等效于沿轴向分布的虚光源 S_1,S_2 所产生的干涉。因从 S_1 和 S_2 发出的球面波在相遇的空间处处相干,故为非定域干涉,如图 1-18-3 所示。

激光束经短焦距扩束透镜后,形成高亮度的点光源照明干涉仪,当观察屏 E 垂直于轴时,屏上出现圆形的干涉。同等倾条纹相似。

(2) 面光源产生的定域干涉

扩展面光源(如钠灯)作光源照明迈克耳逊干涉仪时,面光源上的每一点都会在观察屏 E 处产生一组干涉条纹。面光源上无数个点光源在观察屏的不同位置上产生无数组干涉条纹,这些干涉条纹非相干叠加,使得观察屏 E 处出现一片均匀的光强,看不清干涉条纹。此时只有在干涉场的

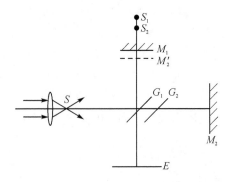

图 1-18-3　点光源产生的非定域干涉

某一特定区域,才可观察到清晰的干涉条纹,这种干涉称为定域干涉。这一特定区域称为干涉条纹定域位置。当 M_1 与 M_2' 平行时,条纹的定域位置出现在无穷远处。观察这种条纹时,应去掉观察屏,眼睛直接通过干涉仪的 G_1 向 M_1 方向望进去,在无穷远处可看到清晰的同心圆环。当眼睛上下左右移动时,干涉条纹不会有冒出或陷入的现象,干涉条纹的圆心随着眼睛的移动而移动,但各圆的直径不发生变化,这样的干涉条纹才是严格的等倾干涉条纹。若在 E 处加入凸透镜,则干涉条纹出现在透镜的焦平面上。

当 M_1 与 M_2' 非常接近时,微调 M_2',使 M_2' 与 M_1 之间有一个微小的夹角,此时在镜面 M_1 附近可观察到等厚干涉条纹。它们的形状如图 1-18-4 所示,在 M_1 与 M_2' 的交楞附近的条纹是近似平行于交楞的等间距直线,在偏离直线较远的地方,干涉条纹呈弯曲形状,凸面对着交楞。这种等厚干涉条纹定域在薄膜附近,因而观察时,人眼应调焦在反射镜 M_1 附近。

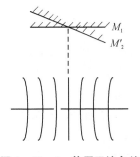

图 1-18-4　等厚干涉条纹

若用白光加毛玻璃做光源,可观察到彩色条纹。因为白光是复色光,它的干涉只能在 M_1 与 M_2' 重合位置(等光程)附近出现,因而只有几条彩色干涉条纹。

4. 利用迈克尔逊干涉仪测定钠光的波长差

当用钠光作光源,在迈克尔逊干涉仪上调出等倾干涉条纹后,如不断地转动微动手轮,即改变两束光的光程差,可以发现在无限远处的干涉条纹有时清晰,有时模糊,甚至当 d 变化到一定数值时,会完全看不到条纹;当继续改变 M_1 的位置时,条纹会慢慢清晰起来,即干涉条纹的可见度周期性的变化。这是因为钠光包含波长差 $\Delta\lambda$ 的两个波长 λ_1 和 λ_2,这两个波长在无穷远处各自都产生一套干涉条纹。它们相互叠加的结果,会使条纹的清晰度发生周期性变化。当光程差为 λ_1 和 λ_2 的不同整数倍,即 $\Delta=k_1\lambda_1=k_2\lambda_2$ 时,λ_1 产生亮条纹的地方,也是 λ_2 产生亮条纹的地方,此时干涉条纹最清晰。而当光程差为 λ_1 的整数倍,但又是 λ_2 的半波长的奇数倍,即 $\Delta=k_1\lambda_1=(2k_2+1)\lambda_2/2$ 时,λ_1 产生亮条纹的地方,正好是 λ_2 光波产生暗条纹的地方,此时干涉条纹叠

加的结果,使干涉条纹变模糊。若 λ_1 与 λ_2 的光强相等,则条纹的可见度几乎为零,视场里出现一片均匀的黄光,看不到条纹。从某一可见度最清晰到下一个可见度最清晰的间隔,也是从某一可见度为零到另一可见度为零的间隔,两束光光程差的变化为

$$\Delta L = 2\Delta d = k\lambda_1 = (k+1)\lambda_2$$

式中,Δd 是反射镜 M_1 移动的距离,即视场的可见度由清晰—模糊—再清晰变化一周期时动镜 M_1 移动的距离。

因而

$$\frac{\lambda_1 - \lambda_2}{\lambda_2} = \frac{1}{k} = \frac{\lambda_1}{2\Delta d}$$

故波长差

$$\Delta \lambda = \lambda_1 - \lambda_2 = \frac{\lambda_1 \cdot \lambda_2}{2\Delta d} \approx \frac{(\bar{\lambda})^2}{2(d_1 - d_2)} \qquad (1-18-5)$$

式中,$\bar{\lambda}$ 为钠黄光的平均波长,一般取 589.3 nm;$(d_1 - d_2)$ 是视场里可见度出现模糊—清晰—再模糊这一周期变化时动镜 M_1 移动的距离。

【实验器材】

迈克尔逊干涉仪、He-Ne 激光器、钠灯、扩束镜。

【实验内容】

1. 调节迈克尔逊干涉仪

① 先粗调底座下方三只调平螺钉,使仪器大致水平。调节 M_1,M_2 镜后面的三个调节螺钉及 M_2 镜座上的两个微调螺钉,使它们均处在适中的位置。调节 M_1 镜的位置,使 M_1 到分光板 G_1 的距离大致与 M_2 到 G_1 的距离相等。

② 调节 He-Ne 激光器,使光束与 M_2 大致垂直。调节 M_1 后面的三个螺钉,使由 M_1 反射的最亮点与激光器的发光点重合,再调节 M_2 后面的三个螺钉,使由 M_2 反射的最亮点也与激光器的发光点重合。此时,在观察屏上就能看到小范围的条纹。表明 M_1 与 M_2 镜已经相互垂直,干涉仪已基本调好。注意,调节 M_1 与 M_2 时,三个螺钉要适当调整,不能只拧一个螺钉,不可将螺钉拧得太紧,也不能完全松开。

③ 在激光器后分光板前,放上扩束透镜,使激光束充满 G_1,在观察屏上,就可看到同心圆条纹。这就是点光源产生的非定域干涉条纹。若干涉条纹的圆心不在观察屏中心,可以调节 M_2 下方的两个微调螺钉,旋转竖直方向的螺钉,可以使圆心在竖直方向上移动,旋转水平方向的螺钉,可以使圆心在水平方向上移动。最后,把圆心调到观察屏的中间。

2. 测定 He-Ne 激光光波的波长

转动微动手轮,改变平面镜 M_1 的位置,可观察到干涉条纹中心有条纹不断"冒出"或"陷入"。测出 100 个条纹在视场中心冒出(或陷入),平面镜 M_1 移动的距离 $\Delta d = d_1 - d_2$。重复测量十次,求平均值。并由式(1-18-4)求出激光波长。已知 He-Ne 激光的波长 $\lambda_0 = 632.8$ nm。

3. 测定钠光光波的波长

测量完激光波长后,旋转粗动手轮,使条纹陷入,在条纹陷入过程中,要始终使条纹圆心在观察屏中心,若有偏移,调节 M_2 镜下方的两个微调螺钉。当观察屏上仅看到一两个条纹时,拿掉激光器,换上钠灯,眼睛沿 G_1M_1 方向望进去,在无穷远处一般可看到钠光的干涉条纹。如果条纹模糊,转动微动手轮,使条纹变清晰。若眼睛上下左右移动时,中心有条纹冒出或陷入,就应仔细调节 M_2 下方的微调螺钉。若眼睛竖直方向移动时,有条纹冒出或陷入,应调节

竖直方向的微调螺钉;若眼睛水平方向移动时,有条纹冒出或陷入,应调节水平方向的微调螺钉。当眼睛稍有移动时,仅圆心移动,但条纹的直径不变,中心不出现冒出条纹或陷入条纹的现象。此时缓慢转动微动手轮,测出 100 个条纹在视场中冒出(或陷入)时,平面镜 M_1 移动的距离 $\Delta d=d_1-d_2$,重复测量几次,求出平均值,并由式(1-18-4),求出钠光波长 λ。

4. 测定钠黄光双线的波长差

缓慢转动微动手轮,观察钠光条纹的可见度从清晰—模糊—清晰—模糊的周期性变化。当视场中条纹刚出现模糊时,记下 M_1 的位置 d_1,当再一次出现模糊时,记下读数 d_2,求出相邻两次的间隔 $\Delta d=d_1-d_2$,重复三次求平均值。由式(1-18-5)求出双线差 $\Delta\lambda$。

【注意事项】

1. 注意防潮、防尘、防震;不能触摸元件的光学面,不要对着仪器说话、咳嗽等。

2. 实验前和实验结束后,所有螺丝均应处于放松状态,调节时应先使之处于中间状态,以便有双向调节的余地,调节动作要均匀缓慢。

3. 旋转读数手轮进行测量时,要防止回程误差。

【思考讨论】

1. 分析并说明迈克尔逊干涉仪中所看到的明暗相间的同心圆环与牛顿环有何异同?

2. 分析扩束激光和钠光产生的同心圆环的差别。

3. 调节钠光的干涉条纹时,如确实用激光已调节好,改换钠光后,但条纹并未出现,试分析可能的原因。

4. 如何判断和检验钠光形成的干涉条纹属于严格的等倾干涉条纹?

实验 1-19　单缝衍射相对光强分布的测定

(罗秀萍)

光的衍射现象分为夫琅禾费衍射和菲涅耳衍射两大类,本实验研究夫琅禾费衍射光强分布问题,目的是加深对单缝和双缝衍射原理的理解,掌握用光电元件和 CCD 测量相对光强分布的方法。

【实验目的】

1. 进一步了解夫琅禾费单缝衍射光强的分布规律,加深对光的衍射理论的理解。

2. 掌握测量光强分布的方法。

【实验原理】

夫琅禾费单缝衍射

平行光的衍射称为夫琅禾费衍射,它的特点是只用简单的计算就可以得出准确的结果,便于与实验比较和实用。

如图 1-19-1 所示,光源从 S_1 出发经透镜 L_1 形成的平行光垂直照射到狭缝 S_2,根据惠更斯-菲涅耳原理,狭缝上各点可以看成新的子波源,新波源向各方向发出球面次波,次波在透镜 L_2 的后焦平面叠加形成一组明暗相间的条纹。与狭缝平面垂直的光束汇聚于屏上 P_0 处,该处是中央亮纹的中心,其光强度设为 I_0,与 P_0 光束成 θ 角的衍射光束则汇聚于屏上 P 处的光强度

$$I_\theta = I_0 \frac{\sin^2 u}{u^2}, \qquad u = \frac{\pi a \sin\theta}{\lambda} \tag{1-19-1}$$

式中,a 为狭缝宽度;λ 为单色波的波长。

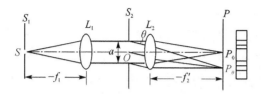

图 1 - 19 - 1　夫琅禾费衍射光路图

当 $\theta = 0$ 时,$u = 0$,这时光强最大,称为主极强。主极强的强度决定光源的亮度,还与缝宽 a 的平方成正比。

当 $\sin\theta = \dfrac{k\lambda}{a}$,$(k = \pm 1, \pm 2, \cdots)$时,$u = k\pi$,则有 $I_\theta = 0$,也就是出现暗条纹。实际上,θ 往往是很小的,因此可以近似地认为暗纹在 $\theta = \dfrac{k\lambda}{a}$ 处。由此可见,主极强两侧暗纹之间 $\Delta\theta = 2\dfrac{\lambda}{a}$,而其他相邻暗条纹之间 $\Delta\theta = \dfrac{\lambda}{a}$。

除了中央主极强以外,两相邻暗纹之间都有一次极强。数学计算得出,这些次极强在下列位置:

$$\theta \sim \sin\theta = \pm 1.43 \frac{\lambda}{a}, \ \pm 2.46 \frac{\lambda}{a}, \ \pm 3.47 \frac{\lambda}{a}, \cdots$$

这些次极强的相对强度为

$$\frac{I_\theta}{I_0} = 0.047, 0.017, 0.008, \cdots$$

若用 He - Ne 激光器作光源,由于 He-Ne 激光束具有方向性好、亮度高、光束细锐等优点,因而准直透镜 L_1 可省略不用。如果观察屏 P 放置在距狭缝较远处,即 D 远大于缝宽 a,则透镜 L_2 亦可省略。

【实验器材】

光具座、He - Ne 激光器、可调狭缝、光强分布测定仪、组合光栅。

【实验内容】

测定夫琅禾费单缝衍射的光强分布:

① 安排好实验仪器。打开激光器电源。一般应在激光器点燃半小时后再测量,以保证光强的稳定性。

② 调节 He - Ne 激光束,使其沿水平方向垂直地入射到可调狭缝上。调节缝宽和取向,使观察屏上衍射图样清晰对称。

③ 拿掉观察屏,换上光强分布测定仪,调节其高低,使它在移动过程中,入射缝始终处于衍射光带的中央。

④ 转动读数鼓轮,使光电池的入射缝移到衍射图样的三级极小以外。然后反向转动读数鼓轮,每隔 0.5～1 mm 记录一次位置 L 及其对应的电流值。在每个主极大、次极大或极小位置附近可多取一些点。测量范围应包括±2 级极小位置,重复测量三次。

⑤ 根据测量数据,在坐标纸上作出衍射光强分布图,纵坐标为相对光强 I/I_0,横坐标为位置 L,并对实验结果进行分析。

【注意事项】

一般的衍射花样是一种对称图形。如果采集到的图形左右不对称,这主要是各光学元件的几何关系没有调好引起的。实验时,应①调节单缝的平面与激光束垂直,检查方法是,观察从缝上反射回来的衍射光,应在激光孔附近;②调节组合光栅架上的俯仰或水平调节手轮,使缝与光强仪采光窗的水平方向垂直。

【思考讨论】

当缝宽增加一倍时,单缝衍射花样的光强和条纹的宽度将会怎样变化? 若缝宽减半,又怎样变化?

实验 1 - 20　分光计的调整和使用

(罗秀萍)

【实验目的】

1. 了解分光计的结构,掌握调节和使用分光计的方法。
2. 掌握测定棱镜角的方法。

【实验器材】

分光计、钠灯、三棱镜。

分光计是一种常用的光学仪器,实际上就是一种精密的测角仪。在几何光学实验中,主要用来测定棱镜角、光束的偏向角等,而在物理光学中,如果加上分光元件(棱镜、光栅)即可作为分光仪器,用来观察光谱,测量光谱线的波长等。下面以 JJY 型分光计为例,说明它的结构原理和调节方法。

1. 分光计的结构

分光计主要由底座、望远镜、准直管、载物平台和刻度圆盘等几部分组成,每部分均有特定的调节螺钉,图 1 - 20 - 1 为 JJY 型分光计的结构外形图。

① 分光计的底座要求平稳而坚实。在底座的中央固定着中心轴,刻度盘和游标内盘套在中心轴上,可以绕中心轴旋转。

② 准直管固定在底座的立柱上,它是用来产生平行光的。准直管的一端装有消色差物镜,另一端装有狭缝的套管,狭缝的宽度可通过调节手轮 28 进行调节,调节范围为 0.002～2 mm。松开狭缝装置锁紧螺钉,可以调节狭缝到物镜的距离。

③ 望远镜安装在支臂上,支臂与转座固定在一起,套在主刻度盘上。它是用来观察目标和确定光线进行方向的。物镜 L_0 为消色差物镜,目镜为阿贝式目镜,分光计结构如图 1 - 20 - 2 所示。

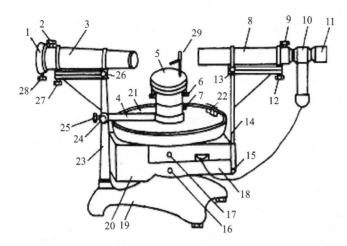

1—狭缝装置;2—狭缝装置锁紧螺钉;3—平行光管部件;4—制动架(二);5—载物台;6—载物台调平螺钉;7—载物台锁紧螺钉;8—望远镜部件;9—目镜锁紧螺钉;10—阿贝式自准直目镜;11—目镜视度调节手轮;12—望远镜调节螺钉;13—望远镜光轴水平调节螺钉;14—支臂;15—望远镜微调螺钉;16—转座与度盘止动螺钉;17—望远镜止动螺钉;18—制动架(一);19—底座;20—转座;21—度盘;22—游标盘;23—力柱;24—游标盘微调螺钉;25—游标盘止动螺钉;26—平行光管水平调节螺钉;27—平行光管光轴高低调节螺钉;28—狭缝宽度调节手轮

图 1 - 20 - 1　分光计结构外形

　　望远镜在目镜和叉丝之间装有小反射镜 P,绿色的照明光线经小棱镜 P 反射后叉丝的一小部分,由于小棱镜在视场中挡掉了一部分光线,故呈现出阴影。望远镜筒下面的螺钉 12、13 是用来调节望远镜的光轴位置的。16 为望远镜止动螺钉,放松时,望远镜可绕轴自由转动,旋紧时,望远镜被固定。螺钉 16、17 放松时,望远镜可独自绕轴转动;螺钉 16 放松而 17 旋紧时,刻度盘可随望远镜一起旋转。若螺钉 16、17 都旋紧,调节微调螺钉 15 可使望远镜转一个微小角度。旋转目镜视度调节手轮 11,可以调节目镜到叉丝的距离。松开目镜锁紧螺钉 9,可以调节叉丝到物镜的距离。望远镜光轴水平调节螺钉 12 用来调节望远镜光轴的倾斜度。

　　④ 载物平台是一个用以放置棱镜、光栅等光学元件的圆形平台。它套在转轴上并与读数圆盘上的游标盘相连,由止动螺钉 25 控制其与转轴的连接,松开止动螺钉 25,游标盘连同载物平台可绕轴旋转。24 为微调螺钉,当旋紧螺钉 17 和 25 时,借助微调螺钉 24 可对载物平台的旋转角度进行微调。松开螺钉 7,载物平台可单独绕轴旋转或沿轴升降。调平螺钉 6 有三个,用来调节台面的倾斜度。

　　⑤ 望远镜和载物平台的相对方位可由刻度盘上的读数确定。主刻度盘上有 $0°\sim360°$ 的圆刻度,最小刻度为 $0.5°$。为了提高角度测量精确,在内盘上相隔 $180°$ 处设有两个游标 $V_{左}$ 和 $V_{右}$,游标上有 30 个分格,它和主刻度盘上 29 个分格相当,最小分度值为 $1'$。记录测量数据时,必须同时读取两个游标的读数(为了消除度盘的刻度中心和仪器转轴之间的偏心差)。望远镜在某一位置时两个游标的读数为(V_1,V_2),望远镜在另一位置时,两个游标的读数为(V_1',V_2'),同一个游标两次读数的差值即为望远镜或载物平台转过的角度,然后求平均。即 $\theta = 1/2\left[(V_1'-V_1)+(V_2'-V_2)\right]$,安置游标位置要考虑具体实验情况,主要注意读数方便,且尽可能在测量过程中刻度盘 $0°$ 线不通过游标。

　　记录与计算角度时,左、右游标分别进行,注意防止混淆,算错角度。

2. 分光计的调节

为了精确测量角度,必须使待测角平面平行于读数圆盘平面。由于制造仪器时已使读数圆盘平面垂直于中心转轴,因而也必须保持测角平面垂直于中心转轴,如图1-20-3所示。

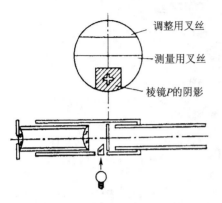

图1-20-2　望远镜的结构

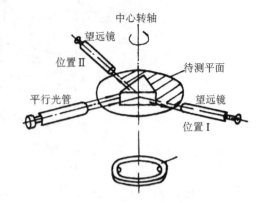

图1-20-3　分光计的调节

为满足此要求,测量前必须对分光计进行调节,以达到三个要求:准直管出射平行光;望远镜能接收平行光;经过待测光学元件的光线(如入射、折射、反射、衍射光线等)构成的平面应与仪器的中心轴垂直。即要求准直管、望远镜的光轴垂直于转轴。为保证这些条件,必须对分光计进行下述调节,其中尤以望远镜的调节最为重要,其他调节均以望远镜为准。

(1) 粗　调

① 调节目镜,看清测量用十字叉丝。

② 用望远镜观察尽量远处的物体,调节目镜鼓轮,使远处物体的像和目镜中的十字叉丝同时清楚。

③ 将载物台平面和望远镜轴尽量调成水平(目测)。

在分光计的调节过程中,粗调很重要,如果粗调不认真,可能给细调造成困难。

(2) 细　调

将平面镜放在载物台上。

① 应用自准直原理调望远镜适合平行光。

点亮"小十字叉丝"照明用小灯;将望远镜垂直对准三棱镜的一个反射面AB,如果从望远镜中看不到绿色的"小十字叉丝"的反射像,就要慢慢左右转动载物平台去找(粗调到位,均不难找到反射像),如果仍然找不到反射像时,就要稍微调节载物平台下的螺钉和望远镜下的螺钉,再慢慢左右转动平台去找。看到"小十字叉丝"的反射像后,调节叉丝到物镜的距离,使"小十字叉丝"反射像清楚且和测量用十字叉丝间无视差。转动载物平台,使望远镜的光轴垂直对准平面镜的另一光学面,找到"小十字叉丝"的反射像。

② 用逐次逼近法调望远镜光轴与中心转轴垂直(即将观察面调成与读数平面平行)。

由镜面反射的"小十字叉丝"像和调整叉丝如果不重合,转动载物平台先使其与竖直叉丝重合;然后调节望远镜光轴倾斜使两叉丝间的距离减少一半,再调平台螺钉b_1,使二者重合。转动载物平台,使另一镜面AC对准望远镜,看到反射的"小十字叉丝"像。如果它和调整叉丝不重合,再同上由望远镜和螺钉b_3各调回一半。

注意:时常发现从平面镜的第一面见到了绿色小"小十字叉丝"像,而在第二面则找不到,这可能是粗调不细致,经第一面调节后,望远镜光轴和平台面均显著不水平,这时要重新粗调;如果望远镜光轴及平台面无明显倾斜,这时往往是"小十字叉丝"像在调整叉丝上方视场之外,可适当调望远镜倾斜(使望远镜一侧升高些)去找。

反复进行以上的调整,直至不论转到哪一反射面,绿"十字叉丝"像均能和调整叉丝重合,则望远镜光轴与中心轴已垂直。此调节法称为逐次逼近法或各半调节法,如图 1-20-4 所示。

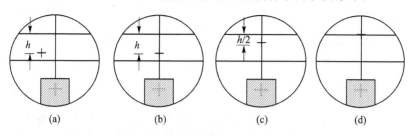

图 1-20-4　逐次逼近法调节分光计

③ 调节准直管使其产生平行光,并使其光轴与望远镜的光轴重合。

关闭望远镜叉丝照明灯,用光源照亮准直管狭缝;转动望远镜,对准准直管;将狭缝宽度适当调窄,前后移动狭缝,使从望远镜看到清晰的狭缝像,并且狭缝像和测量叉丝之间无视差。这时狭缝已位于准直管物镜的焦平面上,即从准直管出射平行光。

调准直管倾斜,使狭缝像的中心位于望远镜测量叉丝的交点上。这时准直管和望远镜的光轴平行,并近似重合。

【实验内容】

1. 调节分光计本体

按前述方法将分光计本体调节好。

2. 调节待测元件

调节待测元件,即调节棱镜折射的主截面与仪器的主轴截面垂直。三棱镜的棱镜角 A 是三棱镜主截面上三角形两边之间的夹角。应用分光计测量时,必须使待测光路平面与棱镜的主截面一致。由于分光计的观察面已调节好并垂直于仪器的主轴,即调节三棱镜的两个折射面 AB 和 AC,使之均能垂直于望远镜的光轴。

将三棱镜放置在载物平台上,使折射面 AB 与平台调节螺丝 b_1 和 b_3 的连线相垂直,这时调节螺丝 b_1 或 b_3,能改变 AB 面相对于主轴的倾斜度,而调节螺丝 b_2 对 AB 面的倾斜度不产生影响。

转动载物平台,使望远镜对准棱镜的光学面 AB,微调螺丝 b_1 或 b_3,使在望远镜中看到的反射回来的"小十字叉丝"像与调整用叉丝中心重合。转动载物平台使三棱镜的光学面 AC 正对望远镜,微调螺丝 b_2,使望远镜中看到的"小十字叉丝"像与调整用叉丝重合。反复进行上述调节,直到从 AB、AC 两光学面反射回来的"小十字叉丝"像均与调整用叉丝中心重合。此时,AB、AC 两光学面便平行于中心转轴,即棱镜折射的主截面与仪器的主轴垂直。

3. 测棱镜角

采用自准直法测棱镜角。

将待测棱镜置于载物平台上。固定望远镜,点燃小灯照亮目镜中的叉丝,旋转棱镜台,使棱镜的一个折射面对准望远镜,用自准直法调节望远镜的光轴与此折射面严格垂直,即使"小十字叉丝"的反射像和调整叉丝完全重合。记录刻度盘上两游标读数 v_1,v_2;再转动游标盘连带载物平台,以同样方法使望远镜光轴垂直于棱镜的第二个折射面,记录相应的游标读数 v_1', v_2';同一游标两次读数之差等于棱镜角 A 的补角 θ

$$\theta=\frac{1}{2}\left[(v_2'-v_2)+(v_1'-v_1)\right]$$

即棱镜角 $A=180°-\theta$。重复测量几次,计算棱镜角 A 的平均值和平均值的标准偏差。

【注意事项】

应将三棱镜的折射棱靠近棱镜台的中心放置,否则由棱镜两折射面所反射的光将不能进入望远镜。

实验 1－21　用透射光栅测定光波波长

(罗秀萍)

通过本实验加深对光栅分光作用的基本原理的理解,学会用透射光栅测定光栅常量、光波波长和光栅角色散的方法,巩固分光计的调节与使用方法。

【实验目的】

1. 加深对光栅分光原理的理解。
2. 用透射光栅测定光栅常量、光波波长和光栅角色散。

【实验原理】

光栅是一种常用的分光光学元件。广泛应用在单色仪、摄谱仪等光学仪器中。实际上,光栅就是一组数目极多的等宽、等距并平行排列的狭缝,应用透射光工作的称为透射光栅,应用反射光工作的称为反射光栅。本实验用的是平面透射光栅。

如图 1－21－1 所示,设 S 为位于透镜 L_1 物方焦面上的细长狭缝光源,G 为光栅,相邻狭缝的间距为 d。自 L_1 射出的平行光垂直地照射在光栅 G 上。透镜 L_2 将与光栅法线成 θ 角的衍射光会聚于像方焦面上的 P_θ 点,则产生衍射亮条纹的条件为

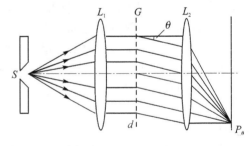

$$d\sin\theta=k\lambda \qquad (1-21-1)$$

式中,θ 是衍射角,λ 是光波波长,k 是级数($k=0$, $\pm1,\pm2,\cdots$),d 称为光栅常量。

图 1－21－1　平面衍射光栅

式(1－21－1)称为光栅方程。衍射亮条纹实际上是光源狭缝的衍射像,是一条锐细的亮线。当 $k=0$ 时,在 $\theta=0$ 的方向上,各种波长的亮线重叠在一起,形成明亮的零级像。对于 k 的其他数值,不同波长的亮线出现在不同的方向上形成光谱,此时各波长的亮线称为光谱线。而与 k 的正、负两组值相对应的两组光谱,则对称地分布在零级像的两侧。因此,若光栅常量 d 为已知,当测定某谱线的衍射角 θ 和光谱级 k,则可由式 1－21－1 求出该谱线的波长;反之,如果波长 λ 是已知的,则可求出光栅常量 d。

光栅方程(1－21－1)对 λ 微分,可得光栅的角色散

$$D \equiv \frac{\mathrm{d}\theta}{\mathrm{d}\lambda} = \frac{k}{d\cos\theta} \qquad (1-21-2)$$

角色散是光栅、棱镜等分光元件的重要参数,它表示单位波长
间隔内两单色谱线之间的角间距。由式(1-21-2)可知,光栅常
量 d 愈小,角色散愈大。而且光栅衍射时,如果衍射角不大,则
$\cos\theta$ 近似不变,光谱的角色散几乎与波长无关,即光谱随波长的
分布比较均匀,这和棱镜的不均匀色散有明显的不同。

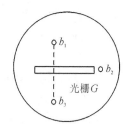

图 1-21-2　光栅位置

分辨本领是光栅的又一重要参数,它表征光栅分辨光谱细节
的能力。设波长为 λ 和 $\lambda+\mathrm{d}\lambda$ 的不同光波,经光栅衍射形成两条
谱线刚刚能被分开,则光栅分辨本领 R 为

$$R = \frac{\lambda}{\mathrm{d}\lambda} \qquad (1-21-3)$$

根据瑞利判据,当一条谱线强度的极大值和另一条谱线强度的第一极小值重合时,则可认
为该两谱线刚刚被分辨。由此可以推出

$$R = kN \qquad (1-21-4)$$

式中,k 为光谱级次;N 是光栅刻线的总数。

【实验器材】

分光计、平面透射光栅、汞灯。

【实验内容】

1. 分光计的调节

按实验 1-20 有关内容,调节分光计,即

① 望远镜接收平行光(对无穷远调焦)。

② 望远镜、准直光管主轴均垂直于主轴。

③ 准直管发出平行光。

2. 光栅位置的调节

① 根据前述原理的要求,光栅面应调节到垂直于入射光。

② 根据衍射角测量的要求,光栅衍射面应调节到和观测面度盘平面一致。

用汞灯照亮准直光管的狭缝。使望远镜对准准直光管,从望远镜中观察狭缝的像,使其和
叉丝的竖直线重合,然后固定望远镜。

参照图 1-21-2 放置光栅,点亮目镜叉丝照明灯(移开狭缝照明灯)左右转动载物台,看
到反射的"绿十字"像,调节螺钉 b_1 或 b_3 使绿十字像和目镜中的调整叉丝重合。这时光栅面
已垂直于入射光。

关闭目镜叉丝照明灯,汞灯重新照亮狭缝。转动望远镜观察光谱,如果左右两侧的光谱线
相对于目镜中叉丝的水平线高低不等,说明光栅的衍射面和观察面不一致,这时可调节平台上
的螺钉 b_2,使它们一致。

3. 测定光栅常量 d

根据式(1-21-1),只要测出第 k 级光谱中波长 λ 已知的谱线的衍射角 θ,就可求出 d 值。
以汞灯光谱中的绿线(546.07 nm)为已知波长,转动望远镜到光栅的一侧,使叉丝的竖直线对
准第(+1)级绿线的中心,记录两游标值;将望远镜转向光栅的另一侧,使叉丝竖直线对准第

(一1)级绿线的中心,记录两游标值。同一游标的两次读数之差是衍射角 θ 的两倍。重复测量三次,计算 d 值。

4. 测量未知波长

由于光栅常量 d 已经测出,因此只要测出未知波长的第 k 级谱线的衍射角 θ,就可求出其波长值 λ。

选取汞灯光谱中的最亮的紫线,双黄线作为未知波长的测量目标。衍射角的测量同上。

5. 测量光栅的角色散

用汞灯作光源,测量其一级和二级光谱中二黄线的衍射角,计算其衍射角之差 Δθ,结合测出的二谱线的波长差,求角色散 $D = \dfrac{\Delta\theta}{\Delta\lambda}$。

6. 考察光栅的分辨本领

以汞灯为光源,观察它的一级光谱的二黄线,在此是考查所用光栅,当二黄线刚能被分辨时,光栅的刻线数应限制在多少?

转动望远镜看到汞光谱的二黄线,在准直管和光栅之间放置一宽度可调的单缝,使单缝的方向和准直管狭缝一致,由大到小改变单缝的宽度,直至二黄线刚刚被分辨开。反复试几次,取下单缝,用移测显微镜测出缝宽 A。则在单缝掩盖下,光栅的露出部分的刻线数 N 为

$$N = \frac{A}{d}$$

由此求出光栅露出部分的分辨本领 R(=kN),并与由式(1-21-3)求出的理论值相比较。

【注意事项】

1. 光栅位置调节的两项要求逐一调节后,应再重复检查,因为调节后一项时,可能对前一项的状况有些破坏。

2. 光栅位置调好之后,实验过程中不应移动。

3. 本实验如使用复制刻划光栅,可选用光栅常量较大的光栅,以便于观察高级次光谱中不同级次光谱的重叠现象;如使用全息光栅,因衍射光能大部分集中于一级光谱,高级次光谱难以观察,从测量效果考虑,应选用光栅常量小的光栅。

【思考讨论】

1. 比较棱镜和光栅分光的主要区别。

2. 分析光栅面和入射平行光不严格垂直时对实验的影响。

实验 1 - 22　薄透镜焦距的测量

(赵　杰)

透镜焦距是光学设备(照相机、摄像机等)十分重要的指标。光学设备在短焦状态下拍出的照片场景宽广,在长焦状态下拍出的远处景物被拉近放大但场景变窄。测量透镜焦距有多种方法,这就需要我们利用学过的理论知识加以应用,并用实验的手段验证是否正确。实验可以推翻理论,但是理论永远推翻不了实验,这是某诺贝尔获奖者的一句名言,这说明了实验对于自然科学的重要性,因此我们必须重视实验,认真研究和做实验,并尝试自行设计实验方法。

本实验就是设计性实验,并且是同一个参数,分别尝试用几种不同方法测量,来验证理论的正确性。

【实验目的】

1. 掌握薄透镜焦距的测量原理;
2. 学会光学系统的共轴调节;
3. 学会自主设计实验。

【实验原理】

厚度远小于焦距的透镜称为薄透镜。在近轴光线的条件下,其成像规律为透镜成像的高斯公式。

如图 1 - 22 - 1 所示,设薄凸透镜的像方焦距为 f',物距为 s,对应的象距为 s',在白屏上成像 P',则高斯公式为

$$\frac{1}{s'} - \frac{1}{s} = \frac{1}{f'} \qquad (1 - 22 - 1)$$

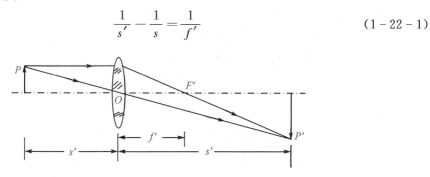

图 1 - 22 - 1　物距像距法求焦距光路图

即

$$f' = \frac{ss'}{s - s'} \qquad (1 - 22 - 2)$$

式中的正负号规定:从透镜光心 O 量起,与光线方向一致为正,反向为负。在进行运算时各个已知量都要添加正负号。

1. 物距像距法求焦距

调节物、凸透镜、白屏三者距离适当,物经凸透镜后,成像在屏上,通过测定物距和像距,利用公式(1 - 22 - 2)式即可算出 f'。

2. 两次成像法求焦距

见图 1 - 22 - 2,保持物与屏的相对距离 L 不变,并使其间距 l 大于 $4f'$,当凸透镜置于物体与白屏之间时,透镜有两个位置 I 与 II,可使屏上两次呈现清晰的倒立实像。设 I 与 II 距离为 d,位置 II 与白屏之间的距离为 s'_2。对于位置 I,由几何关系得知物距 $s = -(L - d - s'_2)$,像距 $s' = d + s'_2$,将其代入式(1 - 22 - 2)式,得

$$f' = \frac{(L - d - s'_2)(d + s'_2)}{L} \qquad (1 - 22 - 3)$$

对于位置 II,物距 $s = -(L - s'_2)$,像距 $s' = s'_2$,将其代入式(1 - 22 - 2)式,得

$$f' = \frac{(L - s'_2)s'_2}{L} \qquad (1 - 22 - 4)$$

由式(1 - 22 - 3)和式(1 - 22 - 4)联立解出

$$s'_2 = \frac{L-d}{2}, \quad f' = \frac{L^2 - d^2}{4L} \qquad (1-22-5)$$

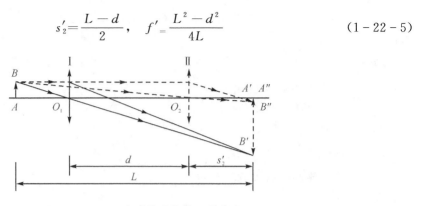

图 1 - 22 - 2　两次成像法求焦距光路图

3. 自准直法

自准直法由光的可逆性原理求焦距。如图 1 - 22 - 3 所示,当物为点光源 S 放在凸透镜 L 的焦点上时,由 S 发出的光经凸透镜后必然成为平行光。如果在透镜后面放一与透镜光轴垂直的平面反射镜 M,则来自透镜的平行光经平面镜 M 反射后将沿原来的路线反方向进行,并成像 S' 于光源 S 处,两者重合。如果物仅仅置于焦平面

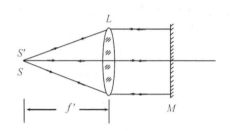

图 1 - 22 - 3　自准直法求焦距光路图

(比如焦点以上位置),那么在焦平面的焦点下方对称位置会出现与原来物等大倒立的实像。此时,光源 S 与凸透镜 L 之间的距离就是焦距 f'。这是通过调节仪器自身使之产生平行光以达到调焦的目的,所以又称为自准直法。

4. 眼睛视觉的景深

由于人眼对成像清晰度的分辨能力不强,因而当屏在小范围内移动时,人眼感觉的像是同样清晰的,此移动的范围为景深。为了减小由此引入的误差,可由近向远及由远向近移动白屏(或透镜),去探测像由清晰到模糊的临界点位置,并取两位置的中间值为清晰像的位置。

5. 光具座上各部件光学共轴的调节

构成透镜的两个球面的中心的连线称为透镜的光轴。物距、像距、透镜移动的距离等都是沿着光轴计算其长度的。但是上述各个长度量的测量是通过光具座上的刻度来读数的,为了准确测量,透镜光轴应该跟光具座的导轨平行。如果用多个透镜做实验,各个透镜应调节到有共同的光轴,且光轴与导轨平行。这些步骤统称为光轴共轴调节,调节的方法如下:

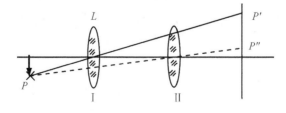

图 1 - 22 - 4　光具座上各部件光学共轴调节光路图

（1）粗　调

把透镜、物、屏等安装到光具座导轨上，将它们靠拢，调节高低、左右，使光源、物的中心、透镜的中心、屏幕的中央大致在一条和导轨平行的直线上，并使物、透镜、屏的平面互相平行并且垂直于导轨，也即要达到"横平竖直"。粗调仅仅靠眼睛观察判断，不够精确。

（2）细　调

靠其他仪器或成像规律来判断。如果物的中心偏离透镜的光轴，那么在移动透镜的过程中，像的中心位置会改变，即大像和小像的中心不重合，这时可根据偏移的方向判断物中心究竟是偏左还是偏右，偏上还是偏下，然后加以调整。

如图 1-22-4 所示，如果物体 P 的中心偏离透镜的光轴，则大小像 P'、P'' 的中心均偏离光轴，分别位于 P'、P'' 处，小像中心 P'' 离轴较近。

一般的调节方法是：成小像时，调节光屏的位置，使 P'' 与屏中心重合；而成大像时，则调节透镜的高低或左右，使 P' 位于光屏中心。如此反复调节，便可调好。

6. 凹透镜焦距的测量

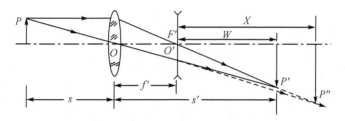

图 1-22-5　凹透镜焦距测量光路图

凹透镜无法把光线汇聚，因此它不能在白屏上成物体的实像，如果参考上述方法显然无法测量凹透镜的焦距。但是，只要在图 1-22-1 所示的光路的凸透镜与右侧白屏之间插入待测凹透镜，移动凹透镜或者白屏，使白屏上出现清晰实像 P'' 就可测出凹透镜的焦距 $f_凹$。如图 1-22-5 所示，没放凹透镜 O' 时，P 成实像于 P'；放上凹透镜成实像于 P''（像距 X），且 P' 为凹透镜的虚物（虚物距为 W，物体经过一个透镜成实像，出射光在达到成像位置前被另一个透镜折射，则该实像作为另一个透镜的虚物）。根据透镜成像公式得凹透镜的焦距

$$f_凹 = -\frac{XW}{X-W} \tag{1-22-6}$$

可见，凹透镜焦距为负值。也可用凸透镜再配合平面镜用自准直法来测量凹透镜的焦距，请自行分析。

【实验仪器】

光具座、凸透镜、凹透镜、物屏、白屏、平面反射镜、白光电光源各一个。

【实验内容和要求】

1. 根据上述实验原理和给定的实验器材，用物距物像法、两次成像法、自准直法三种方法测量凸透镜的焦距。要求自拟实验步骤和数据表格，并书面写出。写出后当场交给老师审核，通过审核再进行实际实验过程，审核不通过继续修改设计，直至通过审核后才可实际做实验。

2. 要求当堂课就把三种方法测量凸透镜焦距的结果算出来。

3. 自行设计测量凹透镜的焦距的方法并测量（选作实验内容）。

【思考题】

1. 除了上述实验方法,你还能找出其他的测量凸透镜焦距的方法吗?

2. 做凸透镜两次成像测焦距实验时,当大像中心在上面小像中心在下时,说明物屏的位置是偏上还是偏下?

实验 1 – 23　棱镜玻璃折射率的测定

(罗秀萍)

【实验目的】

1. 用最小偏向角法测定棱镜玻璃的折射率。

2. 熟悉分光计的使用方法。

【实验原理】

棱镜玻璃的折射率,可用测定最小偏向角的方法求得。如图 1 – 23 – 1 所示,光线 P 经待测棱镜的两次折射后,沿 $O'P'$ 方向射出时产生的偏向角为 δ。在入射光线和射出光线处于光路对称的情况下,即 $i_1=i'_2$,偏向角最小,记为 δ_m,可以证明:棱镜玻璃的折射率 n 与棱镜角 A、最小偏向角 δ_m 有如下关系

$$n=\frac{\sin\frac{A+\delta_m}{2}}{\sin\frac{A}{2}}\qquad(1-23-1)$$

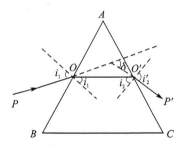

图 1 – 23 – 1　三棱镜的光路图

因此,只要测出 A 与 δ_m 就可从式(1 – 23 – 1)求得折射率 n。

由于透明材料的折射率是光波波长的函数,同一棱镜对不同波长的光具有不同的折射率。所以当复色光经棱镜折射后,不同波长的光将产生不同的偏向而被分散开来。通常棱镜的折射率是对钠黄光波长 589.3 nm 而言。

【实验器材】

分光计、钠灯、三棱镜。

【实验内容】

1. 调节分光计

按实验 1 – 20 所述方法将分光计调节好,并用自准直法测出棱镜角 A。

2. 测最小偏向角

① 用钠灯照亮狭缝,使准直管射出平行光束。

② 将待测棱镜放置在棱镜台上,转动望远镜,找到钠光经棱镜折射后形成的黄色谱线。

③ 将刻度内盘固定。慢慢转动棱镜台,改变入射角 i_1,使谱线往偏向角减小的方向移动,同时转动望远镜跟踪该谱线。

④ 当棱镜台转到某一位置,该谱线不再移动,这时无论棱镜台向何方向移动,该谱线均向

相反方向移动,即偏向角都增大。这个谱线反向移动的极限位置就是棱镜对该谱线的最小偏向角的位置。将望远镜移至此位置,并使竖直叉丝对准黄色谱线的中心,记录刻度盘读数 v_1,v_2。

⑤ 将棱镜转到对称位置,使光线向另一侧偏转,同时寻找谱线的极限位置,记录相应的游标读数为 v_1',v_2'。

同一游标左、右两次数值之差 $|v_1'-v_1|$、$|v_2'-v_2|$ 是最小偏向角的 2 倍,即

$$\delta_m = (|v_1'-v_1| + |v_2'-v_2|)/4$$

⑥ 重复测量几次,求 δ_m 的平均值及其标准偏差。

3. 计　算

用测得的顶角 A 及最小偏向角 δ_m,计算棱镜玻璃的折射率 n 及其标准偏差。

【思考讨论】

设计一种不测最小偏向角而能测棱镜玻璃折射率的方案(使用分光计去测)。

第2部分 提高型实验

实验2-1 液体黏滞系数的测定与研究

（杨学锋 王红梅）

黏滞系数是反映流体理化特性的一个重要参数,它与液体的性质和温度有关。石油在管道中的传输,机械工业润滑油的选择,物体在液体中的运动都与液体的黏滞系数有关。

【实验目的】

1. 测定液体的黏滞系数。
2. 研究液体的黏滞系数随温度变化的规律。

【实验仪器】

一体化 PH-IV 型变温黏滞系数实验仪。

【实验原理】

各种实际液体具有不同程度的黏滞性。当液体流动时,平行于流动方向的各层流体速度都不相同,即存在着相对滑动,于是各层之间就有摩擦力产生,这一摩擦力称为黏滞力。它的方向平行于接触面,其大小与速度梯度及接触面积成正比。比例系数 η 称为黏滞系数(黏度)。本实验采用中空长圆柱体(针)在待测液体中垂直下落,通过测量针的收尾速度确定黏度。

当针在待测液体中沿容器中轴垂直下落时,经过一段时间,针所受重力与黏滞阻力以及针上下端面压力差达到平衡,针变为匀速运动,这时针的速度称为收尾速度,此速度可通过测量针内两磁铁经过传感器的时间间隔 T 求得。

在恒温条件下,黏度 η 的计算公式为

$$\eta = \frac{g \times R_2^2(\rho_s - \rho_L)}{2 \times V_\infty} \times \frac{1 + \dfrac{2}{3Lr}}{1 - \dfrac{3}{2CwLr} \times \left(\ln \dfrac{R_1}{R_2} - 1\right)} \times \left(\ln \frac{R_1}{R_2} - 1\right) \quad (2-1-1)$$

式中,R_1 为容器内筒半径;R_2 为落针外半径;V_∞ 为针下落收尾速度;g 为重力加速度;ρ_s 为针的有效密度;ρ_L 为液体密度;η 为液体黏度;Cw 和 Lr 为壁和针长的修正系数。

$$Cw = 1 - 2.04k + 2.09k^3 - 0.95k^5 \quad (2-1-2)$$

式中,$k = \dfrac{R_2}{R_1}$;$Lr = \dfrac{L - 2R_2}{2R_2}$。

在实际情况下,式(2-1-1)可作简化。考虑到 $V_\infty = \dfrac{L}{T}$,其中,L 为两磁铁同名磁极的间距;T 为两磁铁经过传感器的时间间隔。则式(2-1-1)可改写为

$$\eta=\frac{gR_2^2t}{2L}(\rho s-\rho_L)\left(1+\frac{2}{3l_r}\right)\left(\ln\frac{R_1}{R_2}-\frac{R_1^2-R_2^2}{R_1^2+R_2^2}\right) \tag{2-1-3}$$

在变温条件下,还必须考虑液体密度随温度的改变,即

$$\rho_L=\rho_0/[1+\beta(t+t_0)] \tag{2-1-4}$$

β 值可用实验方法确定,$\beta\approx0.93\times10^{-3}℃,$

$$\rho_0=\rho_{20℃}=963\ kg/m^3, \qquad t_0=20\ ℃$$

这样,将式(2-1-4)代入式(2-1-3),即可计算黏度 η。

因为将计算 η 的程序已固化在 EPROM 中,所以,利用单片机可计算并显示黏度 η,实现了智能化。

【实验内容】

1. 将待测液体(如蓖麻油)注满容器,用底脚螺丝来调节黏度计本体,通过水准仪观察平台是否水平,即圆筒容器是否垂直。

2. 将仪器本体的橡皮管连接到控温系统上。下面的橡皮管连接控温系统后面板上的出水孔,上面的橡皮管接入水孔。用漏斗往水箱内注水,使水位管的水位达到管的 2/3,加水完毕,经检查确认没有渗漏后,擦干仪器及机身,再把控温装置接到 220 V 交流电源上。

3. 将霍尔传感器安装在黏度计的铝板上,让探头与圆筒容器垂直,并尽量接近圆筒。传感器的输出电缆接到控温机箱后面板上的航空插座上。

4. 加热液体。接通控温系统的电源,按下控温按钮,启动水泵,将温度控制器编码开关调到某一温度(例如高于室温 5 ℃),对待测液体浴加热,达到设定温度后,红色指示灯亮进行保温,由于热惯性,需要待一段时间后,才能达到平衡,记下容器中酒精温度计的读数(此为液体温度)。

5. 按控温机箱上的复位键,显示"PH-2",表示已经进入复位状态。

6. 按"2"键显示"H",表示毫秒计进入计时待命状态。

7. 将投针装置的磁铁拉起,让针落下,稍待片刻,数显表显示时间(单位:ms)。第一次按 A 键显示落针的有效密度(2 260 kg/m³),第二次按 A 键显示蓖麻油的有效密度(950 kg/m³),以上两数值均可修改,第三次按 A 键显示该设定温度下的液体黏度。

8. 用取针装置将针拉起,重复测量 3 次。

9. 设定其他温度,每次增加 5 ℃,继续加热液体,测定该温度下液体的黏度,作黏度与温度关系曲线。

【思考与讨论】

本实验方法能否测定水的黏滞系数?

【仪器简介】

一体化 PH-IV 型变温黏滞系数实验仪如图 2-1-1(a)所示。用透明玻璃管制成的内外两个圆筒容器,竖直固定在水平机座上,机座底数实验仪由本体、落针、霍尔传感器、控温计时系统四部分组成。本体结构有调水平的螺丝。内筒盛放待测液体(如蓖麻油),内外筒之间通过控温系统灌水,用以对内筒水浴加热。外筒的一侧上、下端各有一接口,用橡胶管与控温系统的水泵相连,机座上竖立一块铝合金支架,其上装有霍尔传感器和取针装置。圆筒容器顶部盒子上装有投针装置(发射器),包括喇叭形的导环和带永久磁铁的拉杆。装此导环为便于取针和让针沿容器中轴线下落。用取针装置把针由容器底部提起,针沿导环到达盖子顶部,被拉

杆的磁铁吸住。拉起拉杆,针因重力作用而沿容器中轴线下落。

针如图 2-1-1(b)所示,它是有机玻璃制成的空细长圆柱体,下端为半球形,上端为圆台状,便于拉杆相吸。内部两端装有永久磁铁,异名磁极相对。开关型霍尔传感器做成圆柱体,外部有螺纹,可用螺母固定在仪器本体的铝板上。输出信号通过屏蔽电缆、航空插头接到单板机计时器上。传感器由 5 V 直流电源供电,外壳用非磁金属材料(铜)封装,每当磁铁经过霍尔传感器前端时,传感器即输出一个矩形脉冲,同时有 LED(发光二极管)指示。

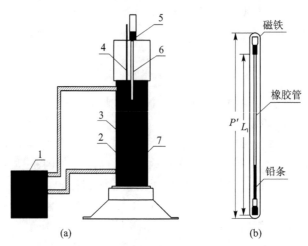

1—水泵;2—待测液体;3—水;4—酒精温度计;5—控杆;6—落针;7—霍尔传感器

图 2-1-1 黏滞系数实验仪

以单片机为基础的 SD-A 型多功能毫秒计用以计时和处理数据。霍尔传感器产生的脉冲经整形后,从航空插座输入单板机,由计时器完成两次脉冲之间的计时,接收参数输入,并将结果计算和显示出来。

控温系统由水泵、加热装置及控温装置组成。微型水泵运转时,水流自黏度计本体的底部流入,自顶部流出,形成水循环,对待测液体进行水浴加热。

规格和主要技术参数:

内筒内半径	$R_1 = 18.5$ mm	
蓖麻油密度	$\rho_L(20 \ ℃时) = 950 \ kg/m^3$	
针外半径	$R_2 = 3.5$ mm	
针内半径	2.0 mm	
针有效密度	$\rho_s = 2\ 260 \ kg/m^3$	
针质量	$m = 16.0 \times 10^{-3} \ kg$	
针内同名磁极间距	$L = 170$ mm	

【注意事项】

1. 让针沿圆筒中心轴线下落。

2. 落针过程中,针应保持竖直状态,若针头部偏向霍尔探头,数据偏大;若针尾部偏向霍尔探头,数据偏小。

3. 用取针装置将针拉起悬挂在容器上端后,由于液体受到扰动,处于不稳定状态,应稍待片刻再将针投下进行测量。

4. 取针装置将针拉起悬挂后,应将取针装置上的磁铁旋转,离开容器,以免对针的下落造成影响。

5. 建议实验者先在复位后用计停键手动测量落针时间,然后用霍尔探头自动测量,训练实验技巧。

6. 取针和投针时均需小心操作,以免把仪器本体弄倒,打坏圆筒容器。

实验 2-2　用凯特摆测量重力加速度

（杨学锋　王红梅）

1818 年凯特提出的倒摆,经雷普索里德做了改进后,成为当时测量重力加速度 g 最精确的方法。波斯坦大地测量研究所曾用五个凯特摆用了 8 年时间(1896—1904 年),测得当地的重力加速度 $g=(981.274\pm0.003)\mathrm{cm/s^2}$,许多地区的 g 值都曾以此为根据。凯特摆测量重力加速度的方法不仅在科学史上有着重要的价值,而且在实验设计上亦有值得学习的技巧。

【实验目的】

1. 学习凯特摆的实验设计思想和技巧。

2. 掌握一种比较精确的测量重力加速度的方法。

【实验仪器】

凯特摆、光电探头、米尺和周期测定仪。

【实验原理】

图 2-2-1 是复摆的示意图。设一质量为 m 的刚体,其重心 G 到转轴 O 的距离为 h,绕 O 轴的转动惯量为 I,当摆幅很小时,刚体绕 O' 轴摆动的周期 T 为

$$T=2\pi\sqrt{\frac{I}{mgh}} \qquad (2-2-1)$$

式中,g 为当地的重力加速度。

设复摆绕通过重心 G 的轴的转动惯量为 I_G,当 G 轴与 O 轴平行时,有

$$I=I_G+mh^2 \qquad (2-2-2)$$

将其代入式(2-2-1),得

$$T=2\pi\sqrt{\frac{I_G+mh^2}{mgh}} \qquad (2-2-3)$$

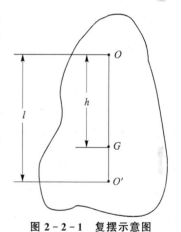

图 2-2-1　复摆示意图

对比单摆周期的公式 $T=2\pi\sqrt{\dfrac{l}{g}}$ (l 为复摆的等效摆长),可得

$$T=\frac{I_G+mh^2}{mh} \qquad (2-2-4)$$

因此,只要测出周期和等效摆长便可求得重力加速度。

复摆的周期能测得非常精确,但利用式(2-2-4)来确定 l 是很困难的。因为重心 G 的位置不易测定,因而重心 G 到悬点 O 的距离 h 也是难以精确测定的。同时由于复摆不可能做成理想的、规则的形状,其密度也难绝对均匀,想精确计算 I_O 也是不可能的,利用复摆上两点

的共轭性可以精确求得 l。在复摆重心 G 的两旁总可找到两点 O 和 O',使得该摆以 O 为悬点的摆动周期 T_1 与以 O' 为悬点的摆动周期 T_2 相同,那么可以证明 $|OO'|$ 就是要求的等效摆长 l。

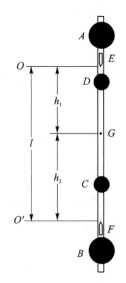

图 2-2-2 是凯特摆摆杆的示意图。对凯特摆而言,两刀口间的距离就是该摆的等效摆长 l。在实验中当两刀口位置确定后,通过调节 A、B、C、D 四摆锤的位置可使正、倒悬挂时的摆动周期 T_1 和 T_2 基本相等,即 $T_1 \approx T_2$。由式(2-2-3)可得

$$T_1 = 2\pi \sqrt{\frac{I_G + mh_1^2}{mgh_1}} \qquad (2-2-5)$$

$$T_2 = 2\pi \sqrt{\frac{I_G + mh_2^2}{mgh_2}} \qquad (2-2-6)$$

式中,T_1 和 h_1 为摆绕 O 轴的摆动周期和 O 轴到重心 G 的距离。

当 $T_1 \approx T_2$ 时,$h_1 + h_2 = l$ 即为等效摆长。由式(2-2-5)和式(2-2-6)消去 I_G,可得

$$\frac{4\pi^2}{g} = \frac{T_1^2 + T_2^2}{2l} + \frac{T_1^2 - T_2^2}{2(2h_1 - l)} = a + b \qquad (2-2-7)$$

式中,l、T_1、T_2 都是可以精确测定的量,而 h_1 则不易测准。由此可知,a 项可以精确求得,而 b 项则不易精确求得。但当 $T_1 = T_2$ 以及 $|2h_1 - l|$ 的值较大时,b 项的值相对 a 项是非常小的,这样 b 项的不精确对测量结果的影响就微乎其微了。

图 2-2-2 凯特摆摆杆示意图

【实验内容】

1. 仪器调节

凯特摆由底座、压块、支架、V 形刀承和一根长 1 m 的金属摆杆组成,如图 2-2-2 所示。金属摆杆上嵌有两个对称的刀口 E 和 F,作悬挂之用,一对大小形状相同、但质量不同的大摆锤 A、B 分别位于摆杆的两端,另一对小摆锤 D、C 位于刀口 E 和 F 的内侧,摆锤 A、D 由金属制成,摆锤 C、B 由塑料制成。就摆杆的外形而言,摆杆各部分处于对称状态,其目的在于抵消实验时空气浮力的影响以及减小阻力的影响,调节刀口 E 和 F 可以改变等值单摆长 l。调节摆锤 A、B、C、D 的位置,可以改变摆杆系统的质量分布。h_1 和 h_2 分别为悬点 O 和 O' 到摆杆体系重心的距离。当四个摆锤调节到某一合适的位置时,以 O 为悬点和以 O' 为悬点的摆动周期相等。当 l、h_1(或 h_2)和四个摆锤的位置确定之后,只要测出摆动周期 $T(T \approx T_1)$,便可求得重力加速度 g。

选定两刀口间的距离即该摆的等效摆长 l。固定刀口时要注意使两刀口相对摆杆基本对称,两刀口相互平行,用米尺测出 l 的值,取参考 g 值($g \approx 9.80$ m/s²),利用 $T = 2\pi \sqrt{\dfrac{l}{g}}$ 粗略估算 T 值,作为调节 $T_1 = T_2$ 时的参考值。将摆杆悬挂到支架上水平的 V 形刀承上,调节底座上的螺丝,借助于铅垂线,使摆杆能在铅垂面内自由摆动,倒过来悬挂也是如此。

将光电探头放在摆杆下方,调整它的位置和高度,让摆针在摆动时经过光电探测器。让摆杆做小角度的摆动,待其摆动若干次稳定后,按下数字测试仪的"复位"按钮,开始计时。

2．测量摆动周期 T_1 和 T_2

调节四个摆锤的位置，使 T_1 与 T_2 逐渐靠近，一般粗调用大摆锤，微调用小摆锤。当 T_1 和 T_2 比较接近估算值 T 时，最好移动小塑锤，使 T_1 与 T_2 的差值小于 $0.001\ \text{s}$。当周期的调节达到要求后，将测试仪的计停开关拨到"计数"挡，测量凯特摆正、倒摆动 10 个周期的时间，$10T_1$ 和 $10T_2$ 各测量 5 次取平均值。

3．计算重力加速度 g

将摆杆从刀承上取下，平放在刀口上，使其平衡，平衡点即重心 G 的所在，测出 $|GO|(h_1)$ 或 $|GO'|(l-h_1)$ 的值，代入式（$2-2-7$）中计算 g 值，并计算误差。

【思考讨论】

1．凯特摆的外形为什么是对称的？刀承和大、小摆锤为什么都要做对称调整？

2．凯特摆测重力加速度时，避免了什么量的测量？降低了哪个量的测量精度？

实验 $2-3$　　用波尔共振仪研究受迫振动

（杨学锋　王红梅）

振动是自然界最普遍的运动形式之一，阻尼振动和受迫振动在物理和工程技术中得到广泛重视。本实验中，用玻尔共振仪定量测定机械受迫振动的幅频特性和相频特性，并利用频闪方法来测定动态物理量——相位差。

【实验目的】

1．研究波尔共振仪中弹性摆轮受迫振动的幅频，相频特性。

2．研究不同阻尼力矩对受迫振动的影响，观察共振现象。

3．学习用频闪法测定运动物体的某些量，如相位差。

【实验仪器】

BG -2 型玻尔共振仪。

【实验原理】

振动系统在周期性外力（即强迫力）的作用下进行的振动叫作受迫振动。

利用玻尔共振仪研究受迫振动时，振动仪上绕轴摆动的圆形摆轮同时受到三个力矩的作用：一是蜗卷弹簧提供的与角位移 θ 成正比的、方向指向平衡位置的弹性恢复力矩，一是阻尼线圈提供的与角速度 $\mathrm{d}\theta/\mathrm{d}t$ 成正比、方向与摆轮角速度方向相反的阻尼力矩，一是电机提供的按余弦规律变化的周期性强迫力矩。

设摆轮的转动惯量为 I，蜗卷弹簧的弹性力矩系数为 K，阻尼力矩系数为 b，强迫外力矩的幅值和频率为 M_0 和 ω，由刚体的转动定律可列出摆轮的运动方程：

$$I\ \frac{\mathrm{d}^2\theta}{\mathrm{d}t^2}=-K\theta-b\ \frac{\mathrm{d}\theta}{\mathrm{d}t}+M_0\cos\omega t \qquad (2-3-1)$$

令 $\omega_0^2=\dfrac{K}{I}$，$2\beta=\dfrac{b}{I}$，$m=\dfrac{M_0}{I}$，则式（$2-3-1$）可变形为

$$\frac{\mathrm{d}^2\theta}{\mathrm{d}t^2}+2\beta\ \frac{\mathrm{d}\theta}{\mathrm{d}t}+\omega_0^2\theta=m\cos\omega t \qquad (2-3-2)$$

式(2-3-2)的通解为

$$\theta = \theta_1 e^{-\beta t} \cos(\omega_1 t + \alpha) + \theta_2 \cos(\omega t + \varphi) \tag{2-3-3}$$

此解表明:摆轮的运动可分成两部分,第一部分,$\theta = \theta_1 e^{-\beta t} \cos(\omega_1 t + \alpha)$ 随时间的推移而趋于消失;第二部分是与强迫力矩同频率的周期性振动,它是受迫振动最终的稳定振动状态。

振幅和相位差为

$$\theta_2 = \frac{m}{\sqrt{(\omega_0^2 - \omega^2)^2 + 4\beta^2 \omega^2}} \tag{2-3-4}$$

$$\varphi = \arctan\left(\frac{-2\beta\omega}{\omega_0^2 - \omega^2}\right) \tag{2-3-5}$$

图 2-3-1 和图 2-3-2 分别表示了在不同 β 时稳定受迫振动的幅频特性和相频特性。

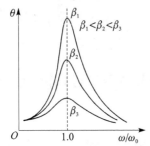

图 2-3-1　受迫振动稳定时的幅频特性

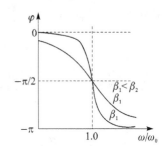

图 2-3-2　受迫振动稳定时的相频特性

将式(2-3-4)对 ω 求极值可得强迫力的频率 $\omega = \sqrt{\omega_0^2 - 2\beta^2}$ 时,θ_2 有极大值,系统达到共振。共振时,摆轮的频率、振幅及相位差为

$$\omega_r = \sqrt{\omega_0^2 - 2\beta^2} \qquad \theta_r = \frac{m}{2\beta\sqrt{\omega_0^2 - \beta^2}} \qquad \varphi_r = \arctan\left(\frac{-\sqrt{\omega_0^2 - 2\beta^2}}{\beta}\right) \tag{2-3-6}$$

这表明,阻尼系数 β 越小($\omega_0 \gg \beta$),共振时的频率越接近系统的固有频率、振幅越大、相位差越接近90°。

【实验内容】

1. 测对应振幅时的 $T_0(\omega_0)$

将带刻线的有机玻璃转盘指针 F 放在0°位置,断开电机开关,周期选择扳向"1",然后将阻尼开关拨向"0"处,将振幅拨到150°,松手后,先观察周期变化情况,如周期不变化,则不必一一记录,如变化大,选择记录步骤中对应振幅的周期值,即此时的 $T_0(\theta)$,一直到30°。最好两人配合记录振幅和周期于表2-3-1中。

2. 测定阻尼系数 β

① 打开电源开关,关断电机开关,将阻尼选择开关拨向试验时位置(通常选取"2"或"1"处,此开关位置选定后,在实验过程中不能任意改变,也不能将整机切断电源,否则由于电磁铁剩磁现象将引起 β 值变化,只有在某一阻尼系数 β 的所有实验数据测试完毕,要改变 β 值时才允许拨动此开关)。

② 将带刻线的有机玻璃转盘指针 F 放在0°位置,周期选择拨向"10"(即一次记10个周期的时间),用手轻轻拨动摆轮使 θ_0 处在130°~150°之间,然后放手,记录10个连续振幅值 θ_1,θ_2,…,θ_{10},然后利用公式 $\ln \dfrac{\theta_0 e^{-\beta t}}{\theta_0 e^{-\beta(t+nT)}} = n\beta T = \ln \dfrac{\theta_1}{\theta_n}$($n$ 为阻尼振动的周期次数),用逐差法求出

$\ln\dfrac{\theta_i}{\theta_{i+5}}$ 的平均值,代入上式,求出 β 值。重复上述过程 2 次,求 β 值。将实验数据记录于表 2 - 3 - 2。

3. 测定受迫振动的幅频特性和相频特性曲线

保持阻尼开关在原位置,打开电机电源,改变电动机的转速,即改变强迫力矩频率 ω,当受迫振动稳定后,读取摆轮的振幅值和周期值,并利用闪光灯测定受迫振动角位移与强迫力矩间的相位差。(在共振点附近曲线变化较大,因此测量数据要相对密集些,此时电机转速极小变化会引起 $\delta\varphi$ 很大变化,在共振点附近每次强迫力周期旋钮指示值变化约 0.02,当 φ 小于 60°、大于 110°后可变化 0.1~0.15 之间。先测 90°→150°,再测 90°→30°,反之亦可。电机转速旋钮上的读数是一个参考数值,建议在不同 ω 时都记下此值,以便实验中快速寻找重复测量时参考。)

列表 2 - 3 - 3 并处理数据,然后作 $\theta\sim\omega/\omega_0$ 和 $\varphi\sim\omega/\omega_0$ 曲线。

【数据处理】

1. 测量摆轮的自由摆动周期

表 2 - 3 - 1　不同振幅下的自由摆动周期

阻尼选择开关挡位___

振幅 $\theta/(°)$								
周期 T_0/s								

2. 计算阻尼系数

表 2 - 3 - 2　测量阻尼系数数据

	摆动周期	10T/s	T/s	阻尼旋钮位置
次数 n	振幅 $\theta_n/(°)$	次数 n	振幅 $\theta_n/(°)$	$\beta=\dfrac{1}{5T}\ln\dfrac{\theta_i}{\theta_{i+5}}$
1		6		
2		7		
3		8		
4		9		
5		10		

3. 测量摆轮受迫振动的幅频和相频特性

表 2 - 3 - 3　测量受迫振动幅频和相频特性数据

阻尼选择开关挡位___

电机转速刻度盘值							
强迫力周期 T/s							
振幅 $\theta/(°)$							

相位差 $\varphi/(°)$					90			
$\varphi(°)$								
$\omega/\omega_0 = T_0/T$					1			

在坐标纸上绘制 $\theta \sim \omega/\omega_0$ 和 $\varphi \sim \omega/\omega_0$ 曲线。

【思考讨论】

1. 受迫振动的振幅和相位差与哪些因素有关?
2. 实验中采用什么方法来改变阻尼力矩的大小?

【仪器介绍】

BG-2 型玻尔共振仪由振动仪与电器控制箱和闪光灯组成,如图 2-3-3 所示。铜质圆形摆轮安装在机架转轴上,可绕转轴转动。蜗卷弹簧的一端与摆轮相连,另一端与摇杆相连,在摆轮下方装有阻尼线圈。

图 2-3-3　BG-2 型共振仪

自由振动时摇杆不动,蜗卷弹簧对摆轮施加与角位移成正比的弹性恢复力矩。阻尼振动时,电流通过阻尼线圈产生的磁场会在摆轮中形成局部的电涡流,电涡流磁场与线圈磁场的相互作用将形成与运动速度成正比的电磁阻尼力矩。受迫振动时电动机的转动通过连杆—摇杆—蜗卷弹簧传递给摆轮,产生强迫外力矩,使摆轮作受迫振动。

摆轮的圆周上开有凹槽,其中一个用白漆线标志凹槽比其他凹槽长出许多。摆轮正上方的光电门架上装有两个光电门,一个对准长凹槽,用于测量摆轮的周期;另一个对准短凹槽,用于测量摆轮的振幅。电动机轴上安装的光电门用于测量强迫力的周期。置于角度盘下方的闪光灯受摆轮长凹槽光电门的控制,每当摆轮长凹槽通过平衡位置时,触发闪光灯。在受迫振动达到稳定后,在闪光灯照射下可以看到角度指针好像一直停在某刻度处,这一现象称为频闪现象,利用频闪现象可从角度盘直接读出摇杆相位超前于摆轮相位的数值。

电器控制箱的前面板如图 2-3-4 所示。"振幅显示"窗显示摆轮的振幅。"周期显示"窗显示摆轮或强迫力的周期,用"摆轮—强迫力"开关切换。用"周期选择"开关可选择显示单次或 10 次周期时间。"复位"按钮仅在"周期选择"为 10 时起作用,按一下复位钮周期显示数字复 0,开始新的测量,测单次周期时会自动复位。"强迫力周期"旋钮系带有刻度的十圈电位器,调节此旋钮可改变电机转速即改变强迫力的周期,其显示的数字仅供实验时作参考,以便大致确定不同强迫力周期时多圈电位器的相应位置。"阻尼选择"旋钮通过改变阻尼线圈内电流的大小,改变摆轮系统的阻尼力的大小,其中 0 挡无电磁阻尼力,1~5 挡电磁阻尼力依次增大。"闪光灯"开关用于控制闪光灯的工作,为使闪光灯管不易损坏,仅在测量相位差时才扳向接通。"电机"开关用来控制电机的启动与关闭。

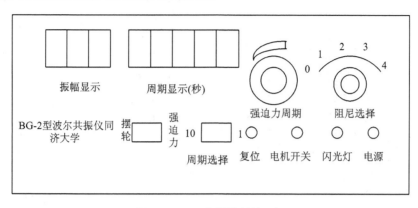

图 2 - 3 - 4　电器控制箱面板

实验 2 - 4　圆线圈及亥姆霍兹线圈磁场的测量

(赵　杰)

近年来,集成霍耳传感器由于体积小,测量分辨率和准确度高,易于移动和定位,所以被广泛应用于磁场测量,用它探测载流线圈及亥姆霍兹线圈的磁场,准确度比用探测线圈高得多。本实验将利用 SS95A 型集成霍耳传感器测量圆线圈及亥姆霍兹线圈的磁场分布。

【实验目的】

1. 测量单个载流圆线圈轴线上各点磁感应强度。

2. 验证磁场叠加原理。

3. 研究亥姆霍兹线圈的磁场分布。

【实验原理】

1. 根据毕奥—萨伐尔定律,载流线圈在轴线(通过圆心并与线圈平面垂直的直线)上某点的磁感应强度为

$$B = \frac{\mu_0 \cdot \overline{R}^2}{2(\overline{R}^2 + x^2)^{3/2}} N \cdot I \qquad (2 - 4 - 1)$$

式中,$\mu_0 = 4\pi \times 10^{-7}$ H/m 为真空磁导率;$\overline{R}$ 为线圈的平均半径(本仪器 10.0 cm);x 为圆心到该点的距离;N 为线圈匝数(本仪器 500 圈);I 为通过线圈的电流强度。因此,圆心处的磁感应强度 B_0 为

$$B_0 = \frac{\mu_0}{2R} N \cdot I \qquad (2 - 4 - 2)$$

2. 亥姆霍兹线圈(见图 2-4-1)是一对彼此平行、参数相同、相互串联或并联的共轴圆形线圈,两线圈内的电流方向一致,大小相同,线圈之间的距离 d 正好等于圆形线圈的半径 R。这种线圈的特点是能在其公共轴线中点附近产生较广的均匀磁场区,所以在生产和科研中有较大的使用价值,也常用于弱磁场的计量标准。

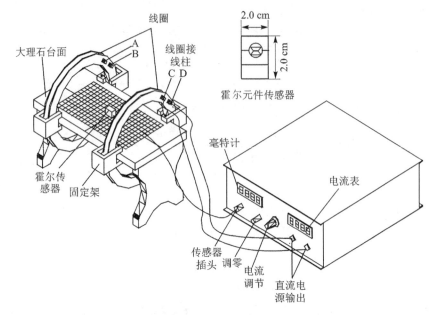

图 2-4-1　圆线圈及亥姆赫兹线圈磁场测量仪结构图

设 z 为亥姆霍兹线圈中轴线上某点离亥姆霍兹线圈的中心点 O 处的距离,则亥姆霍兹线圈轴线上任意一点的磁感应强度为

$$B' = \frac{1}{2}\mu_0 \cdot N \cdot I \cdot R^2 \left\{ \left[R^2 + \left(\frac{R}{2} + z \right)^2 \right]^{-3/2} + \left[R^2 + \left(\frac{R}{2} - z \right)^2 \right] \right\} \quad (2-4-3)$$

而在亥姆霍兹线圈上中心 O 处的磁感应强度 B'_0 为

$$B'_0 = \frac{8}{5^{3/2}} \frac{\mu_0 \cdot N \cdot I}{R} \quad (2-4-4)$$

【实验器材】

圆线圈、亥姆霍兹线圈磁场测量实验仪。

【实验内容】

1. 载流圆线圈和亥姆霍兹线圈轴线上各点磁感应强度的测量

① 按图 2-4-1 接线,只接一个线圈 C、D 接线柱。测量电流 $I = 100$ mA 时,单线圈 a 轴线上各点磁感应强度 $B(a)$,每隔 1.00 cm 测一个数据。实验中,随时观察毫特斯拉计探头是否沿线圈轴线移动。每测量一个数据,必须先在直流电源输出电路断开($I = 0$)调零后,才可再接通直流电源测量和记录数据(排除地磁场的影响)。

② 将测得的圆线圈中心点的磁感应强度与理论公式计算结果进行比较。

③ 在轴线上某点转动毫特斯拉计探头,观察一下该点磁感应强度的方向。

2. 亥姆霍兹线圈轴线上各点磁感应强度的测量

① 将两线圈间距 d 调整至 $d = 10.00$ cm,则组成了一个亥姆霍兹线圈位置结构。

② 调线圈电流值 $I=100$ mA,分别测量两线圈单独通电时,轴线上各点的磁感应强度值 $B(a)$ 和 $B(b)$,然后将两线圈正串联或正并联(以第二个线圈接通后磁场加强为准)后,调节电流 $I=100$ mA,再测量在轴线上的磁感应强度值 $B(a+b)$,将数据记入表 2 - 4 - 1 中。

表 2 - 4 - 1　实验数据

x/cm	-7.00	-6.00	…	0.00	1.00	2.00	…	7.00
$B(a)$/mT			…				…	
$B(b)$/mT			…				…	
$B(a+b)$/mT			…				…	
$(B(a)+B(b))$/mT								

由上表证明:在轴线上的任意点都具有 $B(a+b)=B(a)+B(b)$,即亥姆霍兹线圈轴线上任一点磁感应强度是两个单线圈单独在该点上产生磁感应强度之和,并找出均匀磁场区域。

3. 测量磁感应强度值

分别把亥姆霍兹线圈间距调整为 $d=R/2$ 和 $d=2R$,测量在电流为 $I=100$ mA 轴线上各点的磁感应强度值 $B(a+b)$。

4. 以两个线圈轴线 x 为横轴(原点 O 选在亥姆霍兹线圈的中心),磁感应强度 $B(a+b)$ 为纵轴,作间距 $d=R/2$、$d=R$、$d=2R$ 时,两个线圈轴线上磁感应强度 $B(a+b)$ 与位置 x(或称 z)之间关系图,即 $B-z$ 图,分析三者的差别,找出哪条曲线具有准均匀磁场区域。

5. 选做设计性实验内容

测量地磁场的水平分量。

实验 2 - 5　用霍尔位移传感器测杨氏模量

(赵　杰)

霍尔传感器不仅可以用来测磁场,还可用来测机械位移。本实验用弯曲法测量固体材料杨氏模量,用霍尔位移传感器检测待测固体材料的形变位移,从而计算杨氏模量。

【实验目的】

1. 理解霍尔位移传感器的结构和原理。

2. 学会对霍尔位移传感器进行定标。

3. 用弯曲法测量金属的杨氏模量。

【实验原理】

1. 霍尔位移传感器

如图 2 - 5 - 1 所示,霍尔元件置于磁感应强度为 B 的磁场中,在垂直于磁场方向通以电流 I,则与这二者相垂直的方向上将产生霍尔电势差,即

$$U_H = K \cdot I \cdot B \tag{2-5-1}$$

式中,K 为元件的霍尔灵敏度。如果保持霍尔元件的电流 I 不变,而使其在一个均匀梯度的磁场中移动时,则输出的霍尔电势差变化量为

$$\Delta U_H = K \cdot I \cdot \frac{\mathrm{d}B}{\mathrm{d}Z} \cdot \Delta Z \qquad (2-5-2)$$

式中,ΔZ 为位移量。此式说明若 $\frac{\mathrm{d}B}{\mathrm{d}Z}$ 为常数,则 ΔU_H 与 ΔZ 成正比。

为实现均匀梯度的磁场,用两块相同的磁铁(磁铁截面积及表面磁感应强度相同)相对放置,即 N 极与 N 极相对,两磁铁之间留一等间距间隙,霍尔元件平行于磁铁放在该间隙的中轴上。间隙大小要根据测量范围和测量灵敏度要求而定,间隙越小,磁场梯度就越大,灵敏度就越高。磁铁截面要远大于霍尔元件,以尽可能减小边缘效应影响,提高测量精确度。

若磁铁间隙内中心截面处的磁感应强度为零,霍尔元件处于该处时,输出的霍尔电势差应该为零。当霍尔元件偏离中心沿 Z 轴发生位移时,由于磁感应强度不再为零,霍尔元件也就产生相应的电势差输出,其大小可以用数字电压表测量。由此可以将霍尔电势差为零时元件所处的位置作为位移参考零点。霍尔位移传感器的灵敏度为

$$K = \frac{\Delta U}{\Delta Z} \qquad (2-5-3)$$

霍尔电势差与位移量之间存在一一对应关系,当位移量较小(<2 mm)时,这一对应关系具有良好的线性。

2. 杨氏模量

如图 2-5-2 所示,在横梁弯曲的情况下,杨氏模量 Y 可以表示为

$$Y = \frac{d^3 \cdot Mg}{4a^3 \cdot b \cdot \Delta Z} \qquad (2-5-4)$$

式中,d 为两刀口之间的距离;M 为所加砝码的质量;a 为横梁的厚度;b 为梁的宽度;ΔZ 为梁中心由于外力作用而下降的距离;g 为重力加速度。

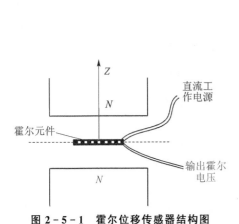

图 2-5-1　霍尔位移传感器结构图

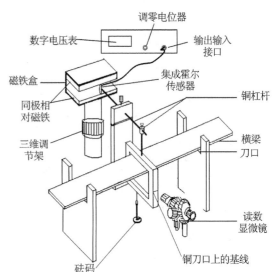

图 2-5-2　霍尔位移传感器杨氏模量实验仪结构图

【实验器材】

霍尔位置传感器测杨氏模量装置一台(底座固定箱、读数显微镜、95 型集成霍尔位置传感器、磁铁两块等)、霍尔位置传感器输出信号测量仪一台(包括直流数字电压表)。

【实验内容】

1. 安装实验仪器

按图 2-5-2 所示进行安装。接通电源,调节磁铁或仪器上调零电位器使在初始负载的条件下仪器指示处于零值。大约预热 10 min 左右,指示值即可稳定。调节读数显微镜目镜,直到眼睛观察镜内的十字线和数字清晰,然后移动读数显微镜使通过其能够清楚看到铜刀口上的基线,再转动读数旋钮使刀口点的基线与读数显微镜内十字刻线吻合。

2. 霍尔位移传感器的定标

在进行测量之前,要求符合安装要求,并且检查杠杆的水平、刀口的垂直、挂砝码的刀口处于梁中间,杠杆安放在磁铁的中间,注意不要与金属外壳接触,一切正常后加砝码,使梁弯曲产生位移 ΔZ;精确测量霍尔传感器输出电压 U 与固定砝码架的位移 Z 的关系,也就是用读数显微镜对传感器输出电压进行定标,测量数据记入表 2-5-1 中,验证 $U-Z$ 之间呈很好的线性关系,利用式 2-5-3 求出霍尔位移传感器的灵敏度 K。

表 2-5-1　霍尔位移传感器静态特性测量

M/g	0.00	20.00	40.00	60.00	80.00	100.00
Z/mm	0.00					
U/mV	0.00					

3. 杨氏模量的测量

用直尺测量横梁的长度 d,游标卡尺测其宽度 b,千分尺测其厚度 a,利用霍尔位移传感器上述已经定标的 K 值,测出某金属样品在重物作用下的位移,测量数据记入表 2-5-2 中,计算其杨氏模量 Y。

表 2-5-2　待测样品的位移测量

M/g	0.00	20.00	40.00	60.00	80.00	100.00
Z/mm	0.00					

【注意事项】

1. 梁的厚度必须测准确。在用千分尺测量黄铜厚度 a 时,将千分尺旋转时,当将要与金属接触时,必须用微调轮。当听到"嗒、嗒、嗒"三声时,停止旋转。

2. 读数显微镜的准丝对准铜挂件(有刀口)的标志刻度线时,注意要区别是梁的边沿,还是标志线。

3. 霍尔位置传感器定标前,应先将霍尔传感器调整到零输出位置,这时可调节电磁铁盒下的升降杆上的旋钮,达到零输出的目的,另外,应使霍尔位置传感器的探头处于两块磁铁的正中间稍偏下的位置,这样测量数据更可靠一些。

4. 加砝码时,应该轻拿轻放,尽量减小砝码架的晃动,这样可以使电压值在较短的时间内达到稳定值,节省了实验时间;

5. 实验开始前,必须检查横梁是否有弯曲,如有,应矫正。

实验 2 - 6　电子束的偏转和聚焦

(赵　杰)

【实验目的】

1. 理解电子束的电偏转、电聚焦、磁偏转、磁聚焦的原理,掌握实验方法;
2. 学习测量电子荷质比的一种方法。

【实验原理】

1. 示波管的结构

示波管的结构如图 2 - 6 - 1 所示。

① 电子枪:发射电子并把电子加速和聚焦成电子束。

② 电偏转系统:由两对互相垂直的平行金属板组成,偏转板上加不同的电压可控制打到荧光屏上亮点的位置。

③ 在管子末端的荧光屏:显示电子束的轰击亮点。

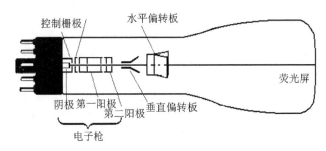

图 2 - 6 - 1　示波管结构图

2. 电子的加速和电偏转

为了描述电子的运动,选用一个直角坐标系,其 z 轴沿示波管管轴,x 轴是示波管正面所在平面上的水平线,y 轴是示波管正面所在平面上的竖直线。

从阴极发射出来通过电子枪各个小孔的一个电子,在从阳极 A_2 射出时在 z 方向上具有速度 v_z;v_z 的值取决于 K 和 A_2 之间的电位差 $V_2 = V_B + V_C$(参见图 2 - 6 - 2)。

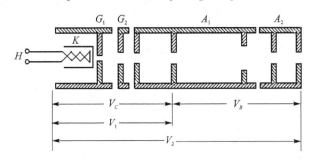

图 2 - 6 - 2　电子枪电极结构图

电子从 K 移动到 A_2,位能降低了 $e \cdot V_2$,因此,如果电子逸出阴极时的初始动能可以忽略

不计,那么它从 A_2 射出时的动能 $\frac{1}{2}m \cdot v_z^2$ 就由下式确定:

$$\frac{1}{2}m \cdot v_z^2 = e \cdot V_2 \qquad (2-6-1)$$

此后,电子再通过偏转板之间的空间。如果偏转板之间没有电位差,那么电子将笔直地通过。最后打在荧光屏的中心,形成一个小亮点。但是,如果两个垂直偏转板之间加有电位差 V_d,使偏转板之间形成一个竖向电场 E_y,那么作用在电子上的电场力便使电子获得一个竖向速度 v_y,但却不改变它的轴向速度分量 v_z,这样,电子在离开偏转板时运动的方向将与 z 轴成一个夹角 θ,即

$$\tan \theta = \frac{v_y}{v_z} \qquad (2-6-2)$$

如图 2-6-3 所示,如果知道了偏转电位差和偏转板的尺寸,那么以上各个量都能计算出来。

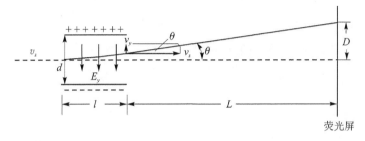

图 2-6-3　电子在电场中的运动

设距离为 d 的两个偏转板之间的电位差 V_d 在其中产生一个竖向电场 $E_y = V_d/d$,从而对电子作用一个大小为 $F_y = eE_y = eV_d/d$ 的竖向力。在电子从偏转板之间通过的时间 Δt 内,这个力使电子得到一个横向动量 mv_y,而它等于力的冲量,即

$$m \cdot v_y = F_y \cdot \Delta t = e \cdot V_d \cdot \frac{\Delta t}{d} \qquad (2-6-3)$$

于是

$$v_y = \frac{e}{m} \cdot \frac{V_d}{d} \cdot \Delta t \qquad (2-6-4)$$

然而,这个时间间隔 Δt,也就是电子以轴向速度 v_z 通过距离 l(l 等于偏转板的长度)所需要的时间,因此 $l = v_z \Delta t$。由这个关系式解出 Δt,代入冲量-动量关系式,结果得

$$v_y = \frac{e}{m} \cdot \frac{V_d}{d} \cdot \frac{l}{v_z} \qquad (2-6-5)$$

这样,偏转角 θ 就可得出

$$\tan \theta = \frac{v_y}{v_z} = \frac{e \cdot V_d \cdot l}{d \cdot m \cdot v_z^2} \qquad (2-6-6)$$

再把能量关系式(2-6-1)代入式(2-6-6),最后得到

$$\tan \theta = \frac{V_d}{V_2} \cdot \frac{l}{2d} \qquad (2-6-7)$$

示波管 l、d 为常数,式(2-6-7)表明,偏转角 θ 随偏转电压 V_d 的增加而增大,降低加速电位压 V_2 也能增大偏转角 θ,因为减小了电子轴向速度,延长了偏转电场对电子的作用时间。

电子束离开偏转区域以后便又沿一条直线行进,这条直线是电子离开偏转区域那一点的电子轨迹的切线。这样,荧光屏上的亮点会偏移一个垂直距离 D,而这个距离由关系式 $D = L\tan\theta$ 确定。这里 L 是偏转板到荧光屏的距离,于是有

$$D = L \cdot \frac{V_d}{V_2} \cdot \frac{l}{2d} \tag{2-6-8}$$

3. 电聚焦原理

图 2-6-4 的上部分是电极之间的聚焦电力线和等位线分布图,下面圆圈里面的是其局部放大电子受力图。电子进入 A_1 和 A_2 之间的左半个区域后,被电场力的竖向分量 $F_{聚焦}$ 推向轴线(因电子是逆着电力线箭头方向受力的)。同时,电场力的水平分量(轴向分量)使电子加速前进;同理,电子进入 A_1 和 A_2 之间的右半个区域后,被电场力的竖向分量 $-F_{聚焦}$ 推离轴线。但是由于电子在这个区域比前一个区域运动得更快,向外的冲量比前面区域的向内的冲量要小,所以电子经过左右区域总的效果仍然是使电子靠拢轴线,相当于对电子束起电聚焦作用。

4. 电子的磁偏转原理

图 2-6-5 中,电子从电子枪发射出来时,其速度 v 由能量关系式决定:

$$\frac{1}{2}m \cdot v^2 = e \cdot V_2 = e \cdot (V_B + V_C)$$

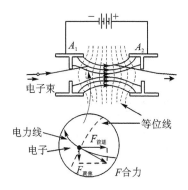

图 2-6-4 电子束的电聚焦

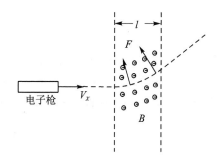

图 2-6-5 电子束的磁偏转

电子束进入长度为 l 的区域,这里有一个垂直于纸面向外的均匀磁场 B,由此引起的磁场洛伦兹力的大小为 $F = e \cdot v \cdot B$,而且它始终垂直于速度。此外,由于这个力所产生的加速度在每一瞬间都垂直于 v,此力的作用只是改变 v 的方向而不改变它的大小,也就是说。粒子以恒定的速率运动。电子在磁场力的影响下做圆弧运动。因为圆周运动的向心加速为 v^2/R,而产生这个加速度的力(有时称为向心力)必定为 $m \cdot v^2/R$,所以圆弧的半径很容易计算出来。向心力等于 $F = e \cdot v \cdot B$,因而 $m \cdot v^2/R = e \cdot v \cdot B$ 即 $R = mv/eB$。电子离开磁场区域之后,重新沿一条直线运动,最后,电子束打在荧光屏上某一点,这一点相对于没有偏转的电子束的位置移动了一段距离,即电子束的磁偏转。

5. 磁聚焦和电子荷质比的测量原理

置于长直螺线管中的示波管,在不受偏转电压的情况下,可在荧光屏上得到一个小亮点。若第二加速阳极 A_2 的电压为 V_2,则电子的轴向运动速度用 v_z 表示,则有

$$v_z = \sqrt{\frac{2e \cdot V_2}{m}} \tag{2-6-9}$$

当给其中一对偏转板加上偏转电压时,电子将获得垂直于轴向的电场力和速度 v_r,此时荧光屏上便出现一条直线,再给螺线管通一直流电流 I,于是螺线管内便产生磁场,其磁场感应强度用 $\boldsymbol{B}$ 表示。运动电子在磁场中受到洛伦磁力 $\boldsymbol{F}=ev_r\boldsymbol{B}$ 的作用(v_z 方向受力为零),这个力使电子在垂直于磁场(也垂直于螺线管轴线)的平面内作圆周运动,设其圆周运动的半径为 R,则有

$$e \cdot v_r \cdot \boldsymbol{B} = \frac{m \cdot v_r^2}{R}$$

即

$$R = \frac{m \cdot v_r}{e \cdot \boldsymbol{B}} \tag{2-6-10}$$

圆周运动的周期为

$$T = \frac{2\pi \cdot R}{v_r} = \frac{2\pi \cdot m}{e \cdot \boldsymbol{B}} \tag{2-6-11}$$

电子既在轴线方面做直线运动,又在垂直于轴线的平面内做圆周运动。它的轨道是一条螺旋线,其螺距用 h 表示,则有

$$h = v_z \cdot T = \frac{2\pi \cdot m}{e \cdot \boldsymbol{B}} \cdot v_z \tag{2-6-12}$$

从式(2-6-11)和式(2-6-12)可以看出,电子运动的周期和螺距均与 v_r 无关,或者说与偏转电压无关。虽然各个点电子的径向速度不同,但由于轴向速度相同(因加速电压相同),由一点(电子枪末端)出发的电子束,经过一个(或几个)周期以后,它们又会在距离出发点相距一个螺距的地方重新相遇,这就是磁聚焦的基本原理,由式(2-6-12)可得

$$e/m = 8\pi^2 \cdot V_2/(h^2 \cdot \boldsymbol{B}^2) \tag{2-6-13}$$

长直螺线管的磁感应强度 $\boldsymbol{B}$,可以由下式计算:

$$\boldsymbol{B} = \frac{\mu_0 \cdot N \cdot I}{\sqrt{L^2 + D^2}} \tag{2-6-14}$$

电子荷质比:

$$e/m = 8\pi^2 \cdot V_2 \cdot (L^2 + D^2)/(\mu_0^2 \cdot N^2 \cdot h^2 \cdot I^2) \tag{2-6-15}$$

真空中的磁导率 $\mu_0 = 4\pi \times 10^{-7}$ h/m。本仪器的参数:螺线管内的线圈匝数:$N=526$ T;螺线管的长度:$L=0.234$ m;螺线管的直径:$D=0.090$ m;螺距(Y 偏转板至荧光屏距离)$h=0.145$ m。

【实验仪器】

DZS-D 型电子束实验仪。

【实验步骤】

1. 电偏转

① 将 X 偏转的"输出"接线柱和电偏转电压表的输入 V 接线柱相连接,注意要同颜色的相接。

② 开启电源开关,将"电子束—荷质比"选择开关打向"电子束"位置,调节"亮度"和"聚焦"旋钮,适当调大,使屏上光点聚焦。注意:光点不能太亮,防烧坏荧光屏。

③ 调节 X 偏转的"X 调节"旋钮,使电压表的指示为零,再调节调零的 X 旋钮,使光点位于荧屏垂直中线上。同 X 调零,将 Y 调零后,使光点位于示波管的中心原点。

④ 测量 D 随 V_d(X 轴)变化:调节阳极电压旋钮,使阳极电压 $V_2=600$ V。将电偏转电压

表接到电偏转水平电压输出的两接线柱上,测量 V_d 值和对应的光点的位移量 D 值,提高电压转电压,每隔 5 V 测一组 V_d、D 值,把数据记录到表 2-6-1 中。

表 2-6-1　实验数据

$V_d/V(V_2=600\ V)$										
D/mm										
$V_d/V(V_2=700\ V)$										
D/mm										

⑤ 作 D-V_d 图,求出曲线斜率得电偏转灵敏度 S_X 值。

⑥ 调节阳极电压 $V_2=700$ V,重复以上实验步骤,对比总结阳极电压 V_2 对电偏转灵敏度 S_X 的影响。

2. 电聚焦

① 不必接线,开启电源开关,将"电子束-荷质比"选择开关拨到电子束,适当调节辉度。调节聚焦,使屏幕上光点聚焦成一细光点。光点不要太亮,防烧坏荧光屏。

② 通过调节"X 偏转"和"Y 偏转"旋钮,使光点位于 X、Y 轴的中心。

③ 调节阳极电压 $V_2=600$ V,700 V,800 V,900 V,1000 V,调节聚焦旋钮(改变聚焦电压)使光点分别达到最佳的聚焦效果,测量并记录各对应的聚焦电压 V_1。

④ 求出 V_2/V_1 比值。

3. 磁偏转

① 将"磁偏转电流输出"插孔接"磁偏转电流插座"插孔。

② 开启电源开关,将"电子束–荷质比"选择开关打向电子束位置,辉度适当调节,并调节聚焦良好亮度适中。

③ 光点调零。在磁偏转输出电流为零时,通过调节"X 偏转"和"Y 偏转"旋钮,使光点位于 Y 轴的中心原点。

④ 测量偏转量 D 随磁偏电流 I 的变化,给定阳极电压 V_2(600 V),调节磁偏电流调节旋钮(改变磁偏电流的大小),每 10 mA 测量一组 D 值记录到表 2-6-2 中。

表 2-6-2　实验数据

I/mA						$\cdots$
D/mm						$\cdots$

⑤ 作 D-I 图,求曲线斜率得磁偏转灵敏度。

⑥ 选作内容:改变 V_2(700 V),再测一组 D-I 数据。对比研究阳极电压大小对磁偏转灵敏度的影响。

4. 磁聚焦和电子荷质比的测量

① 将"励磁电流输出"插座接磁聚焦螺线管"励磁电流输入"插座。

② 把励磁电流调节旋钮逆时针旋到底(最小)。

③ 开启电源开关,"电子束～荷质比"转换开关置于"荷质比"方向,此时荧光屏上出现一条直线,把阳极电压调到 700 V。

④ 开启励磁电流电源,逐渐加大电流使荧光屏上的直线一边旋转一边缩短,直到磁聚焦后变成一个小光点。读取电流值,然后将电流调为零。再将电流换向开关(在励磁线圈下面)扳到另一方,再从零开始增加电流使屏上的直线反方向旋转并缩短,直到再一次得到一个小光点,读取电流值并记录到表 2-6-3 中,据式(2-6-15)求电子荷质比。

表 2-6-3　实验数据

测量数量	阳极电压/V	
	700	800
$I_{正向}$/A		
$I_{反向}$/A		
$I_{平均}$/A		
电子荷质比 $\dfrac{e}{m}$/(C·kg^{-1})		

⑤选作内容:改变阳极电压为 800 V,重复步骤③。

⑥实验结束,并把励磁电流调节旋钮逆时针旋到底。

实验 2-7　单色仪的定标

(罗秀萍)

单色仪是常用的基本光谱仪器,可用来产生各种波长的单色光。常用单色仪测量介质的光谱特性、光源的光谱能量分布及光电探测器的光谱响应等。单色仪也是其他光谱仪器的主要组成部分之一。本实验通过用汞光谱单色仪在可见光区进行定标,并测量滤色片的透射率,使学生掌握单色仪的结构、原理和使用方法。

【实验目的】

1. 了解棱镜单色仪的构造原理和使用方法。

2. 以汞灯的主要谱线为基准,对单色仪在可见光区进行定标。

3. 掌握用单色仪测定滤光片光谱透射率的方法。

【实验原理】

单色仪是一种分光仪器,它通过色散元件分光作用,把一束复色光分解成它的"单色"组成部分。单色仪根据采用的色散元件不同,可分为棱镜单色仪和光栅单色仪两大类。单色仪运用的光谱区很广,从紫色、可见、近红外到远红外。对于不同的光谱区域,一般须换不同的棱镜或光栅。例如应用石英棱镜作为色散元件,则主要应用于紫外光谱区,并需用光电倍增管作为探测器;若棱镜材料用 NaCl(氯化钠)、LiF(氟化锂)或 KBr(溴化钾)等,则可运用于广阔的红外光谱区;用真空热电偶等作为光探测器。本实验所用玻璃棱镜单色仪适用于可见光区,用人眼或光电池作为探测器。图 2-7-1 为反射式棱

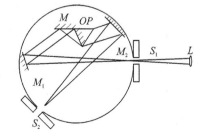

图 2-7-1　反射式棱镜单色仪结构示意图

镜单色仪的结构示意图,其外壳是圆形的,下方有驱动棱镜台转动的丝杆和读数鼓轮,外侧装有缝宽可调的入射狭缝 S_1 和出射狭缝 S_2。其光学系统由下列三部分组成:

1. 入射准直系统

由入射缝 S_1 和凹面镜 M_1 组成,因 S_1 固定在 M_1 的焦面上,它使 S_1 发出的入射光束成为平行光束。

2. 色散系统

平行入射的复色光由平面镜 M 反射后经棱镜 P 色散,并按波长排列向不同方向偏折,成为一系列单色的平行光。棱镜 P 和平面镜 M 作为一个整体安装在同一转台上。它是恒向偏向角系统,这种设计保证在入射准直系统的位置不变的情况下,随着棱镜的转动只有满足最小偏向角条件的入射光,通过棱镜后才能从出射狭缝射出。

3. 出射聚光系统

由聚焦凹面镜 M_2 和出射缝 S_2 组成,它将色散后沿不同方向传播的单色平行光经 M_2 反射后,会聚在 M_2 的焦面,即出射缝 S_2 的平面上,因 S_2 输出的是波段很窄的光,通常称为单色光。

在仪器的底部有读数鼓轮,它与万向接头转动杆及把手相连。当转动把手时,棱镜就转动,单色仪底部鼓轮的读数与棱镜的位置相对应,因此其读数与出射缝处出射光的波长相对应。

本实验采用汞灯作为已知线光谱的光源,在可见光波段其主要谱线的相对强度、波长等相关数据参见图 2-7-2 和表 2-7-1。

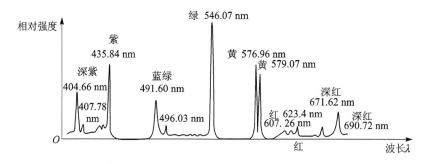

图 2-7-2　可见光波段范围内汞灯主要谱线相对强度和波长

表 2-7-1　汞灯主要光谱线波长表

颜　色	波长/nm	强　度	颜　色	波长/nm	强　度
紫色	△ 404.66	强	黄色	△ 576.96	强
	△ 407.78	中		△ 579.07	强
	410.81	弱		585.92	弱
	433.92	弱		589.02	弱
	434.75	中	橙色	△ 607.26	弱
	△ 435.84	强		△ 612.33	弱

续表 2 - 7 - 1

颜　色	波长/nm	强　度	颜　色	波长/nm	强　度
蓝绿色	△ 491.60	强	红色	623.44	中
	△ 496.63	中			
绿色	535.41	弱	深红色	△ 671.62	中
	536.51	弱		△ 690.72	中
	△ 546.07	强		708.19	弱
	567.59	弱			

注:△ 可选为定标曲线。

【实验器材】

反射式棱镜单色仪、汞灯、读数显微镜、滤光片、会聚透镜(两片)、毛玻璃。

练习 1　棱镜单色仪的定标

由于棱镜单色仪不是直接用波长分度标度,而是用相应的鼓轮读数来表示。单色仪出厂时,一般都附有定标曲线的数据或图表供查阅,但是经过长期使用或重新装调后,其数据会发生改变,这就需要重新定标,即利用已知波长的光谱线来定标鼓轮的读数,作出鼓轮(L)与波长(λ)的关系曲线。

单色仪定标曲线的定标是借助于波长已知线光谱光源来进行的,为了获得较多的点,必须有一组光源。通常采用汞灯、氦灯、钠灯、氖灯以及铜、锌、铁作电极的弧光光源等。

本实验选用汞灯作为已知线光谱的光源,在可见光区(400～760 nm)进行定标。在可见光波段,汞灯主要谱线的相对强度和波长见图 2 - 7 - 2 及表 2 - 7 - 1。

【实验内容】

1. 观察入射狭缝和出射狭缝的结构,了解缝宽的调节和读数以及狭缝使用时的注意事项。因为两个缝的宽度直接影响出射光的强度和单色性,所以必须根据需要适当选择缝宽。

2. 将汞灯对准入射狭缝 S_1,人眼从出射狭缝 S_2 处朝单色仪里的 M_2 望去,可见到光源的像。调节灯的高低左右,使光源的清晰像正好位于 M_2 的中央,适当减小 S_1、S_2 的缝宽,然后在光源与 S_1 之间同轴放入一会聚透镜,移动透镜位置,使光源的像聚焦在 S_1 中央。

3. 将读数显微镜置于出射缝处,对出射狭缝 S_2 与刀口进亮度行调整,使读数显微镜视场中观察到的汞谱线最清晰。为使谱线尽量细锐并有足够的,应使入射缝 S_1 尽可能小,出射缝 S_2 可适当放大些。根据可见光区汞灯主要谱线的波长、颜色、相对强度和谱线间距辨认谱线,并选表 2 - 7 - 1 中打"△"者为定标曲线。

4. 使读数显微镜的十字叉丝对准出射狭缝的中心位置,缓慢转动鼓轮,直到各谱线中心依次对准显微镜的叉丝时,分别记下鼓轮读数(L)与其所对应的波长(λ),测量几次取其平均值。

5. 以光谱线波长(λ)为横坐标,以鼓轮读数为(L)为纵坐标作曲线,即得单色仪的定标曲线。

练习 2　用单色仪测滤光片的透射率

当波长为 λ,光强为 $I_0(\lambda)$ 的单色光束垂直入射于透明物体上时,由于物体对不同波长的光的透射能力不一样,所以透过物体后的光强 $I_t(\lambda)$ 也不一样。通常定义物体的光谱透射率 $T(\lambda)$ 为

$$T(\lambda) = \frac{I_T(\lambda)}{I_0(\lambda)} \qquad (2-7-1)$$

若以白炽灯为光源,出射的单色光由光电池接收,用灵敏电流计显示其读数,则出射的单色光电流 $i_0(\lambda)$ 与入射光 $I_0(\lambda)$、单色仪的光谱透射率 $T_0(\lambda)$ 和光电池的光谱灵敏度 $S(\lambda)$ 成正比,即

$$i_0(\lambda) = kI_0(\lambda)T_0(\lambda)S(\lambda) \qquad (2-7-2)$$

式中,k 为比例系数。若将一光谱透射率为 $T(\lambda)$ 的透明物体(滤光片)插入被测光路,则相应的光电流可表示为

$$i_T(\lambda) = kI_T(\lambda)T_0(\lambda)S(\lambda)$$
$$= kI_0(\lambda)T(\lambda)T_0(\lambda)S(\lambda) \qquad (2-7-3)$$

由式(2-7-2)和式(2-7-3)可得

$$T(\lambda) = \frac{I_T(\lambda)}{I_0(\lambda)} = \frac{i_T(\lambda)}{i_0(\lambda)} \qquad (2-7-4)$$

本练习要求用单色仪测定滤光片的光谱透射率 $T(\lambda)$,作出 $T(\lambda)$-λ 曲线。

【实验内容】

1. 安排好实验仪器。光源用白炽灯,它的发射光谱是连续光谱。选择适当的缝宽(约 0.1 mm)。

2. 转动鼓轮,使单色仪输出波长为 690 nm,不加滤光片,记录电流计偏转格数 $i_0(\lambda)$,加上滤光片时偏转为 $i_T(\lambda)$。求滤光片对该波长的透射率 $T(\lambda)$。

3. 继续转动鼓轮,使输出中的波长从 690 nm 向紫光区移动,每隔一定的波长间隔(约 20 nm)测量一次,求出透射率 $T(\lambda)$ 并记录波长 λ。

4. 作 $T(\lambda)$-λ 曲线,求出光谱透射率的半宽度。

【思考讨论】

如发现单色仪定标曲线上相对于已知波长的鼓轮刻度 L 偏离了 ΔL,能否将原定标曲线平移 ΔL 后继续使用,为什么?

实验 2-8　光具组基点的测定

(罗秀萍)

实际的光学系统都是由多个透镜组成的。为使成像变得简单,可以求出透镜组的三对基点,利用这些基点,把此光学系统等效成一个光具组,从而根据成像公式确定像的大小和位置,使成像问题大大简化。通过本实验,使学生了解节点测试仪的构造及其工作原理,进一步了解光学系统基点的性质,并直观地验证节点和主平面的性质,通过实验证明薄透镜成像公式对透镜组也是成立的。

【实验目的】

1. 加强对光具组基点的认识。

2. 学习测定光具组基点和焦距的方法。

【实验原理】

1. 共轴球面系统的基点、基面具有如下的特性

(1) 主点和主面

若将物体垂直于系统的光轴放置在第一主点 H 处,则必成一个与物体同样大小的正立像于第二主点 H' 处,即主点是横向放大率 $\beta=+1$ 的一对共轭点。过主点垂直于光轴的平面,分别称为第一、第二主面(图 2-8-1 中的 MH,$M'H'$)。

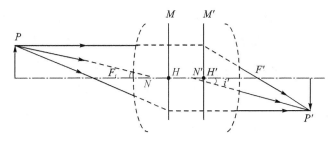

图 2-8-1　光具组基点基面

(2) 节点和节面

节点是角放大率 $\gamma=+1$ 的一对共轭点,入射光线(或其延长线)通过第一节点 N 时,出射光线(或其延长线)必通过第二节点 N',并与 N 的入射光线平行。过节点垂直于光轴的平面分别称为第一、第二节面。

当共轴球面系统处于同一媒质时,两主点分别与两节点重合。

(3) 焦点和焦面

平行于系统主轴的平行光束,经系统折射后与主轴的交点 F' 称为像方焦点;过 F' 垂直于主轴的平面称为像方焦面。第二主点 H' 到像方焦点 F' 的距离,称为系统的像方焦距 f'。此外还有物方焦点 F、焦面和焦距 f。

显然,薄透镜的两主点与透镜的光心重合,而共轴的球面系统两主点的位置,将随各组合透镜或折射面的焦距和系统的空间特性而异。下面以两个薄透镜的组合为例进行讨论,设两薄透镜像方焦距分别为 f'_1 和 f'_2,两透镜之间距离为 d,则透镜组的像方焦距 f' 可由下式求出

$$f'=\frac{f'_1 f'_2}{(f'_1-f'_2)-d}, \quad f=-f' \qquad (2-8-1)$$

两主点位置

$$l'=\frac{-f'_2 d}{(f'_1+f'_2)-d}$$

$$l=\frac{f'_1 d}{(f'_1+f'_2)-d} \qquad (2-8-2)$$

计算时注意 l' 是从第二透镜光心量起,l 是从第一透镜光心量起。

2. 测节器的原理

设有一束平行光入射于由两片薄透镜组成的光具组,光具组与平行光束共轴,光线通过光具组后,会聚于像屏的 Q 点,此 Q 点即光具组的像方焦点 F',如图 2-8-2 所示。以垂直于平行光的某一方向为轴,将光具组转动一小角度,可有如下两种情况:

(1) 回转轴恰好通过光具组的第二节点 N'

因为入射第一节点 N 的光线必从第二节点 N' 射出,而且出射光平行于入射光,现在 N' 未动,入射光方向未变,所以通过光具组的光束,仍会聚于焦平面上的 Q 点,但是这时光具组的像方焦点 F' 已离开 Q 点,如图 2-8-3(a)所示。严格地讲,回转后像的清晰度稍差。

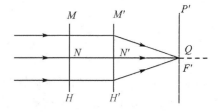

图 2-8-2　光具组成像光路图

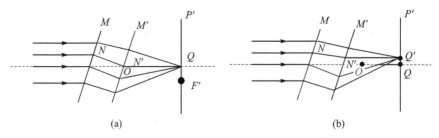

(a)　　　　　　　　　　　　　(b)

图 2-8-3　回转轴通过光具组第二节点的光路示意图

(2) 回转轴未通过光具组的第二节点 N'

由于第二节点 N' 未在回转轴上,所以光具组转动后,N' 出现移动,但由 N' 的出射光线和前一情况相比将出现平移,光束的会聚点将从 Q 移到 Q',如图 2-8-3(b)所示。

测节器是一个可绕铅直轴 OO' 转动的水平滑槽 R,待测基点的光具组 Ls(由薄透镜组成的共轴系统)可放置在滑槽上,但位置可调,并由槽上的刻度尺指示 Ls 的位置。测量时轻轻地转动一点滑槽,观察白屏 P' 上的像是否移动,参照上述分析去判断 N 是否位于 QQ' 轴上,如果 N' 未在 QQ' 上,就调整 Ls 在槽中位置,直至 N' 在 OO' 轴上,则从轴的位置可求出 N' 对 Ls 的位置。

【实验器材】

光具座、透镜组、测节器、平行光管、像屏、物屏。

【实验内容】

1. 测量透镜 L_1 和 L_2 的焦距 f'_1,f'_2。

2. L_1 和 L_2 按 $d < (f'_1 + f'_2)$ 组合成光具组,置于测节器的滑槽上。

3. 将平行光管 S、物屏 P、测节器 R 及白屏 P' 置于光具座上,调节共轴。

4. 照亮物屏 P,移动白屏 P' 得到清晰的像,轻轻转动滑槽,从像的移动判断 N' 的位置,逐渐移动光具组 Ls,直至其第二节点 N' 在转轴 OO' 上为止。记录 OO' 轴和焦点 F' 相对于 L_2 的位置,重复几次。

5. 将光具旋转 $180°$,此时原来的节点 N 变为 N',同上测量。

6. 绘图表示光具组、主面及焦点的位置,计算焦距 f' 值。

7. 取 $d > (f'_1 + f'_2)$,重复上述 4~6 的内容。

实验 2 - 9　偏振现象的观察与分析

（赵　杰）

马吕斯于 1809 年在实验上发现了光的偏振现象,确定了偏振光强度变化的规律,即马吕斯定律。光的偏振性和横波特性的发现不但丰富了光的波动说的内容,而且具有非常重要的应用价值。光的干涉和衍射现象揭示了光的波动性质,而光的偏振现象进一步证实了光波是横波。研究偏振现象,不仅可以认识光的电磁波性质,而且可以对光的传播规律有许多新的认识。

【实验目的】

1. 了解起偏和检偏的原理及方法,验证马吕斯定律。
2. 研究波片的作用,加深对光偏振基本规律的理解和认识。

【实验原理】

光波是一种电磁波,它的电矢量 E 和磁矢量 H 相互垂直,并垂直于光的传播方向 C。人类感知光波的强弱实际是眼内视网膜细胞感知电磁波的电矢量的强弱,不同波长的电磁波被感知为不同颜色。通常用电矢量 E 代表光的振动方向,并将电矢量 E 和光的传播方向 C 所构成的平面称为光的振动面。在传播过程中,电矢量的振动方向始终在某一确定方向的光称为平面偏振光(或称线偏振光),如图 2 - 9 - 1(a)所示。振动面的取向和光波电矢量的大小随时间作有规律的变化,光波电矢量末端在垂直于传播方向的平面上的轨迹呈椭圆或圆时,称为椭圆偏振光或圆偏振光。电矢量沿着某方向概率大的部分的偏振光如图 2 - 9 - 1(b)所示。普通光源发出的光在同一时刻有与光波传播方向相垂直的一切可能的振动方向,没有一个方向的振动比其他方向更占优势,这种光源发射的光对外不显现偏振的性质,称为自然光,如图 2 - 9 - 1(c)所示。将自然光变成偏振光的器件称为起偏器,用来检验偏振光的器件称为检偏器,起偏器和检偏器是通用的。

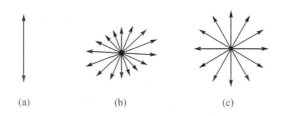

(a)　　　　　(b)　　　　　(c)

图 2 - 9 - 1　线偏振光、部分偏振光、自然光

1. 平面偏振光的获得

有些各向异性晶体(如电气石晶体、人造偏振片)对不同振动方向的电矢量有不同的吸收程度。例如,电气石晶体是六角形的片状,见图 2 - 9 - 2,长对角线的方向为它的光轴,当光线射向晶体表面时,与光轴平行的电矢量被吸收很少而大部分穿过,但与光轴垂直的电矢量被吸收很多而穿过的很少,导致穿过晶体的光变成几乎是单一振动方向的偏振光。这种选择吸收性,称为二向色性。人造偏振片也是如此,且可做的面积很大(比如大屏幕液晶电视用的人造偏振片),但光的透过率不高。

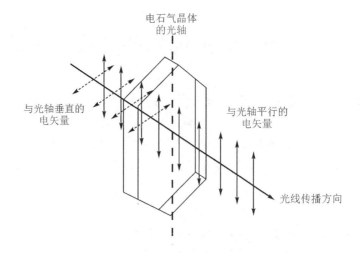

图 2 - 9 - 2　光线穿过电石气晶体产生偏振光

晶体双折射也可产生偏振。当自然光非垂直入射于某些各向异性的晶体时,在晶体内折射后分解为两束相互垂直的平面偏振光(遵守折射定律的那条光线为寻常光 o,不遵守的那条为非常光 e),并以不同的传播方向及速度在晶体内传播。除去其中一束,剩下的一束为平面偏振光。尼科耳棱镜就是这种元件之一,它由两块经特殊切割的方解石晶体,用加拿大树胶黏合而成。透过尼科耳棱镜的平面偏振光的偏振面平行于晶体的主截面,垂直于主截面的偏振光被除掉。该方法产生的偏振光透过率高。

光线投射到玻璃等非金属介质上,当入射角等于布儒斯特角 $\theta_{布儒}$ 时(见图 2 - 9 - 3),反射光为线偏振光,其计算公式为

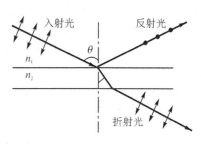

$$\tan \theta_{布儒} = \frac{n_2}{n_1} \qquad (2-9-1)$$

式中,n_1、n_2 分别为上、下(上空气、下玻璃)介质的折射率。利用式(2 - 9 - 1)就可测量玻璃的折射率 n_2(空气的折射率 $n_1 \approx 1$)。非金属介质表面反射的线偏振光的振动方向总是垂直于入射面,透射光是部分偏振光。

图 2 - 9 - 3　布儒斯特定律示意图

2. 用 1/4 波片产生椭圆偏振光和圆偏振光

当平面偏振光垂直入射到厚度为 d,主表面平行于自身光轴的双折射单轴晶片时,寻常光 o 和非常光 e 在晶体内传播方向相同但速度及相位不同,光线通过晶片后两束光的光程差 δ 及相位差 Δ 分别为

$$\delta = (n_o - n_e)d \qquad (2-9-2)$$

$$\Delta = \frac{2\pi}{\lambda}(n_o - n_e)d \qquad (2-9-3)$$

式中,λ 表示光在真空中的波长,n_o 和 n_e 分别为晶体对于 o 光和 e 光的折射率。o 光和 e 光出射晶体表面后,将矢量合成,合成的电矢量的振幅和方向将随着时间而变化。晶片的厚度 d 不同,o 光和 e 光的相位差就不同,出射的合成电矢量的偏振模式也不同。我们把能使相互垂直的光的电矢量在传播方向产生一定相位差的晶片称为波片,波片是从单轴晶体中切割下来

的平行平面板,其主表面平行于单轴晶体的光轴。定义:

当光程差满足 $\delta=(2k+1)\dfrac{\lambda}{2}(k=0,1,2,3,\cdots)$,为 $\dfrac{1}{2}$ 波片,此时 $\Delta=\dfrac{2\pi}{\lambda}(2k+1)\dfrac{\lambda}{2}$;

当光程差满足 $\delta=(2k+1)\dfrac{\lambda}{4}(k=0,1,2,3,\cdots)$,为 $\dfrac{1}{4}$ 波片,此时 $\Delta=\dfrac{2\pi}{\lambda}(2k+1)\dfrac{\lambda}{4}$。

实验发现,平面偏振光以电矢量振动面与晶体光轴成 α 角穿过 1/4 波片后,一般变为椭圆偏振光。在任意时刻,椭圆偏振光的电矢量振动方向一定(而不像非偏振光那样,在任意时刻各个振动方向都有相同的概率),但是电矢量的振动方向随着时间以光线传播方向为轴转动,顺时针转动为右旋椭圆偏振光,逆时针转动为左旋椭圆偏振光。但当 α 为 45°时,椭圆偏振光变成圆偏振光。当 α 为 0、90°时,出射光退化为平面偏振光。

1/4 波片可将平面偏振光变成椭圆偏振光或圆偏振光;反之,它也可将椭圆偏振光或圆偏振光变成平面偏振光。

平面偏振光以电矢量振动面与晶体光轴成 α 角穿过 1/2 波片后,仍为平面偏振光,但其出射光的振动面对于入射光的振动面转过 2α 角。

3. 平面偏振光通过检偏器后光强的变化——马吕斯定律

强度为 I_0 的平面偏振光通过检偏器后的光强 I_θ 为

$$I_\theta = I_0\cos^2\theta \qquad\qquad (2-9-4)$$

式中,θ 为平面偏振光的偏振面和检偏器的偏振化方向的夹角。该式即马吕斯定律。

当 $\theta=0$ 时,$I=I_0$,光强最大;当 $\theta=\pi/2$ 时,$I\approx0$,出现消光现象;当 θ 为其他值时,透射光强介于 $0\sim I_0$ 之间。可见,用两个偏振片就可验证马吕斯定律。

【实验仪器】

多功能光学实验仪、起偏器、检偏器、$\lambda/4$ 波片、$\lambda/2$ 波片。

【实验内容】

1. 验证马吕斯定律

① 按图 2-9-4 将半导体激光器、起偏器、检偏器、功率计探头安放在光学导轨上,打开

图 2-9-4　验证马吕斯定律光路

激光器电源。先将4个部件靠在一起调节各器件使其等高共轴,然后再按照图2-9-4所示位置分开。将功率计探头与光功率计连接起来,将起偏器和检偏器均转到零度位置。

② 打开激光器及光功率计的电源,调节激光头架上的两个旋钮,使得激光束打在检偏器玻璃的正中,拧移动平台手轮,使光功率计读数最高。拧松激光头上的固定螺丝,旋转激光头(半导体激光器发出的是部分偏振光),使光功率计光强读数接近最高(此步选择 2 mW 挡),再拧紧固定螺丝。然后返回来调节移动平台手轮,使光功率计读数最高。如此反复交替调节几次,使光功率计读数最高(实测 393 mW,测试条件:激光器、起偏器、检偏器、光功率探头的底座左侧分别在 45、59、78、85 cm 的位置)。将检偏器 P_2 转至 90°位置,此时光功率计读数最小(实测 0.017 μW,此时要更换量程 20μW),为消光状态,固定起偏器 P_1(后续所有实验起偏器均固定不变)。

③ 将检偏器 P_2 转到 0°(此时光强为最大值)开始测量,每转 15°测量一次光功率的数值 I,将测量结果记入表 2-9-1。

表 2-9-1 马吕斯定律测量数据表($I_{max}=330$ μW,$I_{min}=0.04$ μW)

θ	0°	15°	30°	45°	60°	75°	90°
$I/(\mu W)$	330	324	301	253	182	53.0	0.04
$\cos^2\theta$	1	0.933 0	0.750 0	0.500 0	0.250 0	0.066 98	0
$I-I_{min}$	329.96	323.96	300.96	252.96	181.96	52.96	0

④ 以 $I-I_{min}$ 为纵坐标,$\cos^2\theta$ 为横坐标作图。如果图线为通过坐标原点的直线,则表明马吕斯定律已被验证。

2. 研究波片的作用

(1) 用 1/4 波片产生圆偏振光和椭圆偏振光

① 把光功率计量程改为 2 mW,使起偏器和检偏器正交,在起偏器与检偏器之间插入 1/4 波片,转动 1/4 波片为 0°。

② 再将 1/4 波片转动 15°,然后将检偏器缓慢转动 360°,观察现象并记于表 2-9-2 中。

表 2-9-2 用 1/4 波片产生圆偏振光和椭圆偏振光

1/4 波片转动的角度	检偏器转动 360°观察到的现象	光的偏振性质
15°	108°、288°位置分别有 26 μW、21 μW 的低谷,其余角度变化平缓,最高值在 15°上,为 239 μW	很扁的椭圆偏振光
30°	128°、308°位置为 82 μW 的低谷,其余角度变化平缓	椭圆偏振光
45°	各个角度光强在 140～165 μW,变化不大(60°及 240°最高,为 165 μW,说明这个方向偏振度最高;而 152°及 330°最低,为 132 μW)	基本为圆偏振光,但有点椭圆(长轴为 60°与 240°的连线,短轴与之垂直)
60°	55°时有 93 μW 的低谷,235°有 85 μW 低谷	椭圆偏振光
75°	75°时有 21 μW 的低谷(用 200 μW 挡),255°有 19 μW 的低谷	很扁的椭圆偏振光
90°	90°有 0.4 μW 的低谷,270°有 0.4 μW 的低谷,	由很扁的椭圆退化为线偏振光

③ 依次将波片转动总角度为 $30°,45°,60°,75°,90°$,每次将检偏器转动一周,记录所观察到的现象,测量的数据记录到表 $2-9-1$ 中并分析偏振特点。

(2) 观察 1/2 波片的特性(选做实验内容,时间不够可不做或定性做不测数据)。先使起偏器和检偏器正交(转动检偏器角度到 $90°$)消光,把光功率计量程改为 2 mW,步骤如下:

使起偏器和检偏器处于正交(即处于消光现象),插入 1/2 波片,旋转波片 $0°$,再顺时针旋转波片 $15°$,破坏其消光。转动检偏器至消光位置,并记录检偏器所转动的角度。继续将 1/2 波片转 $15°$(即总转动角为 $30°$),记录检偏器达到消光(用 200 μW 挡测量)所转总角度。依次使 1/2 波片总转角为 $45°,60°,75°,90°$,记录检偏器消光时所转总角度,将测量数据记录到表 $2-9-3$ 中。由实验数据分析原因(线偏振光通过 1/2 波片后仍为线偏振光,但是偏振光的转角增加了半波片转角的两倍,例如 1/2 波片从 $15°$ 改变到 $30°$,其角度变化量为 $15°$,但是出射的偏振光的偏振方向改变了 $150°-120°=30°$,成 2 倍关系,其他角度变化都是如此)。

表 2 - 9 - 3　测量数据

半波片转动角度	转动检偏器至消光位置时,检偏器所转动角度
$15°$	$120°8'$(光强最小(1.8 μW))
$30°$	$150°16'$(光强最小(4.5 μW))
$45°$	$179°50'$(光强最小(5.1 μW))
$60°$	$210°40'$(光强最小(5.7 μW))
$75°$	$240°8'$(光强最小(0.6 μW))
$90°$	$270°$(光强最小(0.1 μW))

【思考讨论】

1. 强度为 I_0 的自然光通过偏振片后,其强度小于 $I_0/2$,为什么?

2. 如何区分自然光和圆偏振光?

实验 2 - 10　利用光电效应测定普朗克常量

(李海彦)

用光电效应测定普朗克常数是近代物理中关键性实验之一。学习其基本方法,对了解量子物理学的发展及光的本性认识,都十分有益。根据光电效应制成的各种光电器件在工农业生产、科研和国防等各个领域有着广泛的应用。通过本实验可了解光的量子性和光电效应的基本规律,验证爱因斯坦方程,并由此求出普朗克常数。

【实验目的】

1. 通过实验加深对光的量子性的了解。

2. 通过光电效应实验,验证爱因斯坦方程,并测定普朗克常量。

【实验原理】

当一定频率的光照射到某些金属表面上时,可以使电子从金属表面逸出,这种现象称为光电效应。逸出的电子称为光电子。光电效应是光的经典电磁理论所不能解释的。1905 年爱因斯坦依照普朗克的量子假设,提出了光子的概念,他认为光是一种微粒——光子。频率为 ν 的光子具有能量 $E = h\nu$,h 为普朗克常量。根据这一理论,当金属中的电子吸收一个频率为 ν 的光子时,便获得这光子的全部能量 $h\nu$,如果这能量大于电子摆脱金属表面的约束所需要的脱出功 w,电子就会从金属中逸出。按照能量守恒原理有

$$h\nu = \frac{1}{2}mv_m^2 + w \qquad (2-10-1)$$

式(2-10-1)称为爱因斯坦方程,其中 m 和 v_m 是光电子的质量和最大速度,$mv^2/2$ 是光电子逸出表面后所具有的最大动能。它说明光子能量 $h\nu$ 小于 w 时,电子不能逸出金属表面,因而没有光电效应产生;产生光电效应的入射光最低频率 $\nu_0 = w/h$,称为光电效应的极限频率(又称红限)。不同的金属材料有不同的脱出功,因而 ν_0 也是不同的。

在实验中将采用"减速电势法"进行测量并求出普朗克常量 h。实验原理如图 2-10-1 所示。当单色光入射到光电管的阴极 K 上时,如有光电子逸出,则当阳极 A 加正电势,K 加负电势时,光电子就被加速;而当 K 加正电势,A 加负电势时,光电子就被减速。当 A、K 之间所加电压 U 足够大时,光电流达到饱和值 I_m,当 $U \leqslant -U_0$,并满足方程

$$eU_0 = \frac{1}{2}mv_m^2 \qquad (2-10-2)$$

时,光电流将为零,此时的 U_0 称为截止电压。光电流与所加电压的关系如图 2-10-2 所示。

将式(2-10-2)代入式(2-10-1),可得

$$U_0 = \frac{h}{e}\nu - \frac{w}{e} \qquad (2-10-3)$$

式(2-10-3)表示 U_0 与 ν 之间存在线性关系,其斜率等于 h/e,因而可以从对 U_0 与 ν 的数据分析中求出普朗克常量 h。

实际实验时测不出 U_0,测得的是 U_0 与导线和阴极间的正向接触电势差 U_c 之差 U_0',即测得的 U_0' 是

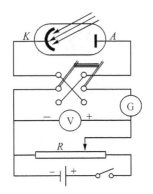 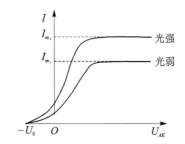

图 2-10-1　光电效应实验原理图　　　图 2-10-2　不同入射光强时 $I-U_{AK}$ 曲线

$$U_0' = U_0 - U_c$$

将此式代入式(2-10-3),可得

$$U_0' = \frac{h}{e}\nu - \left(U_c + \frac{w}{e}\right) \qquad (2-10-4)$$

由于 U_c 是不随 ν 而变的常量,因此 U_0' 与 ν 间也是线性关系,测量不同频率光的 U_0' 值,可求得此线性关系的斜率 b,因为 $b = \dfrac{h}{e}$,所以

$$h = be \qquad\qquad (2-10-5)$$

即从测量数据求出斜率 b,乘以电子电荷($e = 1.602 \times 10^{-19}$ C)就可求出普朗克常量。

由光电效应测定普朗克常量 h,需要排除一些干扰,才能获得一定精度的可以重复的结果。其主要影响因素有:

① 暗电流和本底电流。光电管在没有受到光照时,也会产生电流,该电流称为暗电流,它由热电流、漏电流两部分组成;本底电流是周围杂散光射入光电管所致,它们都随外加电压的变化而变化,故排除暗电流和本底电流的影响是十分必要的。

② 反向电流。由于制作光电管时阳极 A 上往往溅有阴极材料,所以当光射到 A 上或由于杂散光漫射到 A 上时,阳极 A 也往往有光电子发射;此外,阴极发射的光电子也可能被 A 的表面所反射。当 A 加负电势,K 加正电势时,对阴极 K 上发射的光电子而言起了减速作用,而对阳极 A 发射或反射的光电子而言却起了加速作用,使阳极 A 发出的光电子也到达阴极 K,形成反向电流。这样实测的光电流应为阴极电流、暗电流和本底电流以及反向电流之和。

【实验器材】

智能光电效应仪由汞灯及电源、滤色片、光阑、光电管、智能实验仪构成。

实验仪有手动和自动两种工作模式,具有数据自动采集、存储,实时显示采集数据,动态显示采集曲线(连接计算机),以及采集完成后查询数据的功能。

【实验内容】

1. 测试前准备

仔细阅读光电效应实验指导及软件操作说明书。

将实验仪及汞灯电源接通(汞灯及光电管暗箱遮光盖盖上),预热 20 min。调整光电管与汞灯距离为约 40 cm,并保持不变。用专用连接线将光电管暗箱电压输入端与实验仪电压输出端(后面板上)连接起来(红—红,蓝—蓝)。

将"电流量程"选择开关置于所选挡位(测截止电压时处于 10^{-13} A 挡,测伏安特性时处于 10^{-10} A 挡),进行测试前调零。实验仪在开机或改变电流量程后,都会自动进入调零状态。调零时应将高低杠暗箱电流输出端 K 与实验仪微电流输入端断开,旋转"调零"旋钮使电流指示为 000.0。调节好后,用专用电缆将电流输入连接起来,按"调零确认/系统清零"键,系统进入测试状态。

2. 测普朗克常量 h

在测量各谱线的截止电压 U_0 时,可采用零电流法,即直接将各谱线照射下测得的电流为零时对应的电压 U_{AK} 的绝对值作为截止电压 U_0。此法的前提是阳极反向电流、暗电流和本底电流都很小,用零电流法测得的截止电压与真实值相差较小,且各谱线的截止电压都相差 ΔU,对 $U_0-\nu$ 曲线的斜率无大的影响,因此对 h 的测量不会产生大的影响。

测量截止电压:

测量截止电压时,"伏安特性测试/截止电压测试"状态键应为截止电压测试状态。"电流

量程"开关应处于 10^{-13} A 挡。

（1）手动测试

使"手动/自动"模式键处于手动模式。

将直径 4 mm 的光阑及 365.0 nm 的滤色片装在光电管暗箱光输入口上,打开汞灯遮光盖。

此时电压表显示 U_{AK} 的值,单位为伏;电流表显示与 U_{AK} 对应的电流值 I,单位为所选择的"电流量程"。用电压调节键→、←、↑、↓可调节 U_{AK} 的值。

从低到高调节电压(绝对值减小),观察电流值的变化,寻找电流为零时对应的 U_{AK},以其绝对值作为该波长对应的 U_0 的值。

依次换上 404.7 nm,435.8 nm,546.1 nm,577.0 nm 的滤色片,重复以上测量步骤。

（2）自动测量

按"手动/自动"模式键切换到自动模式。此时电流表左边的指示灯闪烁,表示系统处于自动测量扫描范围设置状态,用电压调节键可设置扫描起始和终止电压。

对于各条谱线,扫描范围大致设置为:365 nm,−1.90～1.50 V;405 nm,−1.60～−1.20 V;436 nm,−1.35～−0.95 V;546 nm,−0.80～−0.40 V;577 nm,−0.65～−0.25 V。

实验仪设有 5 个数据存储区,每个存储区可存储 500 组数据,并有指示灯显示其状态。灯亮表示该存储区已有数据,灯不亮为空存储区,灯闪烁表示系统预选的或正在存储数据的存储区。

设置好扫描起始和终止电压后,按动相应的存储区按键,仪器将先清除存储区原有数据,等待约 30 s,然后按 4 mV 的步长自动扫描,并显示、存储相应的电压、电流值。

扫描完成后,仪器自动进入数据查询状态,此时查询指示灯亮,显示区显示扫描起始电压和相应的电流值。用电压调节键改变电压值,就可查阅到在测试过程中,扫描电压为当前显示值时相应的电流值。读取电流为零时,对应的 U_{AK} 以其绝对值作为该波长对应的 U_0 值。将测量数据记于表 2-10-1 中。

按"查询"键,查询指示灯灭,系统恢复到扫描范围设置状态,可进行下一次测量。

表 2-10-1　$U_0-\nu$ 关系　　　　　　　　　　光阑孔 $\varphi=2$ mm

波长 λ_i/nm		365.0	404.7	435.8	546.1	577.0
频率 ν_i/10^{14} Hz		8.214	7.408	6.879	5.490	5.196
截止电压 U_{oi}/V	手动					
	自动					

3. 测光电管的伏安特性曲线

将"伏安特性测试/截止电压测试"状态键切换到伏安特性测试状态。"电流量程"开关拨至 10^{-10} A 挡,并重新调零。

将直径 4 mm 的光阑及所选谱线的滤色片装在光电管暗箱光输入口上。

测伏安特性曲线可选用"手动/自动"两种模式之一,测量的最大范围为−1～50 V,自动测量时步长为 1 V,仪器功能及使用方法如前所述。

记录所测 U_{AK} 及 I 的数据到表 2-10-2 中,在坐标纸上作对应于以上波长及光强的伏安特性曲线。

表 2 - 10 - 2　*I* - *U*_{AK} 关系

U_{AK}/V												
$I/10^{-10}$ A												
U_{AK}/V												
$I/10^{-10}$ A												

【注意事项】

1. 实验过程中注意随时盖上汞灯遮光盖,严禁让汞光不经过滤光片直接入射光电管窗口。

2. 实验结束时应盖上光电管暗箱和汞灯的遮光盖。

【思考讨论】

1. 当加在光电管两端的电压为零时,光电流不为零,为什么?

2. 光电管一般都用逸出功小的金属做阴极,用逸出功大的金属做阳极,为什么?

实验 2 - 11　声波的多普勒效应

(赵　杰)

对于机械波、声波、光波和电磁波,当波源和观察者(或接收器)之间发生相对运动,或者波源、观察者不动而传播介质运动时,又或者波源、观察者、传播介质都在运动时,观察者接收到的波的频率和发出的波的频率不相同的现象,称为多普勒效应。

多普勒效应在核物理,天文学、工程技术,交通管理,医疗诊断等方面有着十分广泛的应用。如用于光谱仪、多普勒雷达,多普勒彩色超声诊断仪等。

【实验目的】

1. 测量超声接收器运动速度与接收频率的关系,验证多普勒效应。

2. 测量声速。

【实验器材】

多普勒效应实验仪由多普勒效应测试架、主机、运动控制器组成。其中主机内的信号发生器与发射换能器相连,主机内的接收显示器与接收换能器和各个光电门相连,运动控制器与步进电机相连,用步进电机来控制小车和接收换能器的共同运动速度。

各个不同的厂家的仪器结构不尽相同,但测量原理是大同小异的,一种多普勒效应测试架如图 2 - 11 - 1 所示。

【实验原理】

1. 声波的多普勒效应

设声源在原点,声源振动频率为 f,接收点在 x,运动和传播都在 x 方向。对于三维情况,处理稍复杂一点,但其结果相似。声源、接收器和传播介质不动时,在 x 方向传播的声波的数学表达式为

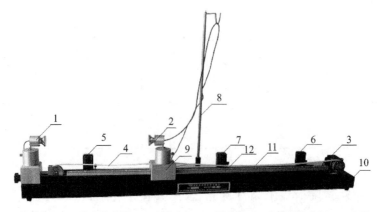

1—发射换能器;2—接收换能器;3—步进电机;4—同步带;5—左限位光电门;6—右限位光电门;7—测速光电门;8—接收线支架;9—小车;10—底座;11—标尺;12—导轨

图 2 - 11 - 1　多普勒效应测试架结构图

$$p = p_0 \cos\left(\omega t - \frac{\omega}{u}x\right) \tag{2-11-1}$$

① 声源运动速度为 V_S，介质和接收点不动。

设声速为 u，在时刻 t，声源移动的距离为

$$V_S\left(t - \frac{x}{u}\right)$$

因而声源实际的距离为

$$x = x_0 - V_S\left(t - \frac{x}{u}\right)$$

$$x = \frac{x_0 - V_S t}{1 - \dfrac{V_S}{u}} = \frac{x_0 - V_S t}{1 - M_S} \tag{2-11-2}$$

式中，$M_S = V_s/u$ 为声源运动的马赫数，声源向接收点运动时，V_s（或 M_s）为正，反之为负。将式(2-11-2)代入式(2-11-1)，有

$$p = p_0 \cos\left[\frac{\omega}{1 - M_S}\left(t - \frac{x_0}{u}\right)\right]$$

可见接收器接收到的频率 f_S 变为原来的 $\dfrac{1}{1 - M_S}$，即

$$f_S = \frac{f}{1 - M_S} \tag{2-11-3}$$

② 声源、介质不动，接收器运动速度为 V_r，同理可得接收器接收到的频率。

$$f_r = (1 + M_r)f = \left(1 + \frac{V_r}{u}\right)f \tag{2-11-4}$$

式中 $M_r = V_r/u$ 为接收器运动的马赫数，接收点向着声源运动时，V_r（或 M_r）为正，反之为负。

本实验只研究第二种情况：声源、介质不动，接收器运动速度为 V_r。根据式(2-11-4)可知，改变 V_r 就可得到不同的 f_r，从而验证了多普勒效应。另外，若已知 V_r、f，并测出 f_r，则可算出声速 u，可将用多普勒频移测得的声速值与用时差法测得的声速作比较。若将仪器的

超声换能器用作速度传感器,就可用多普勒效应来研究物体的运动规律。

2. 用光电门测物体运动速度的方法

在运动物体上有一个 U 型挡光片,当它以速度 v 经过光电门时(见图 2-11-2(a)),U 形挡光片两次切断光电门的光线。设挡光片的挡光前沿间距为 Δx(见图 2-11-2(b)),两次切断光线的时间间隔被光电计时器记下为 Δt,则在此时间间隔中物体运动的速度 v 的平均值为

$$\overline{v} = \frac{\Delta x}{\Delta t} \tag{2-11-5}$$

若挡光片的挡光前沿间距的 Δx 比较小,则时间间隔 Δt 也就较小,此时速度的平均值 $\overline{v}$ 就近似可作为即时速度 v。

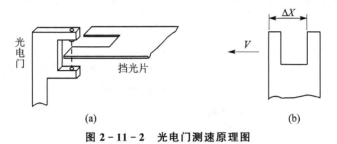

(a)　　　　　　　　　　　　(b)

图 2-11-2　光电门测速原理图

【实验内容】

1. 认真阅读厂家使用说明书,熟悉仪器性能,掌握仪器使用方法。

2. 自行设计测量超声接收换能器的运动速度与接收频率的关系的实验方法和具体步骤,验证多普勒效应。

3. 选作内容:用时差法测声速(自行设计实验方法和具体步骤)。

【数据记录与处理】

1. 把不同速度下多普勒效应实验数据记录到表 2-11-1 中;

2. 与理论值比较,计算多普勒效应实验的相对误差,验证多普勒效应方程。

表 2-11-1　多普勒效应实验数据记录　　　　实验环境温度:_____℃

次数	小车运动速度/(m·s^{-1})	接收传感器频率/Hz	多普勒频移/Hz	多普勒频移理论值/Hz	相对误差/%
1					
2					
3					
4					
5					
6					

【思考讨论】

1. 马赫是什么单位?它是怎么定义的?

2. 请举例说明多普勒效应在生活中的现象和应用。

实验 2 – 12　高温超导的研究

(赵　杰　陈书来)

根据固体物理理论知,实际的金属材料由于存在杂质和缺陷对电子运动的散射,在温度趋向绝对零度时,金属的电阻率将趋近一个定值,该定值称为剩余电阻率。但是,1911 年荷兰物理学家昂尼斯发现,利用液氦把汞冷却到 4.2 K 左右时,水银的电阻率突然由正常的剩余电阻率值减小到接近零。近些年,美国、中国科学家又分别独立地发现了 Y – Ba – Cu – O 体系超导体,起始转变温度为 92 K 及以上,这些起始转变温度高于液氮温度的氧化物超导体称为高温超导体。

超导电性的应用十分广泛,超导材料现已应用在高能物理、电力工程、电子技术、生物磁学、航空航天、医疗诊断、超导磁悬浮列车、超导微波器件等领域。在超导体研究中尤以超导体转变温度(T_c)的提高作为最前沿的课题,而超导体转变温度(T_c)的测量则是研究中一项最基本又最重要的内容。

【实验目的】

1. 了解超低温获得的常用方法和注意事项,低温容器(杜瓦瓶)结构原理及使用。

2. 掌握用电压表法和计算机采集数据两种方法测量钇钡铜氧($Y_1Ba_2Cu_3O_7$)超导体的电阻随温度变化曲线,测定转变温度 T_c。

【实验原理】

1. 超导体的主要电磁特性

(1) 零电阻现象

金属的电阻是由晶格上原子的热振动以及杂质原子对电子的散射造成的。在低温时,一般的金属总具有一定的电阻,其电阻率 $\rho = \rho_0 + AT^5$,其中,ρ_0 是 $T = 0$ K 时的电阻率,也叫剩余电阻率,它取决于金属的纯度和晶格的完整性。由于一般的金属内部总有杂质和晶格缺陷,即便趋于绝对零度,其电阻率 ρ_0 也不为零。当把某些金属、合金或氧化物冷却到某一确定温度 T_c 以下时,其直流电阻突然下降到零,人们把这种现象称为物质的超导电性,具有超导电性的材料称为超导体,电阻突然消失的某一确定温度 T_c 称超导体的临界温度。在 T_c 以上,超导体具有有限的电阻值,超导体处于正常态。由正常态向超导态的过渡是在一个有限的温度间隔内完成的,这个温度间隔称转变宽度 ΔT_c,它取决于材料的纯度和晶格的完整性,理想样品的 $\Delta T_c \leqslant 10^{-3}$ K。通常把样品的电阻值降到转变前正常态电阻值的一半时的温度称为超导体的临界温度 T_c,如图 2 – 12 – 1 所示。

本实验是在高温超导样品上通以恒定电流,测量高温超导样品上某个区段电压的变化,当温度降低至 T_c 时,样品电压突然降低直至接近于零,说明样品的电阻接近于零,由此求得 T_c,如图 2 – 12 – 2 所示。将高温超导样品与电压表和电流表的连接方式接成四线电阻的形式,为的是排除引线电阻对测量结果的影响。

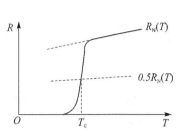

图 2 - 12 - 1　超导体电阻变曲线

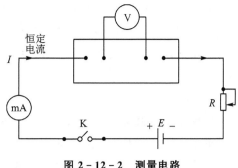

图 2 - 12 - 2　测量电路

（2）迈斯纳（Meissner）效应

当把超导体置于外加磁场中时，磁通不能穿透超导体，超导体内的磁感应强度始终保持为零（$B=0$），超导体的这种特性称迈斯纳效应，又称完全抗磁性。超导体的零电阻现象和迈斯纳效应这两个特性既相互独立，又相互联系。迈斯纳效应不能由零电阻现象派生出来，但零电阻现象却是迈斯纳效应的必要条件。

对于超导体，它在磁场中的状态仅仅取决于外加磁场和温度的具体数值，而与过程无关。就是说，超导体有其确定的热力学状态，无论是先降温还是先加磁场，磁场都不能透入超导体内部。所以，迈斯纳效应是独立于零电阻特性的另一个基本属性。

超导体的迈斯纳效应是由于表面屏蔽电流（也称迈斯纳电流）产生的磁通密度在导体内部完全抵消了外磁场引起的磁通密度，使其净磁通密度为零。它的状态是唯一确定的，从超导体到正常状态的转变是可逆的。

迈斯纳效应可以通过磁悬浮实验来直观演示：当一个永久磁体被放置到超导样品附近时，由于永久磁体的磁力线不能进入超导体，在永久磁体和超导体之间存在的斥力可以克服磁体的重力，而使永久磁体悬浮在超导体表面一定的高度。

（3）超导体的临界参数

约束超导现象出现的因素不仅仅是温度。实验表明，即使在临界温度下，如果改变流过超导体的直流电流，当电流强度超过某一临界值时，超导体的超导态将受到破坏而恢复到常导态。如果对超导体施加磁场，当磁场强度达到某一值时，样品的超导态也会受到破坏。破坏样品的超导电性所需要的最小极限电流值和磁场值，分别称为临界电流 I_c（常用临界电流密度 J_c 表示）和临界磁场 H_c。

临界温度 T_c、临电流密度 J_c 和临界磁场 H_c 是超导体的三个临界参数，这三个参数与物质的内部微观结构有关。在实验中要注意，要使超导体处于超导态，必须将其置于这三个临界值以下。只要其中任何一个条件被破坏，超导态都会被破坏。

2. 低温实验的特点

（1）冷　源

低温实验中最常使用的冷源是液态氮和液态氦，常压下液态氮的沸点是 77 K，液态氦的沸点是 4.2 K，若降低蒸气压还能进一步降温，液氮可降到其三相点 63.15 K，液氦可降到 1 K 左右。

液态氮一般由空气液化分馏而得，价格便宜，制造、储存和使用都很方便。由于低温液体沸点很低,汽化潜热很小,因此必须保存在绝热性能良好的容器——杜瓦瓶中。制造液态氦的技术则复杂得多,因而价格昂贵,用液氦做实验时要用液氮预冷,储存液氦的杜瓦瓶要套在液氮杜瓦瓶中。因此,高温超导将实现超导的条件由液氦变为液氮,为超导的实际应用开辟了广阔的前景。

(2) 低温的测量

温度的测量是低温实验技术的重要方面。温差热电偶体积小、热容小、反应快、制作简便,但灵敏度不够高,复现性较差,一般用于精度不高的测量。电阻温度计利用金属或半导体的电阻随温度变化的性质,稳定性好,适宜于精密的测量。1～100 K 时多用锗电阻温度计,30 K 以上时一般用铂电阻温度计。

(3) 杜瓦瓶是存放液氮的具有多层保温层的高度保温容器,一旦发现外部结霜或结露,意味着保温性下降,就不能再用了。

3. 超导样品温度——电阻变化曲线测量原理

为了得到逐渐变化的温度,如 77～300 K,本实验的方法是将样品及装置套上金属外壳,浸泡在杜瓦瓶的低温液体中,由于样品和铂电阻温度传感器不是与金属外壳直接接触,而是两者之间带有一层空气,杜瓦瓶内液氮温度为 77 K,这样金属外壳内的空气温度以及超导样品和铂电阻温度传感器的温度就不是快速一下子降到 77 K,而是要经过一段时间才逐渐降到 77 K(降温速度取决于杜瓦瓶内的液氮液位高度),每一个温度值对应一个超导电阻值,可记录下来一组数据或计算机采集数据。

【实验器材】

高温超导实验仪、液氮杜瓦瓶、计算机、打印机等。

【实验内容】

1. 焊接超导样品在四引线焊点上,拧上金属外壳。按图 2 - 12 - 3 连接好仪器,打开主机电源开关,打开计算机。

2. 超导样品放大器的"放大倍数"按钮选择 10 000 倍,把"样品电流"按钮按下去,调节"电流调节"旋钮,使样品电流在 18.6 mA 左右,样品电压在 2.45 V 左右。记录下此时的样品电流和样品电压。

3. 将"温度计电压"和"样品电压"按钮全抬起。

4. 把探棒放入杜瓦瓶中,立即单击软件的运行按钮,并马上记录"温度计电压"和"样

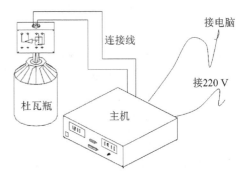

图 2 - 12 - 3　仪器连接图

品电压"的数值(每隔 0.1 V 温度计电压记录一对数据),一直记录到"样品电压"为零。利用测量的数据找出样品电压开始剧烈变小的(转折温度对应点)对应的温度计电压,再除以温度计电压放大倍数 40 得到铂电阻温度传感器的原始电压值,利用该电压值从铂电阻温度计的电压——温度关系数据表中找出高温超导样品的转折温度并记录。

5. 保存计算机的超导曲线并打印。

6. 关机,拔出探棒(手不要接触探棒下部,防止冻伤),用电吹风吹热探棒上的金属外壳,拧下金属外壳,焊下超导样品存于有硅胶干燥剂的小瓶内。

7. 观察迈斯纳效应。把钕铁硼永久磁铁放在 YBaCuO 超导体之上,然后把它们置于泡沫塑料盒内,缓缓充入液氮,让液氮浸没样品,注意观察小磁铁的位置变化;或者也可以先把样品冷却至超导态,然后才把小磁铁放到样品上面。注意观察两次结果的差异,试解释之。

8. 分析实验数据,总结规律。

【注意事项】

1. 使用液氮时要格外小心灌注液氮时开始要缓慢,让容器预冷后再灌入所需量。液氮容器不能用普通塑料盆等无保温性能的容器,也不能把液氮倒在塑料板和玻璃、陶瓷上,否则可发生炸裂等事故。盛装液氮的容器必须留有供蒸气逸出的逸气口,以防液氮汽化后容器压强逐渐增大而引起爆炸。操作过程中防止人体接触液氮,否则会造成严重冻伤。

2. 氧化物超导体受潮后失效,因此注意不能长时间暴露在大气中,测量完毕后样品要注意放在含有硅胶干燥剂的密封小瓶内干燥保存。

实验 2 - 13　密里根油滴实验测定基本电荷

(李海彦)

美国物理学家经历了十年多的时间设计并完成的密立根油滴实验是近代物理学中直接测定电子电荷的著名实验。密立根对带电油滴在静电场中的运动进行了细致的研究和实验,发现它们所带电量存在一个最大公约数,就是基本电荷量,即一个电子电量 $e = 1.602 \times 10^{-19}$ C,从而证明了电荷的不连续性。

【实验目的】

1. 通过对带电油滴在重力场和静电场中运动的实验研究,验证电荷的不连续性,并测量电子的电量。

2. 通过实验中对油滴的选择、捕捉和跟踪,培养学生严肃认真的实验态度和耐心细致的工作作风。

【实验原理】

油滴实验测量电子电荷的基本原理是利用带电油滴在电场力、重力及在空气中运动时的黏滞力作用下,使油滴处于静止或匀速运动,通过测量所加电场的电压及匀速运动的速度,从而测出带电油滴所带电荷。通过测量不同油滴或改变油滴所带电荷量,从实验数据发现电荷的值是非连续变化的,并且存在最大公约数,即 e 值,说明基本电荷的存在,即电子电荷。

1. 平衡测量法

用喷雾器将雾状油滴喷入两块相距为 d 的水平放置的平行极板之间。如果在平行极板上加电压 V,则板间场强为 V/d,由于摩擦,油滴在喷射时一般都是带电的。调节电压 V,可使作用在油滴上的电场力与重力平衡,油滴静止在空中,如图 2 - 13 - 1 所示。此时

$$mg = q\,\frac{V}{d} \qquad\qquad (2-13-1)$$

要根据式(2-13-1)测出油滴所带电量 q，还必须测出油滴质量 m。当平行极板未加电压时，油滴受重力作用而加速下落，但由于空气的黏滞力与油滴速度成正比(根据 Stokes 定律)，达到某一速度时，阻力与重力平衡，油滴将匀速下降，如图 2-13-2 所示。此时

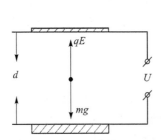

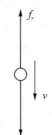

图 2-13-1　油滴平衡静止　　　　　图 2-13-2　油滴匀速下降

$$mg = f_r = 6\pi\eta r v_g \qquad\qquad (2-13-2)$$

式中，η 为空气黏滞系数；r 为油滴半径；v_g 为油滴下降速度。设油滴密度为 ρ，则

$$m = \frac{4}{3}\pi r^3 \rho \qquad\qquad (2-13-3)$$

由式(2-13-2)与式(2-13-3)得

$$r = \sqrt{\frac{9\eta v_g}{2\rho g}} \qquad\qquad (2-13-4)$$

Stokes 定律是以连续介质为前提的。在实验中，油滴半径 $r \approx 10^{-6}$ m，对于这样小的油滴，已不能将空气看作连续介质，因此，空气黏滞系数应做如下修正：

$$\eta' = \frac{\eta}{1 + \dfrac{b}{Pr}}$$

式中，$b = 8.23 \times 10^{-3}$ m·Pa，为常数；P 为大气压强。

将 η' 代入式(2-13-4)，得

$$r = \sqrt{\frac{9\eta v_g}{2\rho g} \cdot \frac{1}{1 + \dfrac{b}{Pr}}} \qquad\qquad (2-13-5)$$

根号中的 r 处于修正项中，将式(2-13-4)代入式(2-13-3)，得

$$m = \frac{4}{3}\pi \left(\frac{9\eta v_g}{2\rho g} \cdot \frac{1}{1 + \dfrac{b}{Pr}} \right)^{3/2} \cdot \rho \qquad\qquad (2-13-6)$$

如果在时间 t 内，油滴匀速下降距离为 l，则油滴匀速下降的速度 v_g 可求得，即

$$v_g = l/t_g \qquad\qquad (2-13-7)$$

将式(2-13-7)代入式(2-13-6)，再代入式(2-13-5)，得

$$q = \frac{18\pi}{\sqrt{2\rho g}} \left[\frac{\eta l}{t_g \left(1 + \dfrac{b}{Pr} \right)} \right]^{3/2} \frac{d}{V} \qquad\qquad (2-13-8)$$

式(2-13-8)即平衡法测量油滴电荷计算公式。

2. 动态测量法

动态法不同于平衡法之处在于油滴所受电场力不与重力平衡,而是电场力大于重力,让油滴在电场力作用下反转运动,即向上运动。同油滴向下运动一样,油滴向上运动同样也受到与运动速度成正比的空气阻力,运动一段距离后便以速度 v_E 做匀速运动。此时油滴受力情况为

$$qv_E/d = mg + 6\pi\eta r v_g \qquad (2-13-9)$$

当去掉电场力后(极板短路),油滴在重力作用下加速下降,并达到匀速下降,如同平衡测量法,此时

$$mg = 6\pi\eta r v_g$$

将其代入式(2-13-9),得

$$q = mg\,\frac{d}{v_E}\left(1 + \frac{v_E}{v_g}\right)$$

如果油滴向上和向下匀速运动,测量速度取同一距离记录时间,则上式可写为

$$q = mg\,\frac{d}{v_E}\left(1 + \frac{t_g}{t_E}\right)$$

将式(2-13-4)代入其中,得

$$q = \frac{18\pi}{\sqrt{2\rho g}}\left[\frac{\eta l}{t_g\left(1 + \dfrac{b}{Pr}\right)}\right]^{3/2} \cdot \frac{d}{V_E}\left(1 + \frac{t_g}{t_E}\right) \qquad (2-13-10)$$

此式即动态法测量油滴电荷计算公式。

式(2-13-4)、式(2-13-8)和式(2-13-10)中 ρ 与 η 都是温度的函数。g、P 随时间、地点的不同而变化。但在一般的要求下,ρ 与 η 可按表 2-13-1 求得数据。

表 2-13-1　所求数据表

温度/℃	0	10	20	30	40
$\rho/(\text{kg} \cdot \text{m}^{-3})$	991	986	981	979	970
$\eta/(\text{kg} \cdot \text{m}^{-1} \cdot \text{s}^{-1})$	1.71	1.76	1.83	1.88	1.91

$b = 8.23 \times 10^{-3}\,\text{Pa} \cdot \text{m}$ 　　　　　$g = 9.80\,\text{m} \cdot \text{s}^{-2}$

$P = 101.32\,\text{Pa}$ 　　　　　　　　　$d = 5.00 \times 10^{-3}\,\text{m}$

$l = 2.00 \times 10^{-3}\,\text{m}$(在显微镜视场中,分划板上 4 格的距离)

把以上参数代入式(2-13-4)、式(2-13-8)和式(2-13-10),得到($t = 20\,℃$)

平衡法:
$$q = \frac{1.43 \times 10^{-14}}{\left[t_g(1 + 0.02\sqrt{t_g})\right]^{3/2} \cdot V_E} \qquad (2-13-11\text{a})$$

动态法:
$$q = \frac{1.43 \times 10^{-14}}{\left[t_g(1 + 0.02\sqrt{t_g})\right]^{3/2} \cdot V_E} \cdot \left(1 + \frac{t_g}{t_E}\right) \qquad (2-13-11\text{b})$$

把测得的 V、t 代入式(2-13-11)就可以求得油滴上所带的电量 q。

对于不同的油滴,测得的电荷量是一些不连续变化的值,有一最大公约数,即基本电荷量 e。

　　对于同一油滴,用紫外线照射,通过空气电离使其所带电荷量发生变化,测得油滴电荷量是一些不连续的值,而是基本电荷量 e 的整数倍。

　　由于测量的油滴不够多,可以用 e 去除 q,看 q/e 是否接近整数 n,再用 n 去除 q,得到实验测出的电子电量 e。

【实验器材】

密里根油滴仪。

密里根油滴仪由油雾盒、油滴照明装置、调平系统、测量显微镜、电源、计时器、喷雾器等组成。

图 2-13-3 是油滴仪的示意图,其中油滴盒是由两块经过精磨的金属平板,中间垫以胶木圆环构成的平行板电容器。在上板中心处有落油孔,使微小油滴可进入电容器中间的电场空间,胶木圆环上有进光孔、观察孔。进入电场空间内的油滴由照明装置照明,油滴盒可通过调平螺旋调整水平,用水准仪检查。油滴盒防风罩前装有测量显微镜,用来观察油滴。在目镜头中装有分划板,如图 2-13-4 所示。

电源部分提供三种电压:

① 2 V 油滴照明电压。

② 500 V 直流平衡电压。该电压可以连续调节,并从电压表上直接读出。由平衡电压换向开关换向,以改变上、下电极板的极性。换向开关倒向"＋"侧时能达到平衡的油滴带正电,反之带负电。换向开关放在"0"位置时,上、下电极板短路,不带电。

③ 300 V 直流升降电压。该电压可以连续调节,但不稳定。它可通过升降电压换向开关叠加在平衡电压上,以便把油滴移到合适的上、下位置上。升降电压高,油滴移动速度快,反之则慢。该电压在电压表上无指示。

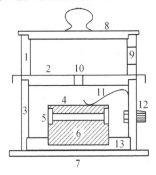

1—油雾室;2—油雾孔开关;3—防风罩;4—上电极板;5—胶木圆环;6—下电极板;7—底板;8—上盖板;9—喷雾口;10—油雾孔;11—上电极板压簧;1—上电极板电源插孔;13—油滴盒基座

图 2-13-3　油滴仪示意图

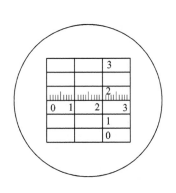

图 2-13-4　分划板刻度

【实验内容】

1. 仪器调节

① 将油滴照明灯接 2 V 交流电源,平行极板接 500 V 直流电源,插孔都在仪器背后。平衡电压开关和升降电压开关都拨在中间"0"位置上,上、下极板被短路,极板上因为各种原因积累的电荷可以迅速中和掉。

② 调节调平螺丝,使水准仪水泡居中,平行极板处于水平位置。接通电源,指示灯和油滴照明灯亮。

③ 将调焦针(放在油雾室内的一根细钢丝)插入上电极板 0.4 mm 孔内(注意:这时平衡电压开关和升降电压开关必须置于"0"位,使上、下电极板短路,以免打火),转动目镜进行视场调节,直到完全看清分划板上的方格线。轻轻转动对焦手轮,使调焦针清楚地成像在分划板上。

④ 在喷雾器中注入实验油数滴,将油从油滴仪的喷口喷入,数秒钟后从显微镜看进去,视场中出现大量油滴,有如夜空繁星。如油滴太暗可转动照明灯底座,微调对焦手轮使油滴清晰。

2. 测量练习

(1) 练习控制油滴

在视场中看到油滴后,关闭油雾孔开关,旋转平衡电压悬钮,将平衡电压调至 300 V 左右待用。扳动平衡电压开关使平衡电压加到平行极板上。油滴立即以各种速度上下运动,直到视场剩下几颗油滴时,选择一颗近于停止不动或运动非常缓慢的油滴,仔细调节平衡电压,使这一颗油滴平衡。然后调平衡电压让它下降,下降一段距离后,按照原来的极性再加平衡电压和升降电压,使油滴上升。如此反复多次练习以掌握控制油滴的方法。

(2) 练习选择油滴

本实验的关键是选择合适的油滴。太大的油滴必须带较多的电荷才能平衡,结果不易测准。油滴太小则由于热扰动和布朗运动,涨落很大。可以根据平衡电压的大小(约 200 V 左右)和油滴匀速下降的时间(约 15～30 s)来判断油滴的大小和带电量的多少。

(3) 练习测速度

任选几个不同速度的油滴,用秒表测出下降 2～4 格所需时间。

3. 正式测量

(1) 平衡法

① 选好一颗适当的油滴,加平衡电压使之基本不动。加升降电压,使油滴缓缓移动至视场上方的某条刻度线上,仔细调节平衡电压,记下平衡电压值。

② 去掉平衡电压,油滴开始加速下降,下降一格后基本匀速,开始计时,取 $l=2$ mm,记下时间间隔 t。

③ 由于涨落,对每一颗油滴进行 8～10 次测量。另外,要选择不同油滴(不少于 5 个)进行反复测量。

在测量过程中,油滴可能前后移动,油滴亮度变暗甚至模糊不清,应当微微旋动对焦手轮使油滴重新对焦。

④ 将所测数据代入式(2-13-8),计算油滴电荷。

(2) 动态法

取平衡电压约 200 V、匀速下降的时间 15～30 s 的油滴,在极板上加上 400 V 左右的电压,使油滴反转匀速运动,测量油滴反转运动 $l=2$ mm 所用时间间隔 t。重复测量,具体方法和步骤自拟。

【思考讨论】

1. 实验中应该选择什么样的油滴? 如何选择?

2. 喷油时"平衡电压"拨动开关应该处在什么位置？为什么？

实验 2 - 14　夫兰克-赫兹实验

(李海彦)

　　1914 年，夫兰克(J. Frank)和赫兹(G. Hertz)采用慢电子轰击原子的方法，利用两者的非弹性碰撞将原子激发到较高能级，直接证明了原子内部量子化能级的存在，给玻尔的原子理论提供了直接的而且是独立于光谱研究方法的实验证据。

【实验目的】

　　1. 通过对氩原子第一激发态电位的测量，学习夫兰克和赫兹研究原子内部能量量子化的基本思想和实验方法，

　　2. 了解电子与原子弹性碰撞和非弹性碰撞的机理。

【实验原理】

　　夫兰克-赫兹实验原理如图 2-14-1 所示。

　　在充氩的夫兰克-赫兹管中，阴极 K 通过灯丝加热有热电子发射，在阴极 K 与栅极 G_1 间电压 V_{G_1K} 的控制下，进入栅极 G_1 和 G_2 之间，经 G_2 与 K 间加速电压 V_{G_2K} 的加速，使电子获得一定的能量，由于仪器制造时 G_1K 间距离很小，而 G_1G_2 间距相对很大，故通过加速获得能量的电子主要在 G_1G_2 空间与气态汞原子发生碰撞并交换能量，当电子获得的能量恰好是原子激发态能量的整数倍时，与原子多次碰撞将能量全部传递给原子，此时电子没有剩余能量克服 G_2A 间遏止电压 V_{G_2A} 的作用到达板极 A，因而无板极电流。当电子获得的能量不是原子激发态能量的整数倍时，与原子碰撞将会有剩余的能量，因而电子有能量克服遏止电压的作用到达板极 A 形成极板电流。这样随着栅极电压 V_{G_2K} 的增加，板极电流 I_A 会有明显起伏，形成如图 2-14-2 所示的曲线。

　　当加速电压刚刚开始升高时，由于电压较低，电子的能量较小，电子与原子发生弹性碰撞。穿过第二栅极的电子所形成的板流 I_A 将随加速电压 V_{G_2K} 的增加而增大；如图 2-14-2 所示的 oa 段，加速电压 V_{G_2K} 达到氩原子的第一激发电位 V_0 时，电子在第二栅极附近与氩原子相碰撞，将自己从加速电场中获得的全部能量交给后者，并且使后者从基态激发到第一激发态。而电子本身由于把全部能量交给了氩原子，即使穿过了第二栅极也不能克服反向拒斥电场而被折回第二栅极(被筛选掉)。因此板极电流 I_A 将显著减小(图 2-14-2 所示 ab 段)。随着第二栅极电压的增加，电子的能量也随之增加，在与氩原子相碰撞后还留下足够的能量，可以克服反向拒斥电场而达到板极 A，这时电流又开始上升(bc 段)。直到加速电压是二倍氩原子的第一激发电位时，电子在 KG_2 间又会二次碰撞而失去能量，因而又会造成第二次板极电流的下降(cd 段)。同理，凡在

$$V_{G_2K}=nV_0 \qquad (n=1,2,3,\cdots) \qquad (2-14-1)$$

的地方板，极电流 I_A 都会相应下跌，形成规则起伏变化的 $I_A - V_{G_2K}$ 曲线。而各次板极电流 I_A 下降相对应的阴、栅极电压差 $V_{n+1}-V_n$ 应该是氩原子的第一激发电位 V_0。

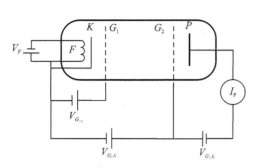

图 2 - 14 - 1　夫兰克-赫兹实验原理图

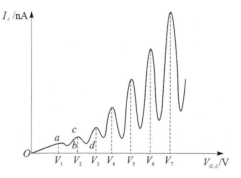

图 2 - 14 - 2　夫兰克-赫兹管 $I_A - V_{G_2K}$

【实验器材】

微机夫兰克-赫兹实验仪、计算机。

本实验采用 ZKY-FH 智能夫兰克-赫兹实验仪,它由夫兰克-赫兹管、工作电源及扫描电源、微电流测量仪三部分组成。夫兰克-赫兹管中充有氩,不需要加热。工作电源及扫描电源提供灯丝电压(0～6.3 V)、第一栅压(0～5 V)、第二栅压(0～100 V)、拒斥电压(0～12 V)。

智能夫兰克-赫兹实验仪前面板如图 2 - 14 - 3 所示,以功能划分为 8 个区。

区 1、区 2 是夫兰克-赫兹管输入、输出电压的连接插孔;区 3 是测试电流指示区,四个电流量程挡位按键用于选择不同的最大电流量程挡;区 4 是测试电压指示区,四个电压源按键用于选择不同的电压源;区 6 是调整按键区,用于改变当前电压源电压设定值;区 5 是测试信号输入输出区;区 7 是工作状态指示区,通信指示灯指示实验仪与计算机的通信状态;启动按键与工作方式按键共同完成多种操作;区 8 是电源开关。

智能夫兰克-赫兹实验仪与计算机连接,其工作方式分联机测试和联机显示两种。在与计算机联机测试的过程中,操作控制是由计算机完成的,实验仪面板上的 7 的自动测试指示灯亮,通信指示灯闪亮;所有按键都被屏蔽禁止;在区 3、区 4 的电流、电压指示表上可观察到即时的测试电压值 F - H 管的板极电流值;在计算机的显示屏上也能看到测试波形。联机显示时,所有操作在智能夫兰克-赫兹实验仪上进行,计算机只显示测试波形。

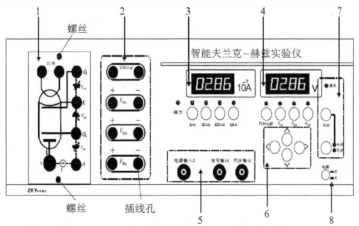

图 2 - 14 - 3　智能夫兰克-赫兹实验仪前面板图

【实验内容】

1. 仔细阅读智能夫兰克-赫兹实验仪用户使用说明书。

2. 开机后,进入工作界面。先设置电流量程、灯丝电压、V_{G_1K},V_{G_2K},G_{2A},V_{G_2K}。注意:一定要按照要求的范围进行数据设置。

3. 把灯丝电压固定在推荐值(见仪器标签),拒斥电压在 5~7 V 范围内取几个不同的值,用联机测试测量 I-V_{GK} 曲线,并找出峰点或谷点的电压值,计算不同拒斥电压下的氩原子的第一激发电位。

4. 在某一拒斥电压值下,观察并记录 I_A-V_{GK} 曲线随灯丝电压的变化(可先后在 3~4.5 V 范围内取三种灯丝电压)。

【思考讨论】

1. 记录的 I_A-V_{GK} 曲线为什么呈现周期性变化?

2. 取不同的灯丝电压时,I_A-V_{GK} 曲线有何变化? 为什么?

实验 2-15　塞曼效应

(李海彦)

荷兰物理学家塞曼在 1896 年发现把产生光谱的光源置于足够强的磁场中,磁场作用于发光体使光谱发生变化,一条谱线即会分裂成几条偏振化的谱线,这种现象称为塞曼效应。这个现象的发现是对光的电磁理论的有力支持,证实了原子具有磁矩和空间取向量子化。塞曼效应是研究原子内部能级结构的重要方法。

【实验目的】

1. 观察波长为 546 nm 的汞谱线的塞曼分裂,并把实验结果与理论结果相比较,计算电子荷质比。

2. 掌握法布里-珀罗标准具的原理和调节方法。

【实验原理】

1. 谱线在磁场中的塞曼分裂

原子中电子的轨道磁矩和自旋磁矩合成原子的总磁矩。总磁矩在磁场中将受到力矩的作用而绕磁场方向旋进。旋进所引起的附加能

$$\Delta E = M g \mu_B B \tag{2-15-1}$$

式中,M 为磁量子数;μ_B 为波尔磁子;B 为磁感应强度;g 为朗德因子。朗德因子表征原子的总磁矩和总角动量的关系,定义为

$$g = 1 + \frac{J(J+1) - L(L+1) + S(S+1)}{2J(J+1)} \tag{2-15-2}$$

式中,L 为总轨道角动量量子数;S 为总自旋角动量量子数;J 为总角动量量子数。对于 LS 耦合,当 J 一定时,磁量子数 M 只能取 $J,J-1,J-2,\cdots,-J$,共 $2J+1$ 个值。所以,无磁场

时的一个能级,在外磁场的作用下将分裂成 $2J+1$ 个等间隔的子能级,能级间距为 $g\mu_B B$。

无外磁场时,能级 E_1 和 E_2 之间的跃迁产生频率为 ν 的光,即 $h\nu=E_2-E_1$。而在磁场中,能级 E_1 和 E_2 都发生分裂,一条光谱线将变为几条光谱线。如果是分裂为三条,称为正常塞曼效应,多于三条的称为反常塞曼效应。新谱线的频率 ν' 与能级的关系为

$$h\nu'=(E_2+\Delta E_2)-(E_1+\Delta E_1)=h\nu+(M_2 g_2-M_1 g_1)\mu_B B \qquad (2-15-3)$$

$$\Delta\nu=\nu'-\nu=\frac{(M_2 g_2-M_1 g_1)\mu_B B}{h} \qquad (2-15-4)$$

将波尔磁子 $\mu_B=\dfrac{he}{4\pi m}$ 代入其中,得

$$\Delta\nu=(M_2 g_2-M_1 g_1)\frac{eB}{4\pi m} \qquad (2-15-5)$$

若用波数表示,则

$$\Delta\bar{\nu}=(M_2 g_2-M_1 g_1)\frac{eB}{4\pi mc} \qquad (2-15-6)$$

引入洛伦兹单位

$$L=\frac{eB}{4\pi mc}=B\times 46.7\ \text{m}^{-1}\cdot\text{T}^{-1}$$

则

$$\Delta\bar{\nu}=(M_2 g_2-M_1 g_1)L \qquad (2-15-7)$$

塞曼跃迁的选择定则为:$\Delta M=0,\pm 1$。当 $\Delta M=0$ 时,谱线为振动方向平行于磁场的线偏振光,只有在垂直于磁场的方向上才能观察到,但当 $\Delta J=0$ 时,$M_2=0$ 到 $M_1=0$ 的跃迁被禁止,这种谱线称为 π 线。当 $\Delta M=\pm 1$ 时,垂直于磁场观察时,谱线为振动垂直于磁场的线偏振光,沿磁场正向观察时,$\Delta M=+1$ 的谱线为右旋圆偏振光,$\Delta M=-1$ 的谱线为左旋圆偏振光,这种谱线称为 σ 线。

以汞的 546.1 nm 绿光谱线为例,说明谱线的分裂情况。该谱线是从 $(6S7S)^3S_1$ 到 $(6S6P)^3P_2$ 能级跃迁产生的。表 2-15-1 列出了各能级的量子数和 g、M、Mg 的值。

表 2 - 15 - 1　各能级的量子数和 g、M、Mg 的值

状　态	L	J	S	g	M	Mg
初态	0	1	1	2	1,0,-1	2,0,-2
末态	1	2	1	3/2	2,1,2,-1,-2	3,3/2,0,-3/2,-3

在外磁场作用下能级的分裂如图 2-15-1 所示。

2. 观测塞曼分裂的方法

塞曼分裂的波长差很小,例如波长 $\lambda=500$ nm 的谱线,在 $B=1$ T 的磁场中,分裂谱线的波长差约 10^{-11} m,如此小的波长差,一般的摄谱仪器是无法分辨的,必须采用分辨率较高的干涉型谱仪,如迈克尔迅干涉仪、法布里-波罗(Fabry - Perot)标准具等。实验中,采用法布里-波罗标准具,其简称 F-P 标准具。F-P 标准具的光路如图 2-15-2 所示。

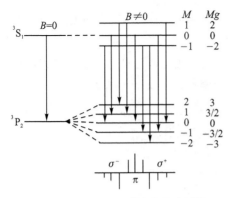

图 2 − 15 − 1　Hg 绿谱线塞曼分裂图

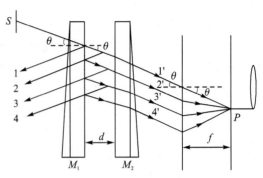

图 2 − 15 − 2　F − P 标准具结构与光路图

　　F − P 标准具由平行放置的两块平面玻璃或石英板组成,在两板相对的平面上镀有较高反射率的薄膜。为消除两平板背面反射光的干涉,每块板都做成楔形。两平行的镀膜平面中间夹有一个间隔圈,用热膨胀系数很小的石英或铟钢精加工而成,用以保证两块平面玻璃之间的间距不变。F − P 标准具带有三个螺丝,可精确调节两玻璃板内表面之间的平行度。自扩展光源 S 上任一点发出的单色光射到标准具板的平行平面上,经过 M_1 和 M_2 表面的多次反射和透射,分别形成一系列相互平行的反射光束 1,2,3,4,… 和透射光速 $1', 2', 3', 4',$ … 在透射的光束中,相邻两光束的光程差为 $\delta = 2nd\cos\theta$,这一系列平行并有确定光程差的光束在无穷远处或透镜的焦平面上成干涉像。当光程差为波长的整数倍时产生干涉极大值。一般情况下 F − P 标准具反射膜间是空气介质,$n \approx 1$,因此干涉极大值为

$$2d\cos\theta = k\lambda \tag{2-15-8}$$

式中,k 为整数,称为干涉级。由于 F − P 标准具的间隔 d 是固定的,在波长 λ 不变的情况下,不同的干涉级对应不同的入射角 θ,因此,使用扩展光源时,F − P 标准具产生等倾干涉,干涉条纹是一组同心圆环。中心圆环级次最大,$k_{\max} = 2d/\lambda$,级次越向外越小。

　　F − P 标准具有两个特征参量:自由光谱范围和分辨本领,分别说明如下:

　　① 自由光谱范围。同一光源发出、具有微小波长差的单色光 λ_1 和 λ_2(设 $\lambda_1 < \lambda_2$),经过 F − P 标准具后形成各自的干涉圆环系列。同一干涉级,波长大的干涉环直径小,如图 2 − 15 − 3 所示。

　　如果 λ_1 和 λ_2 的波长差逐渐加大,使得 λ_1 的第 m 级亮环与 λ_2 的第 $m-1$ 级亮环重合,则

$$2d\cos\theta = m\lambda_1 = (m-1)\lambda_2$$

所以

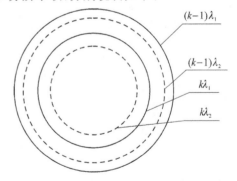

图 2 − 15 − 3　F − P 标准具等倾干涉图

$$\Delta\lambda = \lambda_2 - \lambda_1 = \frac{\lambda_2}{m}$$

　　由于 F − P 标准具中,在大多数情况下,$\cos\theta \approx 1$,所以式中,$m \approx 2d/\lambda_1$,考虑到波长差很小,因此存在

$$\Delta\lambda = \frac{\lambda_1\lambda_2}{2d} \approx \frac{\lambda^2}{2d}$$

$\Delta\lambda$ 定义为 F-P 标准具的自由光谱范围,也称为色散范围,它表明在给定间隔圈厚度 d 的 F-P 标准具中,若入射光的波长在 $\lambda\sim\lambda+\Delta\lambda$ 之间,所产生的干涉圆环不重叠,若被研究的谱线波长差大于自由光谱范围,两套花纹之间就要发生重叠或错级,给分析辨认带来困难。因此,在使用 F-P 标准具时,应根据被研究对象的光谱波长范围来确定间隔圈的厚度。

② 分辨本领。定义 $\lambda/\Delta\lambda$ 为光谱仪的分辨本领,对于 F-P 标准具,分辨本领为 $\lambda/\Delta\lambda=kF$,k 为干涉级数,F 为 F-P 标准具的精细常数(精细度),表示在相邻两个干涉级之间能够分辨的最大条纹数,依赖于平板内表面反射膜的反射率 R,具体表示为 $F=\pi\sqrt{R}/(1-R)$。显然,反射率越高,精细度越高,仪器能够分辨的条纹数就越多。为了获得高分辨率,R 一般在 90% 左右,使用标准具时,光近似于垂直入射,$\sin\theta\approx0$,若 $d=5$ mm,$\lambda=546.1$ nm,可以得到 $\Delta\lambda=0.001$ nm,可见 F-P 标准具是一种分辨本领很高的光谱仪器,正因为如此,它才能被用来研究单个谱线的精细结构。当然,由于 F-P 标准具的板内表面加工精度有一定的误差,加上反射膜层的不均匀,以及有散射耗损等因素,仪器的实际分辨本领要比理论值低。

(1) F-P 标准具的调节

调节标准具后的三个压紧弹簧螺丝,以改变两个内表面的平行度。如果标准具的两个内表面严格平行,上下左右移动眼睛观察,花纹不随眼睛移动而变化。多次反复调节,可以看到清晰的干涉环。

(2) 用 F-P 标准具测量塞曼分裂谱线波长差

应用 F-P 标准具测量各分裂谱线的波长或波长差,是通过测量干涉环的直径来实现的,如图 2-15-2 所示,用透镜把 F-P 标准具的干涉圆环成像在焦平面上,出射角为 θ 的圆环直径 D 与透镜焦距 f 间满足关系:$\tan\theta=\dfrac{D}{2f}$。对于近中心的圆环,θ 很小,$\tan\theta\approx\theta$,所以

$$\cos\theta=1-2\sin^2\frac{\theta}{2}\approx1-\frac{\theta^2}{2}=1-\frac{D^2}{8f^2}$$

将其代入式(2-15-8),得

$$2d\left(1-\frac{D^2}{8f^2}\right)=k\lambda \tag{2-15-9}$$

由式(2-15-9)可推得,同一波长 λ 的相邻 k 和 $k-l$ 级圆环直径的平方差为

$$\Delta D^2=D_{k-1}^2-D_k^2=\frac{4f^2\lambda}{d} \tag{2-15-10}$$

可见,ΔD^2 是与干涉级次无关的常数。

设波长 λ_a 和 λ_b 的第 k 级干涉圆环的直径分别为 D_a 和 D_b,根据式(2-15-9)和式(2-15-10)得波长差为

$$\Delta\lambda_{ab}=\frac{\lambda^2}{2d}\frac{D_b^2-D_a^2}{D_{k-1}^2-D_k^2} \tag{2-15-11}$$

用波数表示为

$$\Delta\bar{\nu}_{ab}=\frac{1}{2d}\frac{D_b^2-D_a^2}{D_{k-1}^2-D_k^2} \tag{2-15-12}$$

由于 F-P 标准具间隔圈厚度 d 比波长 λ 大得多,中心处圆环的干涉级数 k 是很大的,因此用 $(k-2)$ 或 $(k-3)$ 等近中心圆环代替 k 或 $(k-1)$ 引入的误差可忽略不计。

(3) 用 F-P 标准具观测塞曼分裂,计算荷质比 e/m

根据式(2-15-7)可知,对于正常塞曼效应分裂的波数差为 $\Delta\bar{\nu}=L=\dfrac{eB}{4\pi mc}$,将其代入式(2-15-12),得

$$\frac{e}{m}=\frac{2\pi c}{dB}\left(\frac{D_b^2-D_a^2}{D_{k-1}^2-D_k^2}\right) \tag{2-15-13}$$

对于反常塞曼效应,分裂后相邻谱线的波数差是洛伦兹单位 L 的某一倍数,注意到这一点,用同样的方法也可计算电子荷质比。

【实验器材】

塞曼效应实验仪由电磁铁、F-P标准具(2 mm)、干涉滤光片、会聚透镜、偏振片、望远镜或 CCD(连接计算机)、导轨、1/4波片、笔型汞灯、高斯计组成。

汞灯光由会聚透镜成平行光,经滤光片后 546.1 nm 光入射到 F-P 标准具上,由偏振片鉴别 π 成分和 σ 成分,再经成像透镜将干涉图样成像在测量望远镜(或 CCD 光敏面、摄谱仪底版)上。观察塞曼效应纵效应时,可将电磁铁极中的芯子抽出,磁极转90°,光从磁极中心通过。将 1/4 波片置于偏振片前方,转动偏振片可以观测 σ 成分的左旋和右旋圆偏振光。

【实验内容】

通过实验观察 Hg(546.1 nm)绿线在外磁场中的分裂情况并测量电子荷质比。

1. 按图 2-15-4 调节光路系统共轴。

2. 打开汞灯电源,等待一定时间,使汞灯工作稳定。

3. 打开磁铁电源并调节,使产生适当强度的磁场。

4. 在垂直于磁场方向,观察有无磁场时的图谱,比较偏振片在不同角度时的图谱差异,根据原理中的介绍进行分析。

5. 对 π 成分的塞曼分裂条纹,测量相邻三组条纹每个圆环的直径,计算波长差。用特斯拉计测量磁场 $\boldsymbol{B}$。

6. 计算电子荷质比,并与公认值($e/m=1.76\times10^{11}$ C/kg)比较。

7. 在平行于磁场方向观察塞曼分裂。

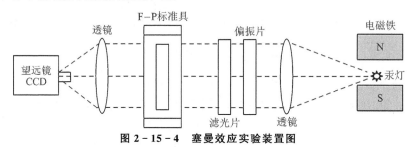

图 2-15-4　塞曼效应实验装置图

【注意事项】

1. 汞灯电源电压为 1 500 V,要注意高压安全。

2. F-P 标准具及其他光学器件的光学表面都不要用手或其他物体接触。

【思考讨论】

1. 反常塞曼效应中光线的偏振性质如何? 并加以解释。

2. 在实验中,如果要求沿磁场方向观察塞曼效应,在实验装置的安排上应做什么变化? 观察到的干涉花纹将是什么样子?

第3部分　综合设计研究创新型实验

实验 3-1　单摆的设计与研究

（杨学锋）

本实验须测定长度和时间。长度和时间都是最基本的物理量。1983 年第 17 届国际计量大会通过的长度单位米的最新定义为:米是光在真空中 1/299 792 458 s 时间间隔内所经路径的长度,1967 年第 13 届国际计量大会通过的秒的定义为:秒是铯-133 原子基态的两个超精细能级跃迁所对辐射的 9 192 631 770 个周期的持续时间。

【实验目的】

1. 进行简单的设计性实验基本方法的训练。
2. 学会应用误差均分原则选用适当仪器和测量的方法,学习累计放大法的原理和应用。
3. 根据精度要求测定重力加速度,研究单摆周期与摆长和摆角的关系。

【实验仪器】

单摆装置、游标卡尺、千分尺、米尺、电子秒表、天平、通用计算机计数器及光电门等。

【设计要求】

1. 利用单摆装置,测定重力加速度 g。
① 误差均分原理,自行设计实验方案,合理选择仪器和方法。
② 精度要求 $\Delta g / g < 1\%$。
③ 长 $l \approx 100.00$ cm,摆球直径 $D \approx 2.00$ cm,摆动周期 $T \approx 2.0$ s,米尺 $\Delta_{\text{米}} = 0.05$ cm, $\Delta_{\text{卡}} = 0.002$ cm,千分尺 $\Delta_{\text{千}} = 0.000\ 5$ cm,人开关停表总的反应时间 $\Delta_{\text{人}} = 0.2$ s。
④ $g_{\text{标}} = 979.952$ cm/s²,计算的百分误差 $\delta = \dfrac{|g_{\text{标}} - g|}{g_{\text{标}}} \times 100\%$。

2. 研究摆长和周期的关系。
3. 研究摆角和周期的关系。
周期 T 与摆角 θ 之间的关系,可取其泰勒展开式的二阶近似表达式为

$$T = 2\pi \sqrt{\frac{l}{g}} \left[1 + \left(\frac{1}{2}\right)^2 \sin^2 \frac{\theta}{2} \right] \qquad (3-1-1)$$

【思考与讨论】

为什么要求悬线质量很轻,小球的质量足够大而体积要足够小?

【参考设计方案】

1. 测定重力加速度 g
单摆的一级近似周期公式为

$$T = 2\pi \sqrt{\frac{l}{g}}$$

$$g = 4\pi^2 \frac{l}{T^2} \qquad\qquad (3-1-2)$$

$$\frac{\Delta g}{g} = \frac{\Delta l}{l} + 2\frac{\Delta T}{T} \leqslant 1\%$$

按误差均分原理,有

$$\frac{\Delta l}{l} \leqslant 0.5\% \quad \text{和} \quad \frac{2\Delta T}{T} \leqslant 0.5\%$$

而　　　　　　　　　　$l \approx 100.00\ \text{cm}, \quad T \approx 2\ \text{s}$

所以　　　　　　　　$\Delta l \leqslant 100 \times 0.5\% = 0.5\ \text{cm}$

$$\Delta T \leqslant \frac{1}{2} \times 2 \times 0.5\% = 0.005\ \text{s}$$

显然,测量 l 用 $\Delta_米 = 0.05\ \text{cm}$ 的米尺即可满足要求,要用停表测 T,$\Delta_人 = 0.2\ \text{s}$,因而应满足 $\frac{0.2\ \text{s}}{n} \leqslant 0.005\ \text{s}$,即 $n \geqslant 40$,故用停表测连续摆动 50 个周期可满足要求。

2. 研究摆长与周期的关系

由于　　　　　　　　$T = 2\pi \sqrt{\frac{l}{g}}$

$$T^2 = 4\pi^2 \frac{l}{g}$$

可见,l 和 T^2 是线性关系。

3. 研究摆角与周期的关系

摆角 θ 与周期 T 之间的关系,取其泰勒展开式的二级近似

$$T = 2\pi \sqrt{\frac{l}{g}} \left[1 + \left(\frac{1}{2}\right)^2 \sin^2 \frac{\theta}{2} \right] \qquad (3-1-3)$$

故,T 和 $\sin^2 \frac{\theta}{2}$ 是线性关系。

因单摆摆动是阻尼振动,连续摆动摆角会变小,故用秒表测周期不适合。因此测周期可选用通用计算机计数器。

【实验内容】

1. 取摆长约为 100 cm,用米尺测其长度(小球直径用千分尺测量),重复 6 次。用秒表测连续摆动 50 个周期所用的时间,重复 6 次。

2. 使摆线长从 80 cm 开始,每次增加约 10 cm,直到约 130 cm,测出相应的摆长和周期。

3. 取摆长约 100 cm,固定。使摆角从 3°开始每次增加 2°,直到 15°,用计算机计数器测单个周期,重复 6 次。

【数据处理】

1. 测定重力加速度

由式(3-1-2)计算 g,并求百分误差

$$\delta = \frac{|g_{标} - g|}{g_{标}} \times 100\%$$

2. 研究 T 和 l 之间的关系

① 作 $T^2 - l$ 图线。

② 由 $T^2 - l$ 图线得出结论：T^2 和 l 之间为线性关系。

③ 根据 $T^2 - l$ 图线的斜率求 g，并求百分误差。

3. 研究 T 和 θ 的关系

① 作 $T - \sin^2 \frac{\theta}{2}$ 图线。

② 由 $T - \sin^2 \frac{\theta}{2}$ 图线得出结论：T 和 $\sin^2 \frac{\theta}{2}$ 之间为线性关系。

【附　录】

1. 游标卡尺

游标是为了提高角度、长度微小量的测量精度而采用的一种读数装置，长度的测量用的游标卡尺就是用游标原理制成的典型量具。游标卡尺的外形结构如图 3-1-1 所示。

当拉动尺框时，两个量爪做相对移动而分离，其距离大小的数值从游标和尺身上读出。下量爪用于测量各种外尺寸；刀口型量爪用于测量深度不深于 12 mm 的孔的直径和各种内尺寸；深度尺固定在尺框背面，能随着尺框在尺身的导槽（在尺身背面）内滑动，用于测量各种深度尺寸，测量时尺身的端面 A 是测定定位基准。

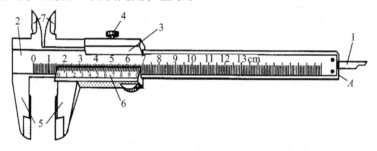

1—深度尺；2—尺身；3—尺框；4—紧固螺钉；5—下量爪；6—游标；7—刀口型量爪

图 3-1-1　游标卡尺

（1）游标读数原理

游标量具是由主尺（固定不动）和沿主尺滑动的游标尺组成的。主尺一格（两条相邻刻线间的距离）的宽度与游标尺一格的宽度之差，称为游标分度值。目前，游标卡尺的主尺刻度为每格 1 mm，游标卡尺分度值有 0.10 mm、0.05 mm、0.02 mm 三种。把游标尺等分为十个分格，叫"十分游标"。图 3-1-2 是它的读数原理示意图。游标上有 10 个分格，其总长正好等于主尺的 9 个分格。主尺上一个分格是 1 mm，因此，游标上 10 个分格的总长等于 9 mm，它的一个分格长度是 0.9 mm，与主尺的一格的宽度之差（游标分度值）为 0.10 mm。

从图 3-1-2(a)中两尺（游标尺和主尺）的"0"线对齐开始向右移动游标尺，当移动 0.1 mm 时，两尺上的第一根线对齐，两根"0"线间相距为 0.1 mm；当移动 0.2 mm 时，两尺上的第二根线对齐，两根"0"线间相距为 0.2 mm，显而易见，当游标尺移动 0.9 mm 时，两尺的第九根线对齐，这时两根"0"线相距为 0.9 mm，该值就是游标尺在该位置时主尺的小数值。

可见，利用游标原理可以准确地判断游标尺的"0"线与主尺上刻线间相互错开的距离。该距离的大小,就是主尺的小数值。当下量爪5之间加一纸片时,游标尺上第二根线与主尺的第二根线对齐,则纸片厚度为 0.2 mm,见图 3-1-2(b)。

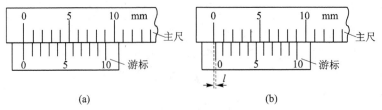

(a)   (b)

图 3-1-2 十分游标的主尺与游标尺

（2）游标卡尺的读数

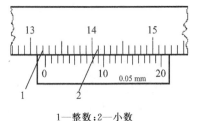

1—整数;2—小数

图 3-1-3 游标卡尺的读数

游标尺的"0"线是读毫米的基准. 主尺上挨近游标"0"线左边最近的那根刻线的数字就是主尺的毫米值(整数值);然后再看游标尺上哪一根线与主尺上的刻线对齐,该线的序号乘游标分度值之积,就是主尺的小数值(也可在游标尺上直接读出)。将整数与小数相加,就是所求的数值,见图 3-1-3,读数时要注意,主尺上刻的数字是厘米数,例如主尺上刻 13 时表示 13 cm,即 130 mm;游标尺上刻的数字是游标分度值,例如刻 0.05 mm、0.02 mm 和 0.10 mm 分别表示游标分度值为 0.05 mm、0.02 mm 和 0.10 mm。

从图中看到,整数是 132 mm,因为主尺的第 132 根刻线挨近游标尺的"0"线的左边;小数是 $0.05 \text{ mm} \times 9 = 0.45 \text{ mm}$,由于游标尺的第 9 根刻线与主尺上第一根刻线对齐,故两次读数之和为 132.45 mm。

（3）游标卡尺的零点修正

测量之前,检查游标尺和主尺在量爪合拢时,零线是否重合,如不重合,应记下零点读数加以修正。例如,读数值为 l_1,零点读数为 l_0,则待测量 $l = l_1 - l_0$(l_0 可正可负)。

2. 千分尺

千分尺是比游标卡尺更精密的测量仪器,常见的一种如图 3-1-4 所示,其准确度至少可达到 0.01 mm,其主要工作部分是测微螺旋。

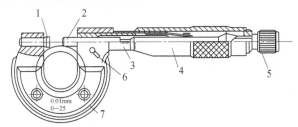

1—测量砧台;2—测微螺杆;3—螺母套筒;4—微分套筒;5—棘轮;6—锁紧手柄;7—弓架

图 3-1-4 千分尺

千分尺由一根精密的测微螺杆和螺母套筒组成,其螺距为 0.5 mm。在固定套筒上刻有毫米分度标尺,基线上下两排刻度相同,并相互均匀错开,相邻一上一下刻度之间的距离为 0.5 mm。测微螺杆的后端有一个 50 分度的微分套筒,当其相对于螺母套筒转过一周时,测微螺杆就会在螺母套筒内沿轴线方向前进或后退 0.5 mm。同理,当微分套筒转过一个分度时,测微螺杆就会前进或后退 0.5 mm / 50 = 0.01 mm。

读千分尺和读游标尺一样,也分为三步:

① 读整数。微分筒的端面是读取数的基准,读数时,看微分筒端面左边固定套筒上露出的刻线的数字,该数字就是主尺的读数,即整数。

② 读小数。固定套筒的基线是读取小数的基准,读数时,看微分筒上是哪一条刻线与固定的基线重合,如果固定在套筒上的 0.5 mm 刻线没有露出,则微分筒上与基线重合的那条刻线就是测量的小数;如果固定套筒上的 0.5 mm 刻线已经露出,则从微分筒上读得的数字再加上 0.5 mm 才是测得的小数。这点要特别注意,不然会少读或多读 0.5 mm,造成读数错误。

当微分筒上没有任何一条刻线与基线恰好重合时,应该估读到小数点后第三位数。

③ 求和。将上述两次读数相加,即为所求的测量结果,如图 3 - 1 - 5 所示。

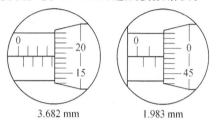

3.682 mm　　　　1.983 mm

图 3 - 1 - 5　千分尺的读数

3. 计算机通用计数器

MUJ - ⅡB 计算机通用计数器是实验室常用的计时仪器。通过功能转换,它可完成测周期、计数、测速度、加速度等多种功能。图 3 - 1 - 6 为 MUJ - ⅡB 计算机通用计数器前后面板示意图。

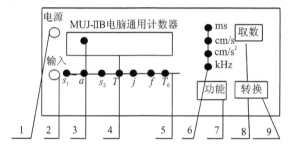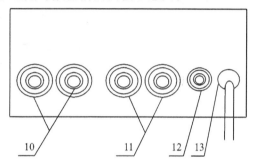

1—电源开关;2—测频输入口;3—选出指示;4—LED 显示屏;5—功能转换指示灯;6—测量单位指示灯;7—功能选择复位键;8—数值提取键;9—数值转换键;10—P_1 光电门插口;11—P_2 光电门插口;12—电源保险;13—电源线

图 3 - 1 - 6　MUJ - ⅡB 计算机通用计数器前后面板示意图

功能转换键:用于七种功能的选择及对显示数据的取消或复位。先清零复位,后转换功能。

数值转换键:用于挡光片宽度设定、简谐运动周期值的设定及测量单位的转换。每次开机时,挡光片宽度会自动设定为 1.0 cm,时间自动设定为 10 个周期。当所用挡光片宽度与设定的挡光片宽度数值不相符时,可重新设定。在已存入实验数据的情况下,按住数值转换键不放,就可重新选择所需要的挡光片面型宽度,否则速度和加速度的数值将是错误的。新设定的数值将保留到关闭电源为止。

数值提取键:做完实验后,数据自动存入。当存储满后,实验数据不再存入,可用此键提出前几次实验值。取完数据后,可用功能复位键改变实验功能及改变挡光片设定宽度的方法实现复位清零。

使用计算机通用计数器进行各种功能测量的方法如下:

① 计时(s_1)。测量 p_1 口或 p_2 口两次挡光时间间隔及滑块通过两光电门的速度。

连接好光电门,功能设定在计时状态;让带有 U 形挡光片的滑块通过光电门,即可显示需要的测量数据。

② 加速度(a)。测量滑块通过每个光电门的速度和通过相邻光电门的时间或这段路程的加速度。

功能设定在加速度状态;在使用两个光电门的情况下,让带 U 形挡光片的滑块通过光电门,计数器将循环显示下列数据:

1	第一个光电门;
×××××	第一个光电门测量值;
2	第二个光电门;
×××××	第二个光电门测量值;
1—2	第一至第二光电门;
×××××	第一至第二光电门测量值。

③碰撞(s_2)。将 p_1 和 p_2 各接一只光电门。

设定碰撞功能;使两只带 U 形挡光片的滑块相撞,计数器将显示下列数据:

P1.1	P1 口光电门第一次通过;
×××××	P1 口光电门第一次测量数据;
P1.2	P1 口光电门第二次通过;
×××××	P1 口光电门第二次测量数据;
P2.1	P2 口光电门第一次通过;
×××××	P2 口光电门第一次测量数据;
P2.2	P2 口光电门第二次通过;
×××××	P2 口光电门第二次测量数据。

注意:未被挡光的那一次将被省略。

④ 周期(T)。测量简谐运动 1～100 周期的时间。

设定周期功能;按住数值转换键,确定所需要周期数;在滑块上安装挡光片,使滑块做简谐运动,当达到设定周期时,将自动显示总时间。

⑤ 计数(J)。测量遮光次数。

⑥ 测频。可测正弦、方波、三角波及调幅波,由测频输入口输入。

⑦ 测周期。与测频相同。

实验 3-2　牛顿第二定律的验证

(杨学锋)

牛顿第二定律的数学表述是:$F=ma$。它是质点动力学的基本方程,给出了力、质量和加速度三个物理量之间的定量关系。验证牛顿第二定律应从两个方面着手:① 系统总质量不变,考察合外力和加速度的关系;② 合外力不变,考察总质量和加速度的关系。

【实验目的】

1. 掌握实验装置的调整和数字计数器的使用方法。

2. 通用实验验证 $F=ma$ 的关系式,加深对牛顿第二定律的理解。

【实验原理】

1. 实验装置

图 3-2-1 所示的实验装置是一种阻力很小的力学装置。它是利用两头挂有砝码组的细线在实验台两端滑轮上做近似无摩擦的直线运动,极大地减少了以往在力学实验中由于摩擦力而出现的较大误差,使试验结果接近理论值。利用此实验装置可以观察和研究在近似无摩擦的情况下物体的各种直线运动规律。

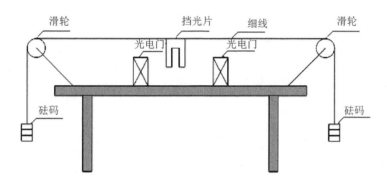

图 3-2-1　实验装置图

2. 光电门、挡光片和计算机通用计数器

光电门(安装在实验台上)和挡光片(安装在细线上)是用来测量细线运动速度的装置。光电门由红外发光二极管和光敏三极管组成,平时红外发光二极管发射的光直接射在光敏三极管的光敏面上,使光敏三极管输出高(或低)电平,当红外发光二极管发射的光被挡光片挡住时光敏三极管则输出低(或高)电平。数字计数器则用来记录光电门被挡光片两前沿挡光的时间间隔。设挡光片两前沿距离为 Δx ,光电门被挡光片两前沿挡光的时间间隔为 Δt ,则滑块通过光电门时的平均速度为 $v=\dfrac{\Delta x}{\Delta t}$ 。

【实验内容】

1. 固定系统总质量不变,系统所受合外力变化,研究加速度与合外力的关系

(1) 操　作

保持系统总质量不变:在细线左右两端各悬挂 75 g 砝码(含砝码盘),从细线左端砝码盘上取下一个质量为 5 g 的砝码加到右端砝码盘上,由此改变了合外力;用手轻压左侧砝码,使挡光片移至左侧滑轮边,放手,挡光片从左向右加速运动。重复以上测量,记录数字计数器测量数据。

(2) 数据记录及处理

m(左砝码质量 m_1 +右砝码质量 m_2)= 150 g,测量数据记录于表 3-2-1 中。

表 3 - 2 - 1　实验数据

$m_1/(\times 10^{-3}\mathrm{kg})$	$m_2/(\times 10^{-3}\mathrm{kg})$	$F/(\times 10^{-3}\mathrm{N})$	$a/(\times 10^{-2}\mathrm{m/s^2})$
75	75	0.00	0.00
70	80		
65	85		
60	90		
55	95		

作加速度与合外力的关系图线,如图 3 - 2 - 2 所示,为一直线,故加速度与合外力为正比关系;直线的斜率为 k_1,其倒数 $1/k_1$ 即为系统质量。

2. 固定合外力不变,系统总质量变化,研究加速度与系统总质量的关系

(1) 操　作

保持固定合外力不变,细线左端挂 $m_1=30$ g,右端挂 $m_2=40$ g,用手轻压左侧砝码,使挡光片移至左侧滑轮边,放手;挡光片从左向右加速运动,用数字计

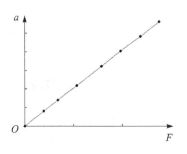

图 3 - 2 - 2　a - F 关系图线

数器记录数据。同在左、右端增加质量为 5 g 的砝码,固定合外力不变,由此改变了系统的总质量,重复以上测量。

(2) 数据记录及处理

右砝码质量－左砝码质量＝ 10 g,m ＝ 左砝码质量＋右砝码质量。测量数据记录于表 3 - 2 - 2 中。

表 3 - 2 - 2　实验测量数据

$m_1/(\times 10^{-3}\mathrm{kg})$	$m_2/(\times 10^{-3}\mathrm{kg})$	$m/(\times 10^{-3}\mathrm{kg})$	$a/(\times 10^{-2}\,\mathrm{m \cdot s^{-2}})$	$1/a/(\times 10^2\,\mathrm{s^2 \cdot m^{-1}})$
30	40	70		
35	45	80		
40	50	90		
45	55	100		
50	60	110		

作加速度的倒数与系统质量的关系图线,如图 3 - 2 - 3 所示,为一直线,故加速度与系统质量为反比关系。可利用最小二乘法进行线性拟合,得直线斜率倒数,即为合外力。

【思考与讨论】

请分析实验误差产生的原因。

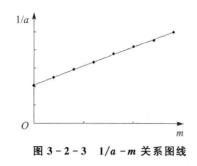

图 3 - 2 - 3　$1/a - m$ 关系图线

实验 3 - 3　磁悬浮导轨研究匀变速直线运动的规律

（杨学锋　赵　杰）

磁悬浮是磁性原理和控制技术综合应用的技术,经过一百多年的努力,这项技术被用在了很多行业,其中最典型的两大应用领域是磁悬浮列车和磁悬浮轴承。磁悬浮列车的原理是将列车的车厢用磁力悬浮起来,列车可以以非常高的速度运行;磁悬浮轴承是通过磁场力将转子和轴承分开,实现无接触的新型支承组件。

【实验目的】

1. 研究物体运动时所受外力与加速度的关系。
2. 考察匀变速直线运动规律,学习作图处理实验数据。
3. 测定重力加速度。
4. 学习磁悬浮导轨的使用。

【实验原理】

1. 匀变速直线运动

图 3 - 3 - 1 所示为摩擦很小的斜面,从高向低沿此斜面滑行的物体 M,忽略空气阻力的情况下,可视为匀变速直线运动。相关公式如下:

$$v = v_0 + at \qquad (3 - 3 - 1)$$

$$s = v_0 t + \frac{1}{2} a t^2 \qquad (3 - 3 - 2)$$

$$v^2 = v_0^2 + 2as \qquad (3 - 3 - 3)$$

如图 3 - 3 - 1 所示,斜面上 P 位置作为起点,在低一点位置 P_0 放置第一光电门,P_1 位置放置第二光电门,物体 M 从 P 点静止开始下滑,测量 P_1 处的 t_1 及 v_1;然后将第二光电门移至 P_2 位置,物体 M 重新从 P 点静止开始下滑,测量 P_2 处的 t_2 及 v_2;然后再将第二光电门移至 P_3 位置,物体 M 重新从 P 点静止开始下滑,测量 P_3 处的 t_3 及 v_3···以 t 为横坐标,v 为纵坐标作 $v - t$ 图,若图形是一条斜直线,说明物体作匀变速直线运动,斜直线的斜率就为加速度 a,截距为 v_0。

同样取 $s_i = P_i - P_{i-1}$,作 $s/t - t$ 图和 $v^2 - s$ 图,若为直线,则也说明物体作匀变速直线运动,两斜直线的斜率分别为加速度 $a/2$ 和 $2a$,截距分别为 v_0 和 v_0^2。

2. 重力加速度 g 的测定

图 3 - 3 - 2 所示为重力加速度 g 的测量实验图,物体 M 沿此斜面向低处滑,其加速度为

$$a = g\sin\theta$$

由于 θ 角小于 5°，所以 $\sin\theta \approx \tan\theta$，得

$$g = a/\sin\theta = \frac{a}{\dfrac{h}{L}} = \frac{a}{h} \cdot L \qquad\qquad (3-3-4)$$

测出 $\sin\theta$ 或者 L、h 的值，再把测得的 a 代入式(3-3-4)，就可测定重力加速度 g。

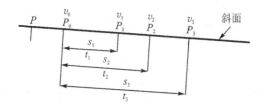 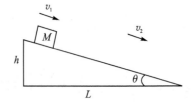

图 3-3-1　摩擦很小的斜面　　　　图 3-3-2　重力加速度 g 的测量实验图

3.系统质量保持不变，改变系统所受外力，考察加速度 a 和外力 F 的关系

据牛顿第二定律 $F = ma$，即 $a = F/m$，又斜面上 $F = g\sin\theta$，故

$$a = k \cdot F$$

如图 3-3-1 所示，设置不同角度 θ_1、θ_2、θ_3、…的斜面，测出物体运动的加速度 a_1、a_2、a_3、…，作 a-F 拟合直线图，求出斜率 $k = 1/m$，即可求得 $m = 1/k$ 。

【实验装置】

图 3-3-3 为磁悬浮导轨示意图，磁悬浮导轨是一个 1.5 m 长有机玻璃凹形槽。槽底中间紧贴一连串强磁性钕铁硼磁钢，形成一条磁钢带；另外在滑块底部也紧贴一连串强磁性钕铁硼磁钢。滑块放入凹形槽，两条相对的磁钢带磁场极性相同，产生斥力(磁悬浮力)，使滑块向上浮起，直至与重力平衡，如图 3-3-4 所示。滑块左右有槽壁限挡，使其始终保持在磁钢带上方。

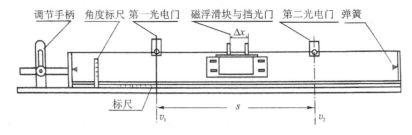

图 3-3-3　磁悬浮导轨示意图

根据实验要求，调节手柄可改变磁悬浮导轨一端高度，使其成为斜面(有角度指示)。

【实验内容】

1. 调整磁悬浮导轨水平度

两种方法：

① 水平仪放入凹形槽内底部，调节导轨一端的支撑脚，使导轨水平。

② 轻推一个滑块在磁悬浮导轨中以一定的初速度从左向右作减速运动，测出加速度；再反向做一次，比较两次加速度值，若相近，说明导轨水平。

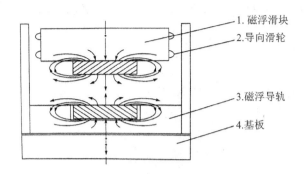

1.磁浮滑块
2.导向滑轮
3.磁浮导轨
4.基板

图 3 - 3 - 4　凹形槽内磁悬浮力示意图

2. 匀变速直线运动

调整导轨为斜面(见图 3 - 3 - 1),倾斜角为 θ (不小于 $20°$ 为宜)。把第一光电门放到导轨的 P_0 处,第二光电门依次放到 P_1, P_2, P_3, …处。每次使滑块由同一位置 P 从静止开始下滑,依次测得挡光片 Δx 通过 P_0, P_1, …, P_i 处光电门的时间为 Δt_0, Δt_1, …, Δt_i 及由 P_0 到 P_i 的时间 t_i。数据记录于表 3 - 3 - 1 中。

表 3 - 3 - 1　实验测量数据

$P_0 = $　　　　　　　　$\Delta x = $　　　　　　　$\theta = $

i	P_i	$s_i = P_i - P_0$	Δt_0	v_0	Δt_i	v_i	t_i
1							
2							
3							
4							
5							

根据 $v_2 = v_0^2 + 2as$,以 s_i 为横坐标,v_i^2 为纵横坐标作图,若图形是一条直线,说明物体作匀变速直线运动,求出斜率 $k = 2a$,得到加速度 a。而 $g = a/\sin\theta$,与公认值 g 比较得百分误差。

3. 改变倾斜角求重力加速度 g

两光电门之间距离固定为 s。改变斜面倾斜角 θ,滑块每次从同一位置下滑,依次经过二光电门,记录其加速度 a。数据记录于表 3 - 3 - 2 中。

表 3 - 3 - 2　实验测量数据

i	θ_i	a_i	$\sin \theta_i$	g_i	平均值$\bar{g}$
1					
2					
3					
4					
5					

① 根据 $g = a/\sin\theta$,分别算出每个倾斜角度下的重力加速度 g;

② 计算测得的重力加速度的平均值 $\bar{g}$,与本地区公认值 g 标相比较,求出

$$E_g = (|\bar{g} - g_标|/g_标) \times 100\%$$

4.考察加速度 a 和外力 F 的关系

称量滑块质量标准值 $m_标$,利用上一内容的实验数据,计算不同倾斜角时,系统所受外力 $F = m_标\, g \sin\theta$,作 a–F 拟合直线图,求出斜率 k,$k = 1/m$,即可求得 $m = 1/k$。比较 m 和 $m_标$,并求出百分误差。实验数据记录于表 3-3-3 中。

表 3-3-3　实验测量数据

$\Delta x = $　　　　　　$s = s_2 - s_1 = $　　　　　　$m_标 = $

i	θ_i	$\sin\theta_i$	$F = m_标\, g \sin\theta$	a_i
1				
2				
3				
4				
5				

【思考与讨论】

如何对测量的加速度值进行修正?

实验 3-4　磁单摆混沌现象的观察与研究

（杨学锋　王红梅）

混沌是始于 20 世纪 60 年代,近几十年来急剧兴起的一门科学,对混沌的研究成为当代物理学的热门与前沿课题。混沌是研究非线性动力学系统复杂化行为的一门学科,其基本理论是经物理学领域内出现的前沿课题。通过学习这些知识,结合实验演示,可以掌握复杂现象的物理本质。混沌理论是抽象的,混沌现象却是普遍的,在许多非线性系统中,存在着混沌现象,例如非线性振荡电路、受周期力(驱动力和阻尼力)作用的摆、湍流、激光运行系统、超导约夫森系统。

【实验目的】

1. 了解混沌知识。

2. 观察混沌现象。

【实验仪器】

磁单摆混沌实验仪。

【实验原理】

图 3-4-1 所示为磁单摆混沌实验仪。图 3-4-2 为圆形磁铁分布示意图,图中三个圆形磁铁分布在一个平面内,位于正三角形的三个顶点上,磁铁中心至三角形中心的距离为 50 mm,磁铁直径 35 mm,厚 4 mm,表面磁感应强度相近,为 0.25 T 左右。磁铁的 S 极均向上。上述正三角形的中心上方悬挂一钢质小球,小球在三个磁铁磁场的作用下运动,其运动轨迹出现混沌现象,即钢球的摆动处于貌似无序和有序、有规律和无规律的游荡,略有不同的初

始位置、微小扰动的冲量都会使钢球的运动轨迹难以预测,在时间先后、空间位置上呈现大相径庭运动轨迹,如图 3 - 4 - 3所示。

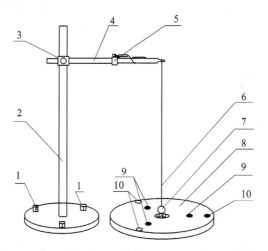

1—立柱水平调节旋钮;2—铜质立柱;3—横梁高度、长度调节固定旋钮;4—悬线横梁;5—悬线长度调节固定夹;
6—钢球悬球;7—钢球;8—有机玻璃圆盘;9—磁钢直径 35 mm;10—有机玻璃圆盘水平调节旋钮

图 3 - 4 - 1　磁单摆混沌实验仪

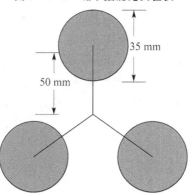

图 3 - 4 - 2　圆形磁铁分布示意图

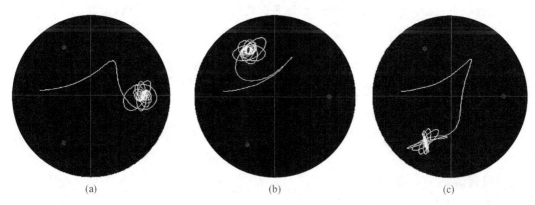

图 3 - 4 - 3　钢球的运动轨迹

拉开钢球到某个特定位置,钢球开始向左摆还是向右摆的机会是相同的,在由上述磁铁做成的三角形平面内,存在着磁铁对小球水平作用力为零的位置,这些磁场作用力相等的位置可以连成几条不稳定线,其图形称为"美茜蒂丝—本茨星"。小球在通过由磁铁做成的三角形平面时,受到的磁场作用力有关:由磁铁做成的不均匀磁场、钢球位置影响磁场强度分布。这些影响是相互的、历史的,所以深入研究其运动规律是很有意义的。

【实验内容】

实验仪器如图 3-4-1 所示放置。

1. 用水准仪调仪器底盘水平,即调整安装横梁立柱垂直。

2. 用水准仪调整有机玻璃盘的水平。

3. 固定横梁在立柱上,使横梁上的穿线孔距立柱为 25 cm。

4. 调横梁悬线夹,使悬线长度为 45 cm。

5. 调节系绳钢球的位置,使其位于由磁钢为顶点的正三角形的中心上方。距有机玻璃平面 1.5 cm 左右为宜。

6. 拉小球偏离平衡位置,可超出正三角形区域后,释放小球使其摆动。

7. 小球在三个磁场铁磁场作用下运动时,其轨迹显现混沌现象。

8. 绘制小球开始摆动的位置和摆动的轨迹。

【归纳与总结】

用自己的语言归纳实验规律和混沌特征(以下内容仅供参考)。

什么是混沌?撇开数学上严格的定义不谈,我们可以说混沌是在决定性(deterministic)动力学系统中出现的一种貌似随机的运动。动力学系统通常由微分方程、差分方程或简单的迭代方程所描述,"决定性"指方程中的系数都是确定的,没有概率性的因素。从数学上说,对于确定的初值,决定性的方程应给出确定的解,描述着系统确定性的行为。但在某些非线性系统中,这种过程会因初始值极微小的扰动而产生很大的变化,即系统对初值依赖的敏感性。由于这种初值敏感性,从物理上看,过程好像是随机的。这种"随机假性"与方程中有反映外界干扰的随机项或随机系数而引起的随机性不同,是决定性系统内部所固有的,可称之内禀随机性(intrinsic stochas-ticitv)。

【思考与讨论】

用两台以上仪器,调相同实验参数,比较观察钢球运动轨迹的不同点、相似点。

实验 3-5　落球法测定液体的黏滞系数

(杨学锋　赵　杰)

液体黏滞系数又称液体黏度,是液体的重要性质之一,在工程、生产技术及医学方面有着重要的应用。

【实验目的】

1. 落球法测量液体的黏滞系数。

2. 研究不同温度下液体黏滞系数的变化规律。

3. 学习激光光电传感器测量时间和物体运动速度的实验方法。

4. 观测落球法测量液体黏滞系数的实验条件是否满足,必要时进行修正。

【实验原理】

1. 液体的黏滞系数

当金属小球在黏性液体中下落时,它受到三个铅直方向的力:小球的重力 mg(m 为小球质量)、液体作用于小球的浮力 $\rho g V$(V 是小球体积,ρ 是液体密度)和黏滞阻力 F(其方向与小球运动方向相反)。如果液体无限深广,在小球下落速度 v 较小的情况下,有

$$F = 6\pi\eta rv \tag{3-5-1}$$

式(3-5-1)称为斯托克斯公式。式中,r 是小球的半径;η 称为液体的黏度,其单位是 Pa·s。

小球开始下落时,由于速度尚小,所以阻力也不大;但随着下落速度的增大,阻力也随之增大。最后,三个力达到平衡,即

$$mg = \rho g V + 6\pi\eta rv \tag{3-5-2}$$

于是,小球做匀速直线运动,由式(3-5-2)可得

$$\eta = \frac{(m - \rho V)g}{6\pi vr} \tag{3-5-3}$$

令小球的直径为 d,并将 $m = \dfrac{\pi}{6}d^3\rho'$,$v = \dfrac{l}{t}$,$r = \dfrac{d}{2}$ 代入式(3-5-3),得

$$\eta = \frac{(\rho' - \rho)gd^2 t}{18l} \tag{3-5-4}$$

式中,ρ' 为小球材料的密度,l 为小球匀速下落的距离,t 为小球下落 l 距离所用的时间。

2. 实验条件

实验时,待测液体必须盛于容器中(见图3-5-1),故不能满足无限深广的条件。实验证明,若小球沿筒的中心轴线下降,式(3-5-4)须做如下改动方能符合实际情况:

$$\eta = \frac{(\rho' - \rho)gd^2 t}{18\,l} \times \frac{1}{\left(1 + 2.4\dfrac{d}{D}\right)\left(1 + 1.6\dfrac{d}{H}\right)}$$

$$\tag{3-5-5}$$

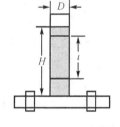

图 3-5-1　实验装置

式中,D 为容器内径;H 为液柱高度。

3. 液体黏滞系数与温度的关系

黏滞系数由液体的性质和温度决定,随着液体温度的升高,其黏滞系数会迅速减小。蓖麻油的黏滞系数 η 随温度 θ 的变化近似满足指数衰减关系,即

$$\eta = A\mathrm{e}^{-B\theta} \tag{3-5-6}$$

式中,系数 A、B 均为正数;θ 为热力学温度。

【实验器材】

变温黏滞系数测试实验仪主机、实验架、水箱、玻璃容器、激光器、水泵、加热器、温度计、温度传感器、重锤、引导管、小钢球等。变温黏滞系数测试实验装置如图3-5-2所示。

【实验内容】

1. 调整黏滞系数测定仪及实验准备

① 仪器按结构图组装完成后,往玻璃容器内筒中加入适量的待测液体(高度 430~440 mm 为

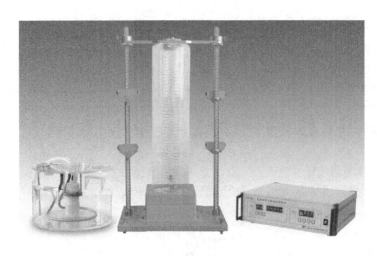

图 3 - 5 - 2 　变温黏滞系数测试实验装置

宜),如蓖麻油,往水箱中加入适量的水(比提手高 1 cm 左右)。连接好主机和水泵的电源线、计时数据传输线、温度数据传输线(把温度传感器放入水中)、进水管和出水管。开启主机电源,接通水泵开关给玻璃容器灌水。此时最好将出水管拔出水面,尽量避免水箱中水泡的产生,以便水泵的正常工作和观测计时的正常进行。当水灌满后,把出水管浸没水中并调整好温度传感器的位置,让它们不要碰到加热器。

②打开主机电源后,可看见实验架上的上、下两个激光发射器发出红光。在仪器横梁中间部位放重锤部件,微调底板上的水平调节螺丝使仪器较为水平即可。调节上、下两个发射器,使其红色激光束对准锤线(也是小球下落路径)。两发射器摆放位置稍微靠下,以保证计时阶段小球已是匀速下落;两光束间距尽量大些,以减小计时和下落距离测量的相对误差。

③收回重锤部件,调节上、下两个接收器,使红色激光束对准接收孔。当主机面板上触发指示灯亮时,就表示两个接收器同时接收到了光束。尽量使光束从接收孔中心垂直射入,以便减少气泡对计时的干扰。若有气泡经过激光束时,会附加些折射,这就可能导致非目的性计时。

2. 记录小球每次下落 L 距离的时间

用温度计测量室温下待测液的温度,然后在仪器横梁中间部位放入铜质球导管,让小球从铜质球导管中下落,记录每次小球下落 L 距离的时间,取各次计时的平均值作为下落时间。

3. 记录不同温度下小球下落时间

在主机上设置好要达到的温度值(建议不高于 50 ℃,因为温度太高,小球匀速下落条件难以满足,且影响仪器使用寿命),按确定按钮后仪器开始给循环水加热。每隔 3min 用搅拌棒伸入待测液中搅拌一次(先把铜质球导管和横梁小心取下),这样可以加快待测液的升温速率、缩短热量扩散达到均匀的时间。等主机温度表稳定显示预期温度以及待测液温度稳定不变时,记下此时待测液的温度(待测液温度一般小于设定的水温值)。然后把横梁小心装上,放入重锤检查激光是否打在锤线上,若拆装横梁后不能正常计时,可重复步骤 1 中①中若干步骤调好激光器位置。最后重复步骤 1 中②得到不同温度下小球的下落时间。

4. 记录及计算相关数据

记录实验时待测液的深度 H,用电子分析天平测量 30 颗小钢球的质量 m,用千分尺测出小球直径 d,计算小钢球的密度 ρ'。用液体密度计测量待测液的密度 ρ。用游标卡尺测量筒

的内径 D。

5. 验证小球在计时阶段已是匀速下落(选做)

当待测液稳定在某温度下时,先按上面步骤测得小球下落 L 距离所用的时间 t_1,然后把上面一组激光发射、接收器下移,使得两激光束之间的距离变为 $L/2$,继续重复上面步骤测得小球下落的半程时间 t_2。比较 $t_1/2$ 和 t_2,若两者近似相等,则说明小球在计时阶段已是匀速下落。

【数据处理】

待测液体是甘油,测量数据记录于表 3-5-1 中。计时距离 $L=$(发射器间距+接收器间距)$/2=91.0$ mm。经多次测量得到小球直径 $d=1.990$ mm,小球密度 $\rho'=7.86\times10^3$ kg/m^3。

甘油的密度 $\rho=1.260\times10^3$ kg/m^3、油高 $H=430$ mm,量筒内径 $D=60$ mm。

表 3-5-1　不同温度下甘油黏度测量数据

温度/℃	计时 距离/mm	第一次 计时/s	第二次 计时/s	第三次 计时/s	第四次 计时/s	第五次 计时/s	平均 时间/s	黏滞 系数 η/(Pa·s)

1P(Poise)$=1$(dyn·s)/cm$^2=0.1$ Pa·s

根据以上数据作黏滞系数与温度的关系图线。将实验数据再做处理,作 $\ln\eta$-θ 关系图,从图中即可看出黏滞系数 η 与温度 θ 成负指数关系。

【注意事项】

1. 主机接通电源后不要打开水箱盖(被封闭的加热器内通有 220 V 电压)。实验室插座接地端应确保接地,以保证与之相连的加热器外壳和水箱中的水不带电。

2. 激光束不能直射人的眼睛,以免损伤眼睛。

3. 实验时应避免水泵空转,以延长水泵使用寿命。实验过程中若加水应先关闭水泵电源,以防注水时产生大量水泡使得水泵空转。

4. 水箱中水位不能过低,整个实验过程都应确保水能浸没加热器发热部分(底部大圈)和水泵转叶。

5. 温度传感器和出水管不要碰到加热器,以免烫坏变形。

6. 引导管的内壁和投放的小球应保持清洁,以保证小球顺利滑出引导管。

7. 应保证实验用水的清洁,仪器用过一段时间后要清洗,以确保计时的顺利进行和水泵的正常工作。

【思考讨论】

如何判断小球在做匀速运动?

实验 3 - 6   三线摆法测量物体的转动惯量

(赵　杰　杨学锋)

转动惯量是描述刚体转动中惯性大小的物理量,它与刚体的质量分布及转轴位置有关。正确测定物体的转动惯量,在工程技术中具有十分重要的意义。如正确测定炮弹的转动惯量,对炮弹命中率有着不可忽视的作用。机械装置中飞轮的转动惯量大小,直接对机械的工作有较大影响。

【实验目的】

1. 学习用激光光电传感器精确测量三线摆扭转运动的周期。

2. 学习用三线摆法测量物体的转动惯量,测量相同质量的圆盘和圆环绕同一转轴扭转的转动惯量,说明转动惯量与质量分布的关系。

3. 验证转动惯量的平行轴定理。

【实验原理】

转动惯量是物体转动惯性的量度。物体对某轴的转动惯量的大小,除了与物体的质量有关外,还与转轴的位置和质量的分布有关。有规则物体的转动惯量可以通过计算求得,但对几何形状复杂的刚体,计算则相当复杂。而用实验方法测定,就简便得多。三线摆就是通过扭转运动测量刚体转动惯量的常用装置之一。

三线摆是将一个匀质圆盘,以等长的三条细线对称地悬挂在一个水平的小圆盘下面构成的。每个圆盘的三个悬点均构成一个等边三角形。如图 3 - 6 - 1 所示,当底圆盘 B 调成水平,三线等长时,B 盘可以绕垂直于它并通过两盘中心的轴线 O_1O_2 作扭转摆动,扭转的周期与下圆盘(包括其上物体)的转动惯量有关,三线摆法正是通过测量它的扭转周期去求已知质量物体的转动惯量。

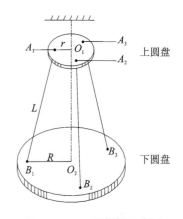

当摆角很小,三悬线很长且等长,悬线张力相等,上下圆盘平行,且只绕 O_1O_2 轴扭转的条件下,下圆盘 B 对 O_1O_2 轴的转动惯量 J_0 为

$$J_0 = \frac{m_0 gRr}{4\pi^2 H} T_0^2 \qquad (3 - 6 - 1)$$

图 3 - 6 - 1   三线摆示意图

式中,m_0 为下圆盘 B 的质量;r 和 R 分别为上圆盘 A 和下圆盘 B 上线的悬点到各自圆心 O_1 和 O_2 的距离(注意 r 和 R 不是圆盘的半径);H 为两盘之间的垂直距离;T_0 为下圆盘扭转的周期。

若测量质量为 m 的待测物体对于 O_1O_2 轴的转动惯量 J,只须将待测物体置于圆盘上,设此时扭转周期为 T,对于 O_1O_2 轴的转动惯量为

$$J_1 = J + J_0 = \frac{(m + m_0)gRr}{4\pi^2 H} T^2 \qquad (3 - 6 - 2)$$

于是得到待测物体对于 O_1O_2 轴的转动惯量为

$$J = \frac{(m+m_0)gRr}{4\pi^2 H}T^2 - J_0 \qquad (3-6-3)$$

式(3-6-3)表明,各物体对同一转轴的转动惯量具有相叠加的关系,这是三线摆方法的优点。为了将测量值和理论值比较,安置待测物体时,要使其质心恰好和下圆盘 B 的轴心重合。

本实验还可验证平行轴定理。如把一个已知质量的小圆柱体放在下圆盘中心,质心在 O_1O_2 轴,测得其直径 $D_{\text{小柱}}$,由 $J_2 = \frac{1}{8}mD^2_{\text{小柱}}$ 算得其转动惯量 J_2;然后把其质心移动距离 d,为了不使下圆盘倾翻,用两个完全相同的圆柱体对称地放在圆盘上,如图 3-6-2 所示。设两圆柱体质心离开 O_1O_2 轴距离均为 d(即两圆柱体的质心间距为 $2d$)时,它们对于 O_1O_2 轴的转动惯量为 J_2',设一个圆柱体质量为 M_2,则由平行轴定理可得

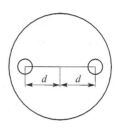

图 3 - 6 - 2　平衡圆盘

$$M_2 d^2 = \frac{J_2'}{2} - J_2 \qquad (3-6-4)$$

由此算出的 d 值和用长度器实测的值比较,在实验误差允许范围内两者相符的话,就验证了转动惯量的平行轴定理。

【实验仪器】

转动惯量测定仪平台、米尺、游标卡尺、计数计时仪、水平仪,样品为圆盘、圆环及圆柱体 3 种。图 3-6-3 所示为转动惯量测定仪结构图。

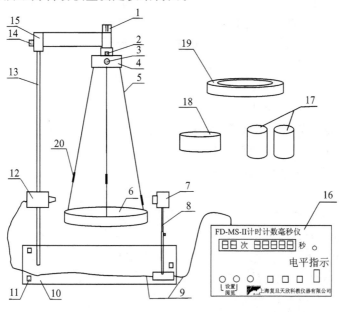

1—启动盘锁紧螺母;2—摆线调节锁紧螺栓;3—摆线调节旋钮;4—启动盘;
5—摆线(其中一根线挡光计时);6—悬盘;7—光电接收器;8—接收器支架;
9—连接线;10—导轨;11—调节脚;12—半导体激光器;13—支杆;14—悬臂锁紧螺栓;
15—悬臂;16—计数计时仪;17—小圆柱样品;18—圆盘样品;19—圆环样品;20—挡光标记

图 3 - 6 - 3　转动惯量测定仪结构图

【实验内容】

1. 调节三线摆

① 调节上盘(启动盘)水平。将圆形水平仪放到旋臂上,调节底板调节脚,使其水平。

② 调节下悬盘水平。将圆形水平仪放至悬盘中心,调节摆线锁紧螺栓和摆线调节旋钮,使悬盘水平。

2. 调节激光器和计时仪

① 将光电接收器放到一个适当位置,后调节激光器位置,使其和光电接收器在一个水平线上。此时可打开电源,将激光束调整到最佳位置,即激光打到光电接收器的小孔上,计数计时仪右上角的低电平指示灯状态为暗。注意此时切勿直视激光光源。

② 调整启动盘,使一根摆线靠近激光束。此时也可轻轻旋转启动盘,使其在 5°内转动起来。

③ 设置计时仪的预置次数,20 或者 40,即半周期数。

3. 测量下悬盘的转动惯量 J_0

① 按图 3-6-4 所示,$r = \dfrac{\sqrt{3}}{3}a$,算出上下圆盘悬点到盘心的距离 r 和 R,用游标卡尺测量悬盘的直径 D_1。

② 用米尺测量上下圆盘之间的距离 H。

③ 称量悬盘的质量 M_0。

④ 测量下悬盘摆动周期 T_0,为了尽可能消除下圆盘扭转振动之外的运动,三线摆仪上圆盘 A 可方便地绕 O_1O_2 轴作水平转动。测量时,先使下圆盘静止,然后转动上圆盘,通过三条等长悬线的张力使下圆盘随着做单纯的扭转振动。轻轻旋转启动盘,使下悬盘做扭转摆动(摆角<5°),记录 10 个或 20 个周期的时间。

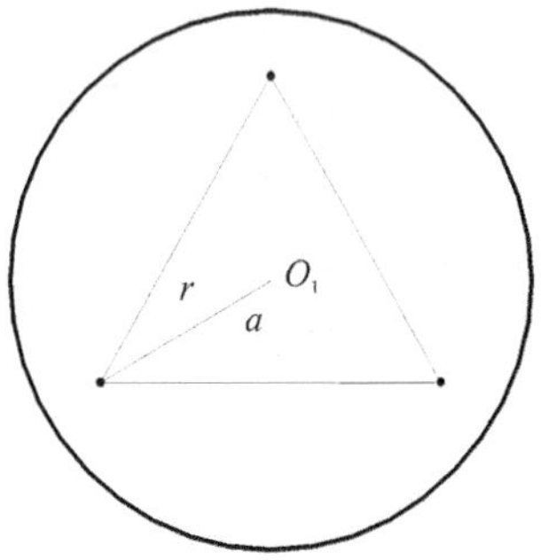

图 3-6-4

⑤ 算出下悬盘的转动惯量 J_0。

4. 测量悬盘加圆环的转动惯量 J_1

① 在下悬盘上放上圆环并使它的中心对准悬盘中心。

② 测量悬盘加圆环的扭转摆动周期 T_1。

③ 测量并记录圆环质量 M_1,圆环的内、外直径 $D_内$ 和 $D_外$。

④ 算出悬盘加圆环的转动惯量 J_1,圆环的转动惯量 J_{M1}。

5. 测量悬盘加圆盘的转动惯量 J_3

① 在下悬盘上放上圆盘并使它的中心对准悬盘中心。

② 测量悬盘加圆盘的扭转摆动周期 T_3。

③ 测量并记录圆盘质量 M_3、直径 $D_{圆盘}$。

④ 算出悬盘加圆环的转动惯量 J_3,圆盘的转动惯量 J_{M3}。

6. 圆环和圆盘的质量接近,比较它们的转动惯量,得出质量分布与转动惯量的关系。将测得的悬盘、圆环、圆盘的转动惯量值分别与各自的理论值比较,算出百分误差。

7. 验证平行轴定理

① 将两个相同的圆柱体按照下悬盘上的刻线,对称地放在悬盘上,相距一定的距离 $2d =$

$D_槽 - D_{小柱}$。

② 测量扭转摆动周期 T_2。

③ 测量圆柱体的直径 $D_{小柱}$，悬盘上刻线直径 $D_槽$ 及圆柱体的总质量 $2M_2$。

④ 算出两圆柱体质心离开 O_1O_2 轴距离均为 d（即两圆柱体的质心间距为 $2d$）时，它们对于 O_1O_2 轴的转动惯量 J'_2。

⑤ 由 $J = \dfrac{1}{8}mD^2$ 算出单个小圆柱体处于轴线上并绕其转动的转动惯量 J_2。

⑥ 由式(3-6-4)算出的 d 值和用长度器实测的 d' 值比较，计算百分误差。

【数据处理】

将实验各步骤测量数据按要求记录于表 3-6-1、表 3-6-2、表 3-6-3 中。

表 3-6-1　各周期的测定

测量项目		悬盘质量 $M_0 =$	圆环质量 $M_1 =$	两圆柱体总质量 $2M_2 =$	圆盘质量 $M_3 =$
摆动周期数 n		10	10	10	10
10 周期 时间 t/s	1				
	2				
	3				
	4				
平均值 $\bar{t}/\mathrm{s}$					
平均周期 $T_i = \bar{t}/n$		$T_0 =$	$T_1 =$	$T_2 =$	$T_3 =$

表 3-6-2　上、下圆盘几何参数及其间距

测量项目		D_1/cm	H/cm	a/cm	b/cm	$R = \dfrac{\sqrt{3}}{3}\bar{a}/\mathrm{cm}$	$r = \dfrac{\sqrt{3}}{3}\bar{b}/\mathrm{cm}$
次 数	1						
	2						
	3						
平均值							

表 3-6-3　圆环、圆柱体几何参数

测量项目		$D_内/\mathrm{cm}$	$D_外/\mathrm{cm}$	$D_{圆盘}/\mathrm{cm}$	$D_{小柱}/\mathrm{cm}$	$D_槽/\mathrm{cm}$	$2d = D_槽 - D_{小柱}/\mathrm{cm}$
次 数	1						
	2						
	3						
平 均 值							

【思考讨论】

三线摆在摆动中受到空气的阻尼,振幅会越来越小,它的周期是否会变化? 为什么?

实验 3-7　空气密度和气体普适恒量的测定

(赵东来　赵　杰)

空气密度是非常重要的物理量,许多精密测量都要考虑空气阻力、浮力的影响,这就涉及空气密度的测量。另外,在质量、压力、流量等的测量以及在空气成分分析、监测大气污染时常常要测量空气密度。

【实验目的】

1. 抽真空法测量空气的密度,并换算成干燥空气在标准状态下(0 ℃、1 标准大气压)的数值,与标准状态下的理论值比较。

2. 从理想气体状态方程出发,推导出变压强下气体普适常数的表达式,利用逐次降压的方法测出气体压强 p_i 与总质量 m_i 的关系并作图,由直线拟合求得气体普适常数 R,与理论值比较。

【实验原理】

1. 真　空

气压低于一个大气压(约 10^5 Pa)的空间,统称为真空。其中,按气压的高低,通常又可分为粗真空($10^3 \sim 10^5$ Pa)、低真空($10^3 \sim 10^{-1}$ Pa)、高真空($10^{-1} \sim 10^{-6}$ Pa)、超高真空($10^{-6} \sim 10^{-12}$ Pa)和极高真空(低于 10^{-12} Pa)5 种。其中在物理实验和研究工作中经常用到的是低真空、高真空和超高真空 3 种。

用以获得真空的装置总称真空系统;获得低真空的常用设备是机械泵;用以测量低真空的常用器件是真空表、热偶规等。

2. 真空表

大气压:地球表面上的空气柱因重力而产生的压力。它和所处的海拔高度、纬度及气象状况有关。

差压(压差):两个压力之间的相对差值。

绝对压力:介质(液体、气体或蒸汽)所处空间的所有压力。

负压(真空表压力):如果绝对压力和大气压的差值是一个负值,那么这个负值就是负压力,即负压力=绝对压力-大气压<0 。

3. 空气密度

空气的密度 ρ 由式(3-7-1)求出

$$\rho = \frac{m}{V} \qquad\qquad (3-7-1)$$

式中,m 为空气的质量;V 为相应的体积。

取一只比重瓶,设瓶中有空气时的质量为 m_1,而比重瓶内抽成真空时的质量为 m_0,那么瓶中空气的质量 $m = m_1 - m_0$。如果比重瓶的容积为 V,则 $\rho = \dfrac{m_1 - m_0}{V}$。由于空气的密度与大气压强、温度和绝对湿度等因素有关,故由此而测得的是在当时实验室条件下的空气密度

值。如要把所测得的空气密度换算为干燥空气在标准状态下(0 ℃、1 标准大气压)的数值,则可采用式(3-7-2)计算:

$$\rho_n = \rho \frac{p_n}{p}(1+\alpha t)\left(1+\frac{3}{8}\frac{p_\omega}{p}\right) \tag{3-7-2}$$

式中,ρ_n 为干燥空气在标准状态下的密度;ρ 为在当时实验条件下测得的空气密度;p_n 为标准大气压强;p 为实验条件下的大气压强;α 为空气的压强系数(0.003 674 ℃$^{-1}$);t 为空气的温度(℃);p_ω 为空气中所含水蒸气的分压强(即绝对湿度值),p_ω = 相对湿度 × $p_{\omega 0}$,其中 $p_{\omega 0}$ 为该温度下饱和水汽压强。

在通常的实验室条件下,空气比较干燥,标准大气压与大气压强比值接近于1,式(3-7-2)近似为

$$\rho_n = \rho(1+\alpha t) \tag{3-7-3}$$

4.气体普适常数的测量

理想气体状态方程为

$$pV = \frac{m}{M}RT \tag{3-7-4}$$

本实验将空气作为实验气体。空气的平均摩尔质量 M 为 28.8 g/mol。空气中氮气约占80%,氮气的摩尔质量为 28.0 g/mol;氧气约占 20%,氧气的摩尔质量为 32.0 g/mol。

取一只比重瓶,设瓶中装有空气时的总质量为 m_1,而瓶的质量为 m_0,则瓶中的空气质量为 $m = m_1 - m_0$,此时瓶中空气的压强为 p,热力学温度为 T,体积为 V。理想气体状态方程可改写为

$$p = \frac{mT}{MV}R \tag{3-7-5}$$

即 $p = \dfrac{m_1 T}{MV}R + C$。其中,$C = -\dfrac{m_0 T}{MV}$ 为常数。设实验室环境压强为 p_0,真空表读数为 p',则 $p' = p - p_0 < 0$,式(3-7-5)改写为

$$p' = \frac{m_1 T}{MV}R + C' - p_0 = \frac{m_1 T}{MV}R + C(C \text{ 为常数}) \tag{3-7-6}$$

式中,$C = C' - p_0$,测出在不同的真空表负压读数 p' 下 m_1 的值,然后作出 $p' - m_1$ 关系图,求出直线的斜率 $k = \dfrac{RT}{MV}$,便可得到气体普适常数的值。

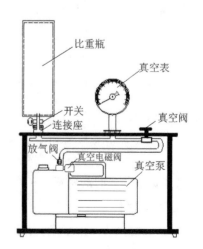

图 3-7-1　实验装置

【实验仪器】

真空泵、真空表、真空电磁阀、比重瓶、电子物理天平(0~1 kg,最小分度 0.01 g)及水银温度计(0~50 ℃,最小分度 0.1 ℃)实验装置如图 3-7-1 所示。

【实验内容】

1.测量空气的密度

(1)测量比重瓶的容积

从连接座上取下比重瓶(一手拿住比重瓶,一手压下连接座的连接圈,将比重瓶从连接座中拔下来),

用游标卡尺量出比重瓶的外径 D,量出长度 L(比重瓶内部尺寸不可直接测量,提供:上底板厚度 $\delta_1=5.52$ mm ,下底板厚度 $\delta_2=5.63$ mm ,侧壁厚度 $\delta_0=4.78$ mm),算出比重瓶的容积 V。

(2) 测量比重瓶质量 m_0,含空气总质量 m_1

将比重瓶开关打开,放到电子物理天平上称出含空气的比重瓶总质量 m_1,然后将其竖直插入连接座(连接座与真空表和真空阀相接)。关闭放气阀(旋紧),接上真空泵电源,打开真空泵开关(打开开关前应检查真空泵油位是否在油标中间位置),开始抽真空,待真空表读数非常接近 -0.1 MPa 时(注意:只需要等几分钟即可,连续抽真空最长不能超过 30min),先关上比重瓶开关,最后才关闭真空泵。将比重瓶从连接座中拔下来,注意这个动作应该缓慢进行。将比重瓶放到电子物理天平上称出比重瓶内抽成真空时的质量 m_0。由 $\rho=\dfrac{m_1-m_0}{V}$ 算出实验室条件下的空气密度。

(3) 计算标准状态下空气的密度

由水银温度计读出实验室温度 t(℃),由 $\rho_n=\rho(1+\alpha t)$ 算出标准状态下空气的密度,与理论值比较。

2. 测定普适气体常数 R

① 用水银温度计测量环境温度 t_1(℃)。此实验过程较长,环境温度可能发生变化,应该测出实验始末温度,并取平均值。

② 在实验内容 1 的基础上,将比重瓶重新插入连接座,打开比重瓶开关,逐渐缓慢旋松放气阀(微漏气),整个系统的压强会缓慢降下来,等真空表读数由 -0.1 MPa 变到 -0.09 MPa 时,迅速关闭比重瓶开关,关闭放气阀(旋紧),动作缓慢地将比重瓶拔下来。

③ 称出比重瓶在 -0.09 MPa 时的质量 m_1。

④ 又将比重瓶重新插入连接座,打开比重瓶开关,逐渐缓慢旋松放气阀(微漏气),待真空表读数变到 -0.08 MPa 时,迅速关闭比重瓶开关,关闭放气阀(旋紧)。动作缓慢地将比重瓶拔下来,称出比重瓶在 -0.08 MPa 的质量。

⑤ 重复步骤④,测出真空表读数分别为 -0.07 MPa、-0.06 MPa、-0.05 MPa、-0.04 MPa、-0.03 MPa、-0.02 MPa、-0.01 MPa、0 MPa 时比重瓶的质量。

⑥ 再次测量环境的温度 t_2(℃)。

⑦ 作出 $p'-m_1$ 图,拟合出直线的斜率 $k=\dfrac{RT}{MV}$,算出气体普适常数的值。

【数据处理】

1. 设计表格并记录所须测量的物理量及其测量值。

2. 已知普适气体常量 R(公认值)$= 8.31$ J/mol · K,1 标准大气压 $=1.013\times10^5$ Pa,干燥空气在标准状态时的密度 p_n(公认值)$= 1.293$ kg/m。

【注意事项】

1. 一定要先关比重瓶开关,最后才停真空泵,防止真空泵中的油倒吸入比重瓶中。

2. 比重瓶从连接座中拔下来,这个动作应该缓慢进行,防止外界空气突然进入真空表将真空表的指针打坏。

3. 手不能长时间接触比重瓶,防止传热引起瓶内气体温度改变。

4.真空阀检修用,实验时真空阀应旋松打开。

【思考讨论】

1. 环境温度变化过大对实验结果有什么影响?

2. 分析绝对湿度 p_w 与实验条件下的大气压强 p 的比值变化情况。

实验 3-8 固体线胀系数的测定

(赵东来 赵 杰)

绝大多数物质都具有"热胀冷缩"的特性,这是由物体内部分子热运动加剧或减弱造成的。该性质在工程设计和机械制造过程中,都应考虑到,否则,将影响结构的稳定性和仪表的精度,甚至会造成工程的损毁。

【实验目的】

1. 学习并掌握测量金属线膨胀系数的一种方法。

2. 会用千分表测量长度的微小增量。

【实验仪器】

金属线膨胀系数测量仪(实验仪及测试架)、测试用铁棒、铜棒、铝棒、千分表。

【实验原理】

材料的线膨胀是材料受热膨胀时,在一维方向的伸长。线胀系数是选用材料的一项重要指标。特别是研制新材料,须测定材料线胀系数。

固体受热后其长度的增加称为线膨胀。经验表明,在一定的温度范围内,原长为 L 的物体,受热后其伸长量 ΔL 与其温度的增加量 Δt 近似成正比,与原长 L 亦成正比,即

$$\Delta L = \alpha \cdot L \cdot \Delta t \tag{3-8-1}$$

式中,比例系数 α 称为固体的线膨胀系数(简称线胀系数)。大量实验表明,不同材料的线胀系数不同,塑料的线胀系数最大,金属次之,殷钢、熔融石英的线胀系数很小。殷钢和石英的这一特性在精密测量仪器中有较多的应用。几种材料的线胀系数列于表 3-8-1 中。

表 3-8-1 几种材料的线胀系数

材料	铜、铁、铝	普通玻璃、陶瓷	殷钢	熔凝石英
数量级/℃$^{-1}$	$\times 10^{-5}$	$\times 10^{-6}$	$< 2 \times 10^{-6}$	$\times 10^{-7}$

实验还发现,同一材料在不同温度区域,其线胀系数不一定相同。某些合金在金相组织发生变化的温度附近,同时会出现线胀量的突变。另外还发现线胀系数与材料纯度有关,某些材料掺杂后,线膨胀系数变化很大。因此测定线胀系数也是了解材料特性的一种手段。但是,在温度变化不大的范围内,线胀系数仍可认为是一常量。

为测量线胀系数,将材料做成条状或杆状。由式(3-8-1)可知,测量初始杆长 L、受热后温度从 t_1 升高到 t_2 时的伸长量 ΔL 和受热前后的温度升高量 $\Delta t(\Delta t = t_2 - t_1)$,则该材料在 (t_1, t_2) 温度区域的线胀系数为

$$\alpha = \frac{\Delta L}{L \cdot \Delta t} \tag{3-8-2}$$

式(3-8-2)的物理意义是固体材料在(t_1, t_2)温度区域内,温度每升高 1 ℃时材料的相对伸长量,其单位为℃$^{-1}$。

测量线胀系数的主要问题是如何测伸长量 ΔL。对于微小的伸长量,用普通量具(如钢尺或游标卡尺)是测不准的,可采用千分表(分度值为 0.001 mm)、读数显微镜、光杠杆放大法、光学干涉法等方法。本实验就用千分表分度值为 0.001 mm 千分表测微小的线胀量。

【实验内容】

1. 在室温下用米尺测量样品铁、铜、铝杆等金属杆的长度 2~3 次,记录到表 3-8-2 中,求出 L 原有长度的平均值。

2. 打开电源开关,设置好温度控制器加热温度,金属杆加热温度设定值可根据金属杆所需要的实际温度值设置。

3. 连接温度传感器探头连线,连接加热部件接线柱,合上隔热罩上盖。

4. 旋松千分表固定架螺栓,拉出千分表,将待测金属杆样品($\phi 8 \times 400$ mm)插入测试架右侧的加热导热铜管口子内,再插入短隔热棒(不锈钢),用力推紧后,安装千分表,旋紧千分表固定架螺栓,注意被测物体与千分表测量头保持在同一直线。

5. 为了保证接触良好,一般可使千分表初读数为 0.1~0.2 mm 左右,只要把该数值作为初读数对待即可,不必调零。如认为有必要,可以通过转动表面,把千分尺主指针读数基本调零,而副指针无调零装置。

6. 正常测量时,按下加热按钮(高速或低速均可,但低速挡功率小),加热时实测温度会比设定温度低 0.1~2.2 ℃,该温度差与周围环境散热条件有关,实测温度显示窗显示实验样品的实际温度,实验中须保持该温度 10 min 以上,以使实验样品内外温度均匀。加热实验样品时,实测温度以一定的速率上升,出现 1~2 次温度波动后,实测温度会趋于稳定,并保持实测温度±0.1 ℃/10 min。

7. 量并记录数据。当被测介质温度为 35 ℃时,读出千分表数值 L_{35},记入表 3-8-3 中。接着在温度为 40 ℃,45 ℃,50 ℃,55 ℃,60 ℃,65 ℃,70 ℃时,记录对应的千分表读数 L_{40},$L_{45}, L_{50}, L_{55}, L_{60}, L_{65}, L_{70}$。

8. 用逐差法求出温度每升高 5 ℃金属杆的平均伸长量,由式(3-8-2)即可求出金属杆在(35 ℃,70 ℃)温度区间的线膨胀系数。

9. 风扇是快速冷却加热管用的。

【数据处理】

表 3-8-2　实验数据

测量次数	1	2	3	平均值
铁杆有效长度/mm				
铜杆有效长度/mm				
铝杆有效长度/mm				

表 3 - 8 - 3　实验数据

样品温度/℃	35	40	45	50	55	60	65	70
测铁杆千分表读数 $L_i/(10^{-6}\text{ m})$								
测铜杆千分表读数 $L_i/(10^{-6}\text{m})$								
测铝杆千分表读数 $L_i/(10^{-6}\text{m})$								

用逐差法处理数据(也可以用最小二乘法处理),并计算 $\alpha_{铁}$、$\alpha_{铜}$、$\alpha_{铝}$。

【注意事项】

1. 安装千分表时应注意哪些事项?
2. 读取测试样品温度时的注意事项。

【思考讨论】

1. 该实验的误差来源主要有哪些?
2. 如何利用逐差法来处理数据?

实验 3 - 9　温度传感器的温度特性研究与应用

(赵　杰　赵东来)

【实验目的】

1. 测量铂电阻 Pt100、铜电阻 Cu50、PN 结、LM35、AD590、正温度系数热敏电阻(PTC)、负温度系数热敏电阻(NTC)、热电偶 8 种典型温度传感器的温度特性。
2. 了解温度传感器的原理与应用,学会用温度传感器组装数字式温度测量仪表。
3. 熟悉几种常用的温度传感器组装温度测量仪表(显示)与温度控制装置(可控加热)。

【实验原理】

温度传感器是利用一些金属、半导体材料与温度有关的特性制成的。常用温度传感器的类型特点如表 3 - 9 - 1 所列。本实验通过测量几种常用的温度传感器的特征物理量随温度的变化,了解这些温度传感器的工作原理。

1. Pt100 铂电阻温度传感器

Pt100 铂电阻是一种利用铂金属导体电阻随温度变化的特性制成的温度传感器。铂的物理性质、化学性质都非常稳定,抗氧化能力强,复制性好,容易批量生产,而且电阻率较高,因此铂电阻大多用于工业检测中的精密测温和作为温度标准。显著的缺点是高质量的铂电阻价格十分昂贵,并且温度系数偏小,由于其对磁场的敏感性,所以会受电磁场的干扰。按 IEC 标准,铂电阻的测温范围为 $-200\sim650$ ℃。每百度电阻比 $W(100)=1.385\,0$,当 $R_0=100\ \Omega$ 时,

称为 Pt100 铂电阻，$R_0 = 10\ \Omega$ 时，称为 Pt10 铂电阻。其允许的不确定度 A 级为：$\pm(0.15\ ℃ + 0.002\,|t|)$，B 级为：$\pm(0.3\ ℃ + 0.05\,|t|)$。铂电阻的阻值与温度之间的关系如下：

表 3 - 9 - 1　常用的温度传感器的类型和特点

类型	传感器	测温范围/℃	特　　点
热电阻	铂电阻	$-200 \sim 650$	准确度高、测量范围大
	铜电阻	$-50 \sim 150$	
	镍电阻	$-60 \sim 180$	
	半导体热敏电阻	$-50 \sim 150$	电阻率大、温度系数大、线性差、一致性差
热电偶	铂铑-铂(S)	$0 \sim 1\,300$	用于高温测量、低温测量两大类，须有恒温参考点(如冰点)
	铂铑-铂铑(B)	$0 \sim 1\,600$	
	镍铬-镍硅(K)	$0 \sim 1\,000$	
	镍铬-康铜(E)	$-20 \sim 750$	
	铁-康铜　(J)	$-40 \sim 600$	
其他	PN 结温度传感器	$-50 \sim 150$	体积小、灵敏度高、线性好、一致性差
	IC 温度传感器	$-50 \sim 150$	线性好、一致性好

当温度 t 在 $-200 \sim 0\ ℃$ 范围内时，其关系式为

$$R_t = R_0[1 + At + Bt^2 + C(t - 100\ ℃)t^3] \tag{3-9-1}$$

当温度 t 在 $0 \sim 650\ ℃$ 范围内时，其关系式为

$$R_t = R_0(1 + At + Bt^2) \tag{3-9-2}$$

式(3-9-1)和式(3-9-2)中，R_t，R_0 分别为铂电阻在温度 $t\ ℃$，$0\ ℃$ 时的电阻值；A，B，C 为温度系数。对于常用的工业铂电阻有

$$A = 3.908\,02 \times 10^{-3}\ ℃^{-1}$$
$$B = -5.801\,95 \times 10^{-7}\ ℃^{-1}$$
$$C = -4.273\,50 \times 10^{-12}\ ℃-1$$

在 $0 \sim 100\ ℃$ 范围内，R_t 的表达式可近似线性为

$$R_t = R_0(1 + A_1 t) \tag{3-9-3}$$

式中，A_1 温度系数近似为 $3.85 \times 10^{-3}\ ℃^{-1}$；Pt100 铂电阻的阻值，其 $0\ ℃$ 时，$R_t = 100\ \Omega$；而 $100\ ℃$ 时 $R_t = 138.5\ \Omega$。

2. 热敏电阻(NTC,PTC)温度传感器

热敏电阻是利用半导体电阻阻值随温度变化的特性来测量温度的，按电阻值随温度升高而减小或增大，分为 NTC 型(负温度系数)、PTC 型(正温度系数)和 CTC(临界温度)。热敏电阻电阻率大，温度系数大，但其非线性大，置换性差，稳定性差，通常只适用于一般要求不高的温度测量。以上 3 种热敏电阻特性曲线如图 3-9-1 所示。

在一定的温度范围内(小于 $450\ ℃$)热敏电阻的电阻 R_t 与温度 T 之间有如下关系：

$$R_t = R_0 e^{B\left(\frac{1}{T} - \frac{1}{T_0}\right)} \tag{3-9-4}$$

式中，R_t，R_0 是温度为 T(K)，T_0(K)时的电阻值(K 为热力学温度单位)；B 是热敏电阻材料

常数,一般情况下 B 为 $2\,000\sim 6\,000$ K。

对一定的热敏电阻而言,B 为常数,对上式两边取对数,则有

$$\ln R_T = B\left(\frac{1}{T} - \frac{1}{T_0}\right) + \ln R_0$$

$$(3-9-5)$$

由式(3-9-5)可见,$\ln R_T$ 与 $1/T$ 成线性关系,作 $\ln R_T \sim (1/T)$ 曲线,用直线拟合,由斜率可求出常数 B。

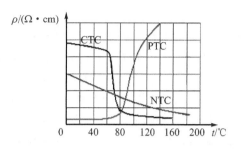

图 3-9-1　3 种热敏电阻的温度特性曲线

3. 电压型集成温度传感器(LM35)

LM35 温度传感器,标准 T_0-92 工业封装,其准确度一般为 ± 0.5 ℃。由于其输出为电压,且线性极好,故只要配上电压源,数字式电压表就可以构成一个精密数字测温系统。内部的激光校准保证了极高的准确度及一致性,且无须校准。输出电压的温度系数 $K_V = 10.0$ mV/ ℃,利用下式可计算出被测温度 t(℃):

$$U_0 = K_V t = 10\,(\text{mV/℃}) \cdot t$$

即

$$t(\text{℃}) = U_0 / 10\,\text{mV} \tag{3-9-6}$$

LM35 温度传感器的电路符号如图 3-9-2 所示,V_0 为输出端,实验测量时只要直接测量其输出端电压 V_0,即可知待测量的温度。

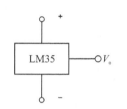

图 3-9-2　LM35 电路符号

4. 电流型集成电路温度传感器(AD590)

AD590 是一种电流型集成电路温度传感器,其输出电流大小与温度成线性关系,它的线性度极好。AD590 温度传感器的温度适用范围为 $-55\sim 150$ ℃,灵敏度为 1 μA/K,具有高准确度、动态电阻大、响应速度快、线性好、使用方便等特点。AD590 是一个二端器件,电路符号如图 3-9-3 所示。

AD590 等效于一个高阻抗的恒流源,其输出阻抗 >10 MΩ,能大大减小因电源电压变动而产生的测温误差。

AD590 的工作电压为 $4\sim 30$ V,测温范围是 $-55\sim 150$ ℃,对应于热力学温度 T,每变化 1 K,输出电流变化 1 μA。其输出电流 I_0(μA)与热力学温度 T(K)严格成正比,电流灵敏度表达式为

$$\frac{I}{T} = \frac{3k}{eR}\ln 8 \tag{3-9-7}$$

图 3-9-3　AD590 电路符号

式中,k,e 分别为波尔兹曼常数和电子电量;R 为内部集成化电阻。将 $k/e = 0.086\,2$ mV/K,$R = 538$ Ω 代入式(3-9-7)得

$$\frac{I}{T} = 1.000\ \mu\text{A/K} \tag{3-9-8}$$

在 $T = 0$ ℃时,其输出为 273.15 μA(AD590 有几种级别,一般准确度差异在 $\pm(3\sim 5)$ μA),因此,AD590 的输出电流 I_0 的微安数值就代表着被测温度的热力学温度值(K)。AD590 的电流-温度(I-T)特性曲线如图 3-9-4 所示,其输出电流表达式为

$$I = AT + B \tag{3-9-9}$$

式中,A 为灵敏度;B 为 0 K 时输出电流。如需要显示摄氏温标(℃),则要加温标转换电路,其关系式为

$$t = T + 273.15 \tag{3-9-10}$$

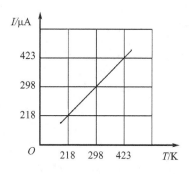

AD590 温度传感器的准确度在整个测温范围内 $\leqslant \pm 0.5$ ℃,线性极好。利用 AD590 的上述特性,在最简单的应用中,用一个电源、一个电阻、一个数字式电压表即可进行温度的测量。由于 AD590 以热力学温度 K 定标,在摄氏温标应用中,应该进行摄氏温度的转换。

图 3-9-4　AD590 电流温度特性曲线

5. 热电偶温度传感器

热电偶亦称温差电偶,是由 A、B 两种不同材料的金属丝的端点彼此紧密接触而组成的。当两个接点处于不同温度时(见图 3-9-5),在回路中就有直流电动势产生,该电动势称温差电动势或热电动势。当组成热电偶的材料一定时,温差电动势 E_X 仅与两接点处的温度有关,并且两接点的温差在一定的温度范围内有如下近似关系式:

$$E_X \approx \alpha(t - t_0) \tag{3-9-11}$$

式中,α 为温差电系数,对于不同金属组成的热电偶,α 是不同的,其数值上等于两接点温度差为 1 ℃时所产生的电动势。

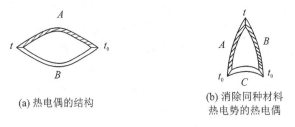

(a) 热电偶的结构　　　　(b) 消除同种材料
　　　　　　　　　　　　　　热电势的热电偶

图 3-9-5　由两种不同金属材料构成的
热电偶温度传感器的示意图

【实验仪器】

物理设计性(热学)实验装置 1 套、直流电源。

【实验内容】

1. 测量各种温度传感器的温度特性

(1) 用直流电桥法测量 Pt100(Cu50)金属的电阻的温度特性

按图 3-9-6 所示接线。先把传感器插入冰水混合的保温瓶(杯)中,温度为 0 ℃,使数字电压表读数为 0 mV;再把温度传感器插入加热井中,然后开启加热器,"加热电流"旋钮顺时转,加热电流增加,加热速率增加(注意:加热速率不宜太快)。控温系统每隔 10 ℃设置一次(室温以上设为整十数,如 20、30…),待控温稳定 2 min 后,调节电阻箱 R_3 使输出电压为零,电桥平衡,则按式(3-9-1)测量计算待测 Pt100 铂电阻的阻值,R_3 为五盘十进精密电阻箱(用户自备),数据记入表 3-9-2 中。

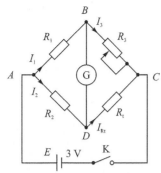

B
I_3
R_1
R_3
I_1
G
A
C
I_2
R_2
R_t
D
I_{Rt}
E
3 V
K
①R_1=R_2为固定电阻
②R_3为电阻箱(用户自备)
③R_t为温度传感器元件
④G为数字电压表(用户自备)
⑤E为直流工作电源(用户自备)

图 3-9-6 用单臂电桥测量 PT100(Cu50)金属电阻的温度特性的实验线路图

表 3-9-2 Pt100 温度特性测试数据表

序号 项目	1	2	3	4	5	6	7	8	9	10	11
t/℃											100
R_X/Ω											
R_t/Ω											

将测量数据 R_X(Ω)用最小二乘法直线拟合,求出结果:

温度系数 A=__________,相关系数 r=__________。

(2) 用恒电流法测量 NTC 热敏电阻的温度特性

如图 3-9-7 所示,接通电路后,先监测 R_1 上电流是否为 1 mA,即测量 U_{R_1} (U_1 = 1.00 V, R_1 = 1.000 kΩ)。把 PTC 热敏电阻放入加热井,操作方法同上。控温稳定 2 min 后按式(3-9-4)测试热敏电阻的阻值。数据记入表 3-9-3 中。

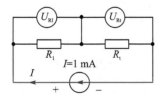

U_{R1}
U_{Rt}
R_1
R_t
I=1 mA
I
+
−
R_t为热敏电阻，放在加热井中
U_{R1}、U_{Rt}为数字电压表
(电压轮流测量)
PTC为双红线
NTC为双黑线

图 3-9-7 恒电流法测量热敏电阻 PTC、NTC 的电路图

表 3-9-3 热敏电阻温度特性表

项 目	序 号										
	1	2	3	4	5	6	7	8	9	10	11
t/℃											100
R_t/Ω											

$\ln R_T$ 与 $1/T$ 成线性关系,作 $\ln R_T \sim 1/T$ 曲线,用直线拟合,由斜率可求出材料常数 B。$B =$ _____ ,相关系数 $r =$ _____ 。

(3) 电压型集成温度传感器(LM35)温度特性的测试

按图 3-9-8 所示接线,操作方法同上,待温度恒定 2 min 测试传感器(LM35)的输出电压,数据记入表 3-9-4。

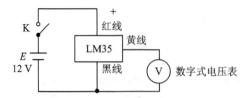

图 3-9-8　测量电压型温度传感器 LM35 温度特性实验线路图

表 3-9-4　LM35 温度特性测试数据表格

项　目	序　号										
	1	2	3	4	5	6	7	8	9	10	11
$t/℃$											100
U_0/V											

将表格中数据用最小二乘法进行拟合得 $A =$ _____ , $r =$ _____ 。

(4) 电流型集成温度传感器(AD590)温度特性的测试

按图 3-9-9 所示接线,把温度传感器放入加热井中,每隔 10 ℃ 控温系统设置一次,每次待温度稳定 2 min 后,测试 1 kΩ 电阻上电压。操作方法同上。测试数据记入表 3-9-5 中。

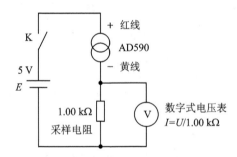

图 3-9-9　AD590 集成电路温度传感器温度特性测量实验线路图

表 3-9-5　AD590 温度特性测试数据表

项　目	序　号										
	1	2	3	4	5	6	7	8	9	10	11
$t/℃$											100
U/V											
$I/\mu A$											

I 为从 1.000 kΩ 电阻上测得电压换算所得($I=U/R$,用最小二乘法进行直线拟合得

$A=$ _____ μA/K ,$r=$ _____ 。

2. 温度传感器的应用——用 AD590 温度传感器测量温度和控制温度

这里以 AD590 集成电路电流型温度传感器举例说明温度显示与温度控制过程。

(1) 温度显示分析

如图 2 - 9 - 10 所示,因为 $V①=1.25$ V,要使输出电压为 0 mV,则 $V②=2.731$ 6 V,要求

运放 A1 的放大倍数为:$A_{V1}=\dfrac{2.731\ 6}{1.25}=2.185$(倍),由于 $A_{V1}=1+\dfrac{R3+RX1}{R4}=1+$

$\dfrac{1+RX1}{1}\Rightarrow RX1=0.185$(kΩ),当温度升到 100 ℃时,输出电压 $V③-V②=3.731\ 6-2.731\ 6=$

1.000 V=1000 mV,当传感器的测试点温度从 0~100 ℃,"温度指示"对应输出电压为 0~1
000 mV,由于温度传感器工作在线性区域,所以"温度指示"的显示灵敏度为 10 mV/℃。这
样,用 AD590 集成电路电流型温度传感器设计组装的温度测试仪表就完成了。

(2) 温度控制分析

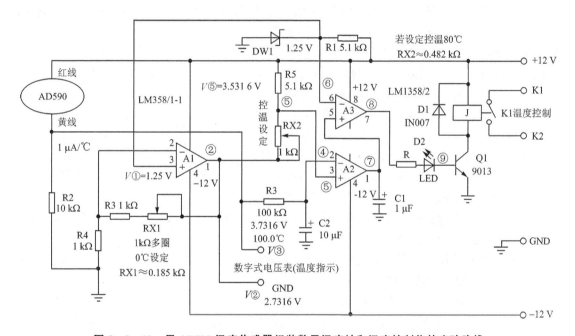

图 3 - 9 - 10　用 AD590 温度传感器组装数显温度计和温度控制仪的实验路线

若设置控制温度为 80 ℃,根据计算,对应 $V③=3.531$ 6 V,调节 $V⑤=V③=3.531$ 6 V,

则有 $\dfrac{RX2}{R5+RX2}=\dfrac{0.8}{12-2.731\ 6}\Rightarrow RX2=0.482$ kΩ,这就是温度控制的装置值。当温度低于
设置温度 80 ℃时,$V④≈V③<V⑤\rightarrow$运放 A2 导通$\rightarrow$A3 导通$\rightarrow$Q1 导通,这时候,发光管
LED 点亮,继电器 J 吸合,使常开触点闭合,控制加热器开始工作。当加热温度到达或略超
过设置温度 80 ℃时,$V④≥V⑤\rightarrow$运放 A2 截止$\rightarrow$A3 截止$\rightarrow$Q1 截止,发光管 LED 熄灭,控
制加热器停止工作。至此,用 AD590 集成电路电流型温度传感器设计组装的温度控制仪表
完成。

实验 3 - 10　磁阻效应实验

（崔廷军　赵　杰）

【实验目的】

1. 了解磁阻现象与霍尔效应的关系与区别。

2. 掌握磁阻效应实验仪的工作原理与使用方法。

3. 了解电磁铁励磁电流和磁感应强度的关系及气隙中磁场分布特性。

4. 测定磁感应强度和磁阻元件电阻大小的对应关系,研究磁感应强度与磁阻变化的函数关系。

【实验原理】

在一定条件下,导电材料的电阻值 R 随磁感应强度 B 的变化规律称为磁阻效应。在该情况下半导体内的载流子将受洛仑兹力的作用发生偏转,在两端产生积聚电荷并产生霍尔电场。如果霍尔电场作用和某一速度的载流子的洛仑兹力作用刚好抵消,那么小于或大于该速度的载流子将发生偏转,因而沿外加电场方向运动的载流子数目将减少,电阻增大,表现出横向磁阻效应。如果将图 3 - 10 - 1 中 a,b 端短接,霍尔电场将不存在,所有电子将向 a 端偏转,表现出磁阻效应。通常以电阻率的相对改变量来表示磁阻的大小,即 $\Delta\rho/\rho(0)$,其中 $\rho(0)$ 为零磁场时的电阻率,$\Delta\rho=\rho(B)-\rho(0)$,而 $\Delta R/R(0) \propto \Delta\rho/\rho(0)$,其中 $\Delta R=R(B)-R(0)$。

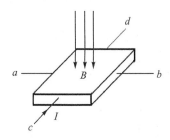

图 3 - 10 - 1　磁阻效应原理图

通过理论计算和实验都证明了磁场较弱时,一般磁阻器件的 $\Delta R/R(0)$ 正比于 B 的两次方,而在强磁场中 $\Delta R/R(0)$ 则为 B 的一次函数。

当半导体材料处于弱交流磁场中,因为 $\Delta R/R(0)=kB^2$,即 $\Delta R/R(0)$ 正比于 B 的二次方,所以 R 也随时间周期变化。

假设电流恒定为 I_0,令 $B=B_0\cos\omega t$,于是有

$$R(B)=R(0)+\Delta R=R(0)+R(0)\frac{\Delta R}{R(0)}=R(0)+R(0)kB_0^2\cos^2\omega t \quad (3-10-1)$$

$$=R(0)+\frac{1}{2}R(0)kB_0^2+\frac{1}{2}R(0)kB_0^2\cos 2\omega t$$

其中,k 为常量。

$$V(B)=I_0R(B)=I_0\left[R(0)+\frac{1}{2}R(0)kB_0^2\right]+\frac{1}{2}I_0R(0)kB_0^2\cos 2\omega t \quad (3-10-2)$$

$$=V(0)+\tilde{V}\cos 2\omega t$$

由式(3 - 10 - 1)可知磁阻上的分压为 B 振荡频率两倍的交流电压和一直流电压的叠加。

【实验仪器】

磁阻效应实验仪。

【实验内容】

1. 测定励磁电流和磁感应强度的关系

① 测量励磁电流 I_M 与 U_H 的关系（电磁铁的磁化曲线）。按图 3 - 10 - 2 所示接线图,把各相连接线接好（七根导线）,闭合电源开关。$I_M = 500$ mA,$K_H = 177$ mV/(mAT)。

② 安装在一维移动尺上的印刷电路板（焊接传感器用）,左侧的传感器为砷化镓（GaAs）霍尔传感器,右侧为锑化铟（InSb）磁阻传感器。往左方向调节一维移动尺,使霍尔传感器在电磁铁气隙最外边,离气隙中心 20 mm 左右。

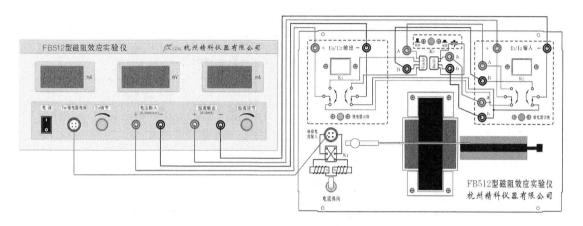

图 3 - 10 - 2　磁阻效应实验接线图

③ 调节霍尔工作电流 $I_H = 5.00$ mA,预热 5 min 后,测量霍尔传感器的不等位电压 $U_0 \approx 1.8$ mV。然后再往右调节一维移动尺,使霍尔传感器位置处于电磁铁气隙中心位置（即一维移动尺下面的"0"位指示线对准一维移动尺上面的"0"位再往左 2 mm 位置）,实验仪面板上继电器控制按钮开关 K_1 和 K_2 均按下。分别调节励磁电流为 0,100,200,300,400,…,1 000（单位:mA）。记录对应数据并绘制电磁铁磁化曲线。

2. 测量磁感应强度和磁阻变化的关系

① 调节磁阻传感器位置,使传感器位于电磁铁气隙中心位置,把励磁电流先调节为 0,释放 K_1、K_2,按下 K_3、K_4 打向上方。在无磁场的情况下,调节磁阻工作电流 I_2,使仪器数字式毫伏表显示电压 $U_2 = 800.0$ mV,记录此时的 I_2 数值,此时按下 K_1、K_2,记录霍尔输出电压 U_H,改变 K_4 方向再测一次 U_H 值,依次记录数据于表 3 - 10 - 1 中,将各开关恢复原状。

② 按上述步骤,逐步增加励磁电流,改变 I_2,在基本保持 $U_2 = 800.0$ mV 不变的情况下,重复以上过程,把一组组数据分别记录到表 3 - 10 - 2 中。

【数据处理】

1. 测定励磁电流和磁感应强度的关系

根据表格中数据作 B - I_M 关系曲线。

2. 测量磁感应强度和磁阻变化的关系

表 3 - 10 - 1　电磁铁磁化曲线数据

I_M/mA	U_{H1}/mV(正向)	U_{H1}/mV(反向)	U_{H1}/mV(平均)	B/mT
0				
100				
200				
⋮				
1 000				

表 3 - 10 - 2　测量磁感应强度和磁阻变化的关系

I_M/mA	GaAs		InSb		$B-\Delta R/R(0)$		
	U_1/mV(正、反平均)	I_1/mA	U_2/mV	I_2/mA	B/T	R/Ω	$\Delta R/R(0)$
0							
30							
⋮							

根据表格中数据作 $B-\Delta R/R(0)$ 关系曲线。

实验 3 - 11　铁磁材料磁化曲线和磁滞回线的研究

(崔廷军　赵　杰)

【实验目的】

1. 掌握磁滞、磁滞回线和磁化曲线概念,加深对铁磁材料矫顽力、剩磁和磁导率的理解。

2. 学会用示波器法测绘基本磁化曲线和磁滞回线。

3. 根据磁滞回线确定磁性材料的饱和磁感应强度 B_S、剩磁 Br 和矫顽力 H_C 的数值。

4. 研究不同频率下动态磁滞回线的区别,并确定某一频率下的磁感应强度 B_S、剩磁 Br 和矫顽力 H_C 数值。

【实验原理】

1. 起始磁化曲线、基本磁化曲线和磁滞回线

铁磁材料(如铁、镍、钴和其他铁磁合金)具有独特的磁化性质。研究铁磁材料的磁化规律,一般是通过测量磁化场的磁场强度 H 与磁感应强度 B 之间的关系来进行的。铁磁材料的磁化过程非常复杂,B 与 H 之间的关系如图 3 - 11 - 1 所示。当铁磁材料从未磁化状态($H=0$ 且 $B=0$)开始磁化时,B 随着 H 的增加而非线性增加。当 H 增大到一定值 H_m 后,B_m 增加十分缓慢或基本不再增加,这时磁化达到饱和状态,称为磁饱和。达到磁饱和时的 H_m 和 B_m 分别称为饱和磁场强度和饱和磁感应强度(对应图中的 a 点)。图 3 - 11 - 1 中,$B-H$ 曲线的 Oa 段称为起始磁化曲线。当使 H 从 a 点减小时,B 也随之减小,但不沿原曲线

返回,而是沿另一曲线 ab 下降。当 H 逐步较小至 0 时,B 不为 0,而是 B_r,说明铁磁材料中仍保留有一定的磁性,这种现象称为磁滞效应,B_r 称为剩余磁感应强度,简称剩磁;要消除剩磁,使 B 降为 0,必须加一反向的磁场,直到反向磁场强度 $H=-H_C$,B 才恢复为 0,H_C 称为矫顽力。继续反向增加 H,曲线达到反向饱和(d 点),对应的饱和磁场强度为 $-H_m$,饱和磁感应强度为 $-B_m$。再正向增加 H,曲线回到起点 a。从铁磁材料磁化过程可知,当 H 按 $O \rightarrow H_m \rightarrow O \rightarrow -H_C \rightarrow -H_m \rightarrow O \rightarrow H_C \rightarrow H_m$ 的顺序变化时,B 相应沿 $O \rightarrow B_m \rightarrow B_r \rightarrow O \rightarrow -B_m \rightarrow -B_r \rightarrow O \rightarrow B_m$ 的顺序变化。将上述变化过程的各点连接起来,就得到一条封闭

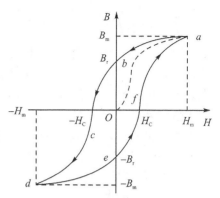

图 3-11-1 磁场强度 H 与磁感应
强度 B 的关系曲线

$B-H$ 曲线 $abcdefa$,这条闭合曲线称为磁滞回线。采用直流励磁电流产生磁化场对材料样品反复磁化测出的磁滞回线称为静态(直流)磁滞回线,采用交变流励磁电流产生磁化场对材料样品反复磁化测出的磁滞回线称为动态(交流)磁滞回线。

从图 3-11-1 中还可知:

① B 的变化始终落后于 H 的变化,这种现象称为磁滞现象。

② 图中的 bc 曲线段,称为退磁曲线。

③ H 上升到某一值和下降到同一数值时,铁磁材料内的 B 值不相同,即磁化过程与铁磁材料过去的磁化经历有关。

对于同一铁磁材料,若开始时不带磁性,依次选取磁化电流为 I_1、I_2、$\cdots$、I_m($I_1 < I_2 < \cdots < I_m$),则相应的磁场强度为 H_1、H_2、$\cdots$、H_m。在每一个选定的磁场值下,使其方向发生二次变化(即 $H_1 \rightarrow -H_1 \rightarrow H_1$;$\cdots$;$H_m \rightarrow -H_m \rightarrow H_m$ 等),则可以得到面积由小到大向外扩张的一簇逐渐增大的磁滞回线(见 3-11-2)。把原点 O 和各个磁滞回线的顶点 a_1、a_2、$\cdots$、a_m 所连成的曲线,称为铁磁材料的基本磁化曲线。根据基本磁化曲线可以近似确定铁磁材料的磁导率 μ。从基本磁化曲线上一点到原点 O 连线的斜率定义为该磁化状态下的磁导率 $\mu = \dfrac{B}{H}$,可以看出,铁磁材料的磁导率不是常数,而是随 H 变化而变化的物理量,即 $\mu = f(H)$,为非线性函数。当 H 由 0 增加时,μ 也逐步增加,然后达到一最大值;当 H 再增加时,由于磁感应强度达到饱和,μ 开始急剧减小。μ 随 H 变化曲线如图 3-11-3 所示。磁导率 μ 非常高是铁磁材料的主要特性,也是铁磁材料用途广泛的主要原因之一。

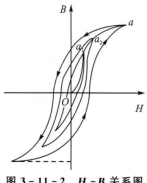

图 3-11-2 $H-B$ 关系图

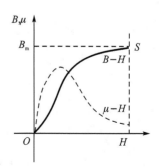

图 3-11-3 μ 随 H 变化曲线

由于铁磁材料磁化过程的不可逆性及具有剩磁的特点,在测定磁化曲线和磁滞回线时,首先必须将铁磁材料退磁,以保证外加磁场 $H=0$ 时,$B=0$;其次,磁化电流在实验过程中只允许单调增加或减少,不可时增时减。

在理论上,要消除剩磁 B_r,只需要通一反方向磁化电流,使外加磁场正好等于铁磁材料的矫顽磁力就行。实际上,矫顽磁力的大小通常并不知道,因此无法确定退磁电流的大小。从磁滞回线得到启示:如果使铁磁材料磁化达到饱和,然后不断改变磁化电流的方向,与此同时逐渐减小磁化电流,以至于零,那该材料磁化过程就是一连串逐渐缩小最终趋于原点的环状曲线。当 H 减小到零时,B 也降为零,达到完全退磁。

实验表明,经过多次反复磁化后,B-H 的量值关系形成一个稳定的闭合的"磁滞回线"。通常以这条曲线来表示该材料的磁化性质。这种反复磁化的过程称为"磁锻炼"。本实验使用交变电流,所以每个状态都经过充分的"磁锻炼",随时可以获得磁滞回线。

在测量基本磁化曲线时,每个磁化状态都要经过充分的"磁锻炼"。否则,得到的 B-H 曲线即为起始磁化曲线,两者不可混淆。

2. 磁滞损耗

当铁磁材料沿着磁滞回线经历磁化→去磁→反向磁化→磁化的循环时,由于磁滞效应,要消耗额外的能量,并且以热量的形式消耗掉。这部分因磁滞效应而消耗的能量,叫磁滞损耗(B_H)。一个循环过程中单位体积磁性材料的磁滞损耗正比于磁滞回线所围的面积。在交流电路中,磁滞损耗有害,必须尽量减小。要减小磁滞损耗,就应选择磁滞回线狭长、包围面积小的铁磁材料。如图 3-11-4 所示,工程上把磁滞回线细而窄、矫顽力很小($H_c \approx 1$ A/m(10^{-2} Oe))的铁磁材料称为软磁材料;把磁滞回线宽、矫顽力大(H_c 为 $10^4 \sim 10^6$ A/m($10^2 \sim 10^4$ Oe))

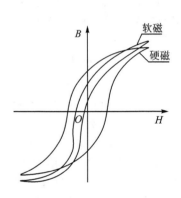

图 3-11-4　磁滞回线

的铁磁材料称为硬磁材料。软磁材料适合做继电器、变压器、镇流器、电动机和发电机的铁芯。硬磁材料则适合于制造许多电器设备(如电表、电话机、扬声器、录音机)的永久磁体。

3. 示波器显示 B-H 曲线的原理线路

示波器测量 B-H 曲线的实验线路如图 3-11-5 所示。

本实验研究的铁磁物质是铁芯(铁氧体)试样,如图 3-11-6 和图 3-11-7 所示。两种试样均为软磁,图中的虚线表示该试样的平均磁路长度。在试样上绕有励磁线圈 N_1、测量线圈 N_2 和直流励磁线圈 N_3(供加入直流电流用)。

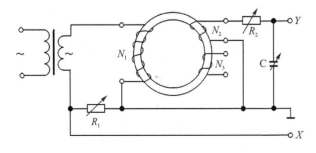

图 3-11-5　示波器测量 B-H 曲线的原理线路图

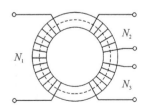

图 3-11-6　环形铁芯试样

若在线圈 N_1 中通过磁化电流 I_1 时,此电流在试样内产生磁场,根据安培环路定律 $H \cdot L = N_1 \cdot I_1$,磁场强度的大小为

$$H = \frac{N_1 \cdot I_1}{L} \qquad (3-11-1)$$

式中,L 为的环形铁芯试样的平均磁路长度。设环形铁芯内周长为 L_1,外周长为 L_2,则

$$L = \frac{L_1 + L_2}{2}$$

由图 3-11-5 可得示波器 CH1(X)轴偏转板输入电压为

$$U_X = I_1 \cdot R_1 \qquad (3-11-2)$$

由式(3-11-1)和式(3-11-2)得

$$U_X = \frac{L \cdot R_2}{N_1} \cdot H \qquad (3-11-3)$$

式(3-11-3)表明在交变磁场下,任一时刻电子束在 X 轴的偏转正比于磁场强度 H。

为了测量磁感应强度 B,在次级线圈 N_2 上串联一个电阻 R_2 与电容 C 构成一个回路,同时 R_2 与 C 又构成一个积分电路。取电容 C 两端电压 U_C 表示波器 CH2(Y)轴输入,若适当选择 R_2 和 C 使 $R_2 \gg \frac{1}{\omega \cdot C}$,则

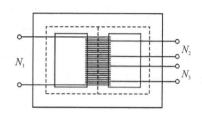

图 3-11-7 EI 型矽钢片铁芯试样

$$I_2 = \frac{E_2}{\left[R_2^2 + \left(\frac{1}{\omega \cdot C} \right)^2 \right]^{\frac{1}{2}}} \approx \frac{E_2}{R_2} \qquad (3-11-4)$$

式中,ω 为电源的角频率;E_2 为次级线圈的感应电动势。

因交变的磁场 H 的样品中产生交变的磁感应强度 B,则

$$E_2 = N_2 \cdot \frac{d\phi}{dt} = N_2 \cdot S \cdot \frac{dB}{dt} \qquad (3-11-5)$$

式中,$S = \frac{D_2 - D_1}{2} \cdot h$ 为环形试样的截面积,设磁环厚度为 h,则

$$U_Y = U_C = \frac{Q}{C} = \frac{1}{C} \int I_2 dt = \frac{1}{C \cdot R_2} \int E_2 dt = \frac{N_2 \cdot S}{C \cdot R_2} \int dB = \frac{N_2 \cdot S}{C \cdot R_2} \cdot B$$

$$(3-11-6)$$

式(3-11-6)表明接在示波器 Y 轴输入的 U_Y 正比于 B。$R_2 \cdot C$ 电路在电子技术中称为积分电路,表示输出的电压 U_C 是感应电动势 E_2 对时间的积分。为了如实地绘出磁滞回线,要求:

① $R_2 \gg \frac{1}{2\pi \cdot f \cdot C}$。

② 在满足上述条件下,U_C 振幅很小,不能直接绘出大小适合需要的磁滞回线,为此,须将 U_C 经过示波器 Y 轴放大器增幅后输至 Y 轴偏转板上。这就要求在实验磁场的频率范围内,放大器的放大系数必须稳定,不会带来较大的相位畸变。事实上示波器难以完全达到这个要求,因此在实验时经常会出现如图 3-11-8 所示的畸变。观测时将 X 轴输入选择"AC",Y 轴输入选择"DC",并选择合适的 R_1 和 R_2 的阻值可得到最佳磁滞回线图形,避免出现这种

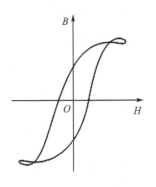

图 3 - 11 - 8　磁滞回线图形的畸变

畸变。

这样,在磁化电流变化的一个周期内,电子束的径迹描出一条完整的磁滞回线。适当调节示波器 X 轴和 Y 轴增益,再由小到大调节信号发生器的输出电压,即能在屏上观察到由小到大扩展的磁滞回线图形。逐次记录其正顶点的坐标,并在坐标纸上把它连成光滑的曲线,就得到样品的基本磁化曲线。

4. 示波器的定标

示波器上可以显示出待测材料的动态磁滞回线,但为了定量研究磁化曲线和磁滞回线,必须对示波器进行定标,即还须确定示波器的 X 轴的每格代表多少 H 值(A/m),Y 轴每格实际代表多少 B(T)。

一般示波器都有已知的 X 轴和 Y 轴的灵敏度,可根据示波器的使用方法,结合实验使用的仪器就可以对 X 轴和 Y 轴分别进行定标,从而测量出 H 值和 B 值的大小。

设 X 轴灵敏度为 S_X(V/格),Y 轴的灵敏度为 S_Y(V/格)(上述 S_X 和 S_Y 均可从示波器的面板上直接读出),则

$$U_X = S_X \cdot X, \qquad U_Y = S_Y \cdot Y$$

式中,X,Y 分别为测量时记录的坐标值(单位:格,即刻度尺上的一大格),由于本实验使用的 R_1,R_2 和 C 都是阻抗值已知的标准元件,误差很小,其中的 R_1,R_2 为无感交流电阻,C 的介质损耗非常小,所以综合上述分析,本实验定量计算公式为

$$H = \frac{N_1 \cdot S_X}{L \cdot R_1} \cdot X \tag{3 - 11 - 7}$$

$$B = \frac{R_2 \cdot C \cdot S_Y}{N_2 \cdot S} \cdot Y \tag{3 - 11 - 8}$$

式中各量的单位:R_1,R_2 的单位是 Ω ;L 的单位是 m;S 的单位是 $\mathrm{m^2}$;C 的单位是 F;S_X,S_Y 的单位是 V/格;X,Y 的单位是格;H 的单位是 A/m;B 的单位是 T。

【实验仪器】

双踪示波器、磁特性综合测量实验仪。

【实验内容】

用示波器和磁特性综合测量实验仪测定两种样品磁滞特性

① 按图 3 - 11 - 5 所示线路接线。

② 样品退磁。

a. 单调增加磁化电流,顺时针缓慢调节信号幅度旋钮,使示波器显示的磁滞回线上 B 值增加变得缓慢,达到饱和。改变示波器上 X、Y 输入增益和 $R_1 R_2$ 的值,示波器显示典型美观的磁滞回线图形。磁化电流在水平方向上的读数为 -5.00~+5.00 格,此后保持示波器上 X、Y 输入增益波段开关和 $R_1 R_2$ 值固定不变并锁定增益电位器(一般为顺时针到底),以便进行 H、B 的标定。

b. 单调减小磁化电流,即缓慢逆时针调节幅度调节旋钮,直到示波器最后显示为一点,

位于显示屏的中心,即 X 和 Y 轴线的交点,如不在中间,可调节示波器的 X 和 Y 位移旋钮。实验中可用示波器 X、Y 输入的接地开关检查示波器的中心是否对准屏幕 X、Y 坐标的交点。

③ 按图 3-11-5 所标注的元件参数设置元件的参数值。

取样电阻:$R_1 = 2.5\ \Omega$,积分电阻:$R_2 = 10\ \text{k}\Omega$,积分电容:$C = 3\ \mu\text{F}$。

④ 接通示波器和磁滞回线实验仪的工作电源;在无信号输入的情况下,把示波器的光点调节到坐标网格中心。

⑤ 调节磁滞回线实验仪信号输出旋钮,并分别调节示波器 X 轴和 Y 轴的灵敏度,使显示屏上出现图形大小合适的磁滞回线(若图形顶部出现编织状的小环,如图 3-11-8 所示,这时可降低励磁电压 U 予以消除)。记录曲线上各点对应的 X、Y 坐标数值(电压值)。

⑥ 观察基本磁化曲线。从 $U=0$ 开始,逐渐提高励磁电压,可以在示波器显示屏上观察到面积由小到大一个套一个的一簇磁滞回线,这些磁滞回线顶点的连线就是样品的基本磁化曲线(如果用长余辉示波器,便可观察到这些曲线的轨迹),记录各顶点的位置坐标值和示波器 X 轴和 Y 轴的灵敏度数值于表 3-11-1 中。

⑦ 根据选择的示波器的灵敏度和显示格数,可以计算 U_1,U_2 的数值,再根据已知的元件参数即可以计算励磁电流和磁感应强度的数值,将数据记录于表 3-11-2 中。注意:示波器显示的电压值是峰峰值,而公式中用的电压值是有效值,它们的关系是:$U = U_{P-P}/2\sqrt{2}$ 。

⑧ 观察、比较样品 1 和样品 2 的磁化性能。

令 $U = 3.0\ \text{V}$,$R_1 = 3.0\ \Omega$ 测定样品 1 的 B_m,B_r,H_C 和 $|BH|$ 等参数。

⑨ 取步骤⑦中的 H 和其相应的 B 值,用坐标纸绘制 $B-H$ 曲线(如何取数、取多少组数据须自行考虑),并估算曲线所围面积。

⑩ 注意事项:积分电阻不宜小于 10 kΩ,积分电容不宜小于 3 μF,否则可能使磁滞回线畸变。

【数据处理】

表 3-11-1　基本磁化曲线与 $\mu - H$ 曲线数据记录

编　号	$H/(\text{A} \cdot \text{m}^{-1})$	B/mT	$\mu = (B/H)/(\text{H} \cdot \text{m}^{-1})$
1			
2			
3			
⋮			
15			

表 3-11-2　B-H 关系曲线实验数据记录

$H_C=$ _____ , $B_r=$ _____ , $B_m=$ _____ , $|BH|=$ _____ .

编　号	$H/(\text{A}\cdot\text{m}^{-1})$	B/mT	编　号	$H/(\text{A}\cdot\text{m}^{-1})$	B/mT
1			10		
2			11		
3			12		
⋮			⋮		
9			18		

实验 3-12　巨磁阻效应及其应用

(赵　杰　崔廷军)

巨磁阻传感器应用广泛,可用来测量磁场、位移、角度、电流等,可制成测速仪、定向仪,也可用于车辆监控、航运、验钞等方面,另外巨磁阻传感器在医疗方面也有很广泛的应用。巨磁阻材料在高密度读出磁头、磁存储元件上有广泛的应用前景,很多国家都对发展巨磁阻材料及其在高技术上的应用投入了很大的力量。IBM 公司研制成巨磁阻磁头,使磁盘记录密度提高了将近 20 倍。

【实验目的】

1. 了解巨磁阻效应和巨磁阻传感器的原理及其使用方法;
2. 学习巨磁阻传感器定标方法,用巨磁阻传感器测量弱磁场。

【实验原理】

1. 巨磁阻效应

20 世纪 80 年代,法国巴黎大学的研究小组首先在 Fe/Cr 多层膜中发现了巨磁阻效应,在国际上引起很大的反响。巨磁阻(Giant Magneto Resistance)是一种层状结构,外层是超薄的铁磁材料(Fe, Co, Ni 等),中间层是一个超薄的非磁性导体层(Cr,Cu,Ag 等),这种多层膜的电阻随外磁场变化而显著变化。

通常 Cr,Cu,Ag 等都属于良导体,但如果它们的厚度薄到只有几个原子大小时,导体的电阻率会显著增加。在电子和其他微粒碰撞而"散射"改变运动方向之前,运动的距离的平均长度称为平均自由程。然而,在非常薄的材料中,电子的运动无法达到最大平均自由程,电子很可能直接运动到材料的表面并直接在那里产生散射,这导致了在非常薄的材料中平均自由程较短,使其电阻率增大。

巨磁阻效应可以用量子力学解释:每一个电子都能够自旋并且具有自旋磁矩,电子的散射率取决于自旋方向和磁性材料的磁化方向。如果电子的自旋方向和磁性材料磁化方向相同,则电子散射率就低,电子的平均自由程随之变长,穿过磁性层的电子就多,从而呈现低阻抗。反之,当自旋方向和磁性材料磁化方向相反时,电子散射率高,电子的平均自由程随之变短,因而穿过磁性层的电子变少,此时呈现高阻抗。

巨磁阻的抗磁耦合如图 3-12-1 所示，当没有外界磁场作用时，巨磁阻的磁性层的两层材料磁化方向是相反的，其磁性层的磁化方向是"头尾相连"的，中间是非磁性层。这种情况属于电子的平均自由程变短引起的电阻显著增大现象。

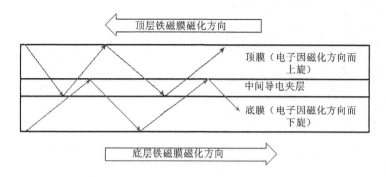

图 3-12-1　抗磁(巨磁阻)耦合示意图

如果外加在巨磁阻材料上的外界磁场足够大，就能够克服两个磁性层之间磁化的抗磁耦合，使得顶膜和底膜内部磁场方向一致，如图 3-12-2 所示。此时，电子的平均自由程增长，导致巨磁阻材料的电阻显著降低。

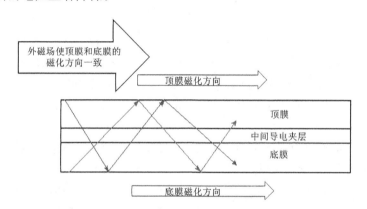

图 3-12-2　顺磁耦合(巨磁阻)示意图

材料在磁场中电阻改变的现象，称为磁阻效应。巨磁阻效应，则是指磁性材料的电阻率在有外磁场作用时比无外磁场作用时存在巨大变化的效应。当顶膜与底膜铁磁层的磁矩相互平行时，电子与自旋有关的散射最小，巨磁阻磁性材料有最小的电阻率；当顶膜与底膜铁磁层的磁矩为反平行时，与自旋有关的散射最强，材料的电阻率最大。

2. 巨磁阻传感器

图 3-12-3 中，巨磁阻元件各引脚分别代表：1 为信号输出负极；2、3、6、7 都为空脚；4 为工作电压负极；5 为信号输出正极；8 为工作电压正极。在传感器基片上镀一层很厚的磁性材料，这块材料对其下方的巨磁阻电阻器形成磁屏蔽，不让任何外加磁场进入被屏蔽的电阻器。如图 3-12-4 所示为四个巨磁阻电阻器组成惠斯登电桥，两个电阻器(在桥的两个相反的支路上)在磁性材料的上方，受外界场强的作用；而另外两个电阻器在磁性材料的下方，从而受到屏蔽而不受外界磁场作用。当外界磁场作用时，前两个电阻器的电阻值下降，而后两个电阻值保持不变，这样在电桥的终端就有一个信号输出。

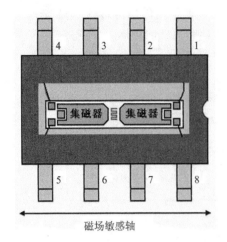

图 3 - 12 - 3　顺磁耦合(巨磁阻)示意图

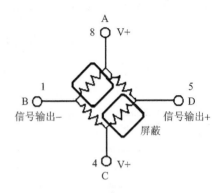

图 3 - 12 - 4　顺磁耦合(巨磁阻)示意图

利用欧姆定律,可推导出传感器输出电压:

$$U_{输出} = U_{输出+} - U_{输出-} = V_+ \left(\frac{R_{CD}}{R_{AD} + R_{CD}} - \frac{R_{BC}}{R_{AB} + R_{BC}} \right) \qquad (3 - 12 - 1)$$

若 $R_{AB} = R_{BC} = R_{CD} = R_{AD}$,在未加磁场时, $U_{输出} = U_{输出} - U_{输出} = 0$;当存在外加磁场时,未被屏蔽的巨磁电阻器 R_{BC} , R_{AD} 电阻值减小,而受屏蔽的巨磁阻电阻器 R_{AB} , R_{CD} 电阻值不变;由式(3 - 12 - 1)可知,在磁场场强为某一恒定值的条件下,各个桥臂的电阻值也随之不变;传感器输出电压 $U_{输出}$ 与传感器的工作电压 V_+ 成正比。由此可知,传感器灵敏度与其工作电压成正比。

另外,镀层还可以使集磁器放置在基片上,使原来的传感器灵敏度增大了 2~100 倍。它收集垂直于传感器管脚方向上的磁通量并把它们聚集在芯片中心的巨磁阻电桥的电阻器上。垂直于传感器管脚的方向为巨磁阻传感器的敏感轴方向。当外磁场方向平行于传感器敏感轴方向时,传感器的输出信号最大。当外场强方向偏离传感器敏感轴方向时,传感器输出与偏离角度成余弦关系,即传感器灵敏度与偏离角度成余弦关系, $S(\theta) = S(0)\cos\theta$ 。图 3 - 12 - 5 所示的传感器可用来检测通电导线产生的磁场。导线可放在芯片的上方或下方,但必须垂直于敏感轴。通电导线在导线周围辐射状地布满磁场。当传感器中的巨磁阻材料感应到磁场,传感器的输出引脚就产生一个差分电压输出。磁场强度与通过导线的电流成正比。当电流增大时,周围的磁场增大,传感器的输出也增大。同样,当电流减小时,周围磁场和传感器输出都减小。

【实验仪器】

FB523 型巨磁阻效应实验仪(见图 3 - 12 - 6),面板及各部分功能说明如下:

①量程选择开关打到 1 ,电流表量程为 0~1 A,用于测量亥姆霍兹线圈励磁电流;②2 为量程选择开关;③量程选择开关打到 3,电流表量程为 0~6 A,用于测量直导线工作电流;④4 为亥姆霍兹线圈励磁电流输出正极;⑤5 为亥姆霍兹线圈励磁电流输出负极;⑥6 为亥姆霍兹线圈励磁电流调节按钮开关,0~1 A 连续可调;⑦7 为直导线电流输出正极;⑧8 为直导线电流输出负极;⑨9 为直导线电流调节旋钮,0~6 A 连续可调;⑩10 为巨磁阻传感器输出信号电

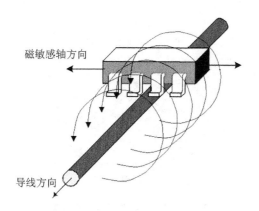

图 3 - 12 - 5　用巨磁阻元件测量电流示意图

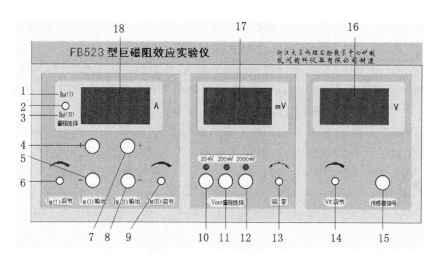

图 3 - 12 - 6　巨磁阻效应实验仪面板图

压测量用数字电压表 20 mV 量程选择按钮开关;⑪11 为巨磁阻传感器输出信号电压测量用数字电压表 200 mV 量程选择按钮开关;⑫12 为巨磁阻传感器输出信号电压测量用数字电压表 2 V 量程选择按钮开关;⑬13 为数字电压表调零电位器;⑭14 为巨磁阻传感器工作电压调节按钮开关,0~12 V 连续可调;⑮15 为巨磁阻传感器工作电压输出和巨磁阻传感器输出信号电压输入插座;⑯16 为巨磁阻传感器工作电压指示数字电压表;⑰17 为巨磁阻传感器输出信号电压测量数字电压表;⑱18 为亥姆霍兹线圈励磁电流指示、直导线电流指示数字电流表。

图 3 - 12 - 7 所示刻度盘说明如下:

①1 为内盘角游标;②2 为内盘与巨磁阻传感器联动;③3 为外盘;④4 为巨磁阻传感器;⑤5 为传感器敏感轴;⑥6 为外盘零刻度线与亥姆赫兹线圈轴线及直导线平行。

【实验内容】

将巨磁阻传感器调整到亥姆霍兹线圈公共轴的中点(出厂时已调好),旋转传感器内盘,使内盘的 0°刻线对准外盘的 0°刻线,此时传感器管脚方向与亥姆霍兹线圈磁感应强度方向垂直(即巨磁阻传感器敏感轴与磁场方向平行),用 5 芯航空专用线连接主机和实验装置的对应插座。

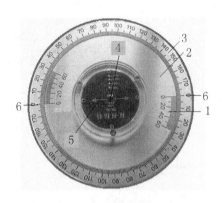

图 3 - 12 - 7　巨磁阻传感器刻度盘

实验 1　学习巨磁阻传感器定标方法，用巨磁阻传感器测量弱磁场

① 如图 3 - 12 - 6 所示将主机恒流源量程开关扳向上，电流表指示线圈电流，将亥姆霍兹线圈用专用导线串联后与主机上的 I_M 恒流源输出端钮连接。

② 打开主机电源开关，把线圈电流调到 0.000 A，传感器工作电压调到 5.00 V，将传感器输出电压先调零。然后逐渐加大线圈电流，此时可以看见传感器输出信号电压也逐渐增大，说明一切正常，而后把线圈电流和传感器输出再次调到零。

③ 正式开始实验测量：将线圈电流由零开始逐渐增大，每隔 0.05 A 记一次传感器的信号电压输出，数据记录于表 3 - 12 - 1 中，以线圈电流值为 X 轴，传感器输出电压为 Y 轴作图。

④ 用亥姆霍磁线圈产生磁场作为已知量，得到巨磁阻传感器(传感器敏感轴与磁感应强度方向平行且传感器工作电压为 5 V 时)的灵敏度 K。

实验 2　测定巨磁阻传感器敏感轴与被测磁场夹角与传感器灵敏度的关系(选做)

①、②步骤同实验 1。

③ 将线圈电流调高至 0.800 A，记下零度时(即传感器敏感轴与磁感应强度方向平行时)传感器的输出，旋转传感器转盘，每间隔 5°记一次传感器输出，数据记录于表 3 - 12 - 2 中。

④ 以角度为 X 轴坐标，传感器输出为 Y 轴坐标作图，得到传感器敏感轴与被测磁场夹角与传感器灵敏度的关系曲线。

实验 3　用巨磁阻传感器测量通电导线的电流大小(选做)

① 保持内盘的 0°刻线对准外盘的 0°刻线，此时巨磁阻传感器的敏感轴与直导线垂直，即巨磁阻传感器敏感轴与磁场方向平行，用 5 芯航空专用线连接主机和实验装置的对应插座。

② 将主机恒流源开关扳向下，测量直导线电流，用红黑导线将实验装置黑色底板上的被测电流插座与主机上的对应插座 I_M 相连；

③ 将被测电流调零，将传感器工作电压调到 5.00 V，巨磁阻传感器输出调零，逐渐升高被测电流，可以看见传感器输出逐渐增大，将被测电流和传感器输出再次归零。

④ 将被测电流由零开始逐渐增大，每隔 0.2 A 记一次传感器输出信号电压到表 3 - 12 - 3 中，并以传感器输出电压为 Y 轴坐标，被测电流值为 X 轴坐标作图，得到被测电流大小与传感器输出的关系曲线；

⑤ 将传感器工作电压调到 12.00 V，重复步骤③、④，把数据记录到表格 3 - 12 - 3 中。

【数据处理】

表 3 - 12 - 1　实验 1 数据表

测量次数	线圈励磁电流/A	传感器输出电压/V
1		
2		
⋮		
17		

表 3 - 12 - 2　实验 2 数据表

测量次数	角度/(°)	5 V 传感器输出电压/V	12 V 传感器输出电压/V
1	0		
2	5		
⋮	⋮		
19	90		

表 3 - 12 - 3　实验 3 数据表

	巨磁传感器在不同工作电压下的输出电压					
线圈电流/A	2V(mV)	4V(mV)	6V(mV)	8V(mV)	10V(mV)	12V(mV)
0						
0.05						
0.10						
0.15						
⋮						
0.80						

实验 3 - 13　双棱镜干涉实验

（罗秀萍　赵　杰）

【实验目的】

1. 观察双棱镜产生的干涉现象,进一步理解产生干涉的条件。

2. 熟悉干涉装置的光路调节技术,进一步掌握在光具座上多元件的等高共轴调节方法。

3. 学会用双棱镜测定光波波长。

【实验原理】

双棱镜由两个折射角很小(小于 1°)的直角棱镜组成,且两个棱镜的底边连在一起(实际上是在一块玻璃上,将其上表面加工成两块楔形板而成),用它可实现分波前干涉。通过对其产生的干涉条纹间距的测量(毫米量级),可推算出光波波长。

如图 3-13-1 所示,双棱镜 AB 的棱脊(即两直角棱镜底边的交线)与 S 的长度方向平行,H 为观察屏,且三者都与光具座垂直放置。由半导体激光器发出的光,经透镜 L_1 会聚于 S 点,由 S 射出的光束投射到双棱镜上,经过折射后形成两束光,等效于从两虚光源 s_1 和 s_2 发出的。由于这两束光满足相干条件,故在两束光相互重叠的区域(图中画斜线的区域)内产生干涉,可在观察屏 H 上看到明暗交替的、等间距的直线条纹。中心 O 处因两束光程差为零而形成中央亮纹,其余的各级条纹则分别排列在零级的两侧。

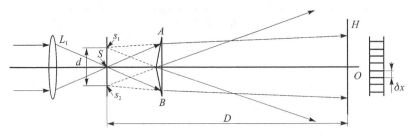

图 3-13-1　双棱镜干涉实验原理图

设两虚光源 s_1 和 s_2 间的距离为 d,虚光源平面中心到屏的中心之间的距离为 D,又设 H 屏上第 k(k 为整数)级亮纹与中心 O 相距为 X_k,因 $X_k < D$,$d \ll D$,故明条纹的位置 X_k 由下式决定:

$$X_k = \frac{D}{d} k\lambda$$

任何两相邻的亮纹(或暗纹)之间的距离为

$$\delta x = X_{k+1} - X_k = \frac{D}{d}\lambda$$

故　　　　　　　　　　　　　　　　$$\lambda = \frac{d}{D}\delta x \qquad\qquad (3-13-1)$$

式(3-13-1)表明,只要测出 d、D 和 δx,即可算出光波波长 λ。

本实验在光具座上进行,δx 的大小由十二挡光电探头+大一维位移架测得;d、D 的值可用凸透镜成像法及三角形相似公式求得。

如图 3-13-2 所示,在双棱镜和白屏之间插入一焦距为 f_2 的凸透镜 L_2,当 $D > 4f_2$ 时,移动 L_2 使虚光源 s_1 和 s_2 在 H 屏处成放大的实像 s_1'、s_2',间距为 d',用十二挡光电探头和大一维位移架测出 d',根据 $\frac{1}{f} = \frac{1}{p} + \frac{1}{p'}$,可以得出物距

$$p = \frac{f_2 p'}{p' - f_2} \qquad\qquad (3-13-2)$$

p' 可在实验导轨上读出,则可以求出物距 p,用式(3-13-3)和式(3-13-4)可算出 d、D 值:

$$\frac{d}{d'} = \frac{p}{p'}$$

即　　　　　　　　　　　　　　　　$$d = \frac{p}{p'}d' \qquad\qquad (3-13-3)$$

$$D = p + p' \qquad\qquad (3-13-4)$$

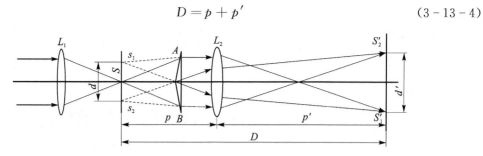

图 3 - 13 - 2 双棱镜干涉实验原理图(插入凸透镜)

【实验内容】

本实验需要读取器件在导轨上的位置,实验时将滑块带刻线一端朝外以便读数。

① 将半导体激光器置于导轨一端,将十二挡光探头+大一维位移架放置于导轨上靠近激光器。将十二挡光探头置于 $\phi 0.2$ 挡,调节探头高度与左右距离,使激光光斑射入小孔。将探头移至导轨另一端,调激光器俯仰扭摆,再次使光斑进入小孔,如此反复直至探头在近端和远端激光均射入探头小孔。

② 将探头移至导轨最远端,在激光器附近依次放入 $f = 60$ mm 的透镜、双棱镜(双棱镜用一维位移滑块),摆放如图 3 - 13 - 1,调整透镜高度,使其与激光束同轴。用白屏替代光探头,调整双棱镜横向位置和透镜与双棱镜的间距,使在白屏正中出现清晰、粗细合适的干涉条纹,干涉条纹数为 5~7 条。至此,在以下的测量过程中,二维+LD、双棱镜和白屏(或十二挡光电探头)的滑块位置不再变化。

③ 用十二挡光电探头换下白屏,选择十二挡光电探头适当的光栏(如 0.2 mm 的细缝),与光功率计连接,将量程选至可调挡。调节大一维位移架,移动探头,使细缝对准干涉条图样边缘处的某一条纹(已功率计达到某一极大值作为条纹中心)。记下此时大一维位移架上的横向位置读数 Δ_1。移动探头,使狭缝扫过整个干涉条纹组,功率计每到一次极大值即为扫过一条条纹(起始位置计为第 0 条)。直至扫到图样另一次边缘,停留在某个极大值处,记录下此时大一维位移架横向位置读数 Δ_2 和总条纹数目 n,$\delta_x = \dfrac{|\Delta_1 - \Delta_2|}{n}$。重复测量多次,取平均值。

④ 将导轨上各滑块及各元件全部固定,保持稳定。

⑤ 在双棱镜和光探头之间(靠近双棱镜)放置透镜 L_2($f = 100$ mm,见图 3 - 13 - 2),调节 L_2,使之与系统共轴。

⑥ 移动 L_2,在光探头前表面得到清晰的放大的像(两个清晰的光斑),对光斑间距进行测量,得到 d'。重复测量多次,取平均值。

⑦ 记下此时光探头前表面位置 P_1(滑块位置减 13 mm)和 L_2 位置 P_2,二者相减得到像距 P'。利用式(3 - 13 - 2)~式(3 - 13 - 4)即可计算出 D 和 d,最后代入式(3 - 13 - 1)得到波长。

【思考讨论】

1. 双棱镜是怎样实现双光束干涉的? 干涉条纹是怎样分布的? 干涉条纹的间距与哪些

因素有关?

2. 用本实验测光波波长,哪个量的测量误差对实验结果影响最大? 应采取哪些措施来减少误差?

实验3-14 热泵性能提高的研究

(赵 杰)

电冰箱、空调等制冷设备都属于热泵。提高电冰箱、空调等制冷设备的制冷系数或能效比有现实意义,提高制冷系数可使得制冷设备更节电,并延长使用寿命。本实验通过改变制冷设备的工况,研究如何提高制冷系数。

【实验目的】

1. 研究热泵原理及应用。

2. 学习压缩式制冷、半导体制冷原理,测量压缩制冷或半导体制冷的实际性能系数。

【实验原理】

1. 热泵原理

由热力学第二定律得知,必须用热泵来使热量从低温处流向高温处,此类设备有压缩式制冷循环设备、半导体制冷循环设备、吸收式制冷循环设备三大类。

设备通常,热量只能自然地从高温处流向低温处,但是热泵通过外界做功,就可以从冷池(或称低温物体或低温热源)吸取热量泵浦到热池(或称高温物体或高温热源),正如冰箱从低温内部吸取热量泵浦到较热的房间或者

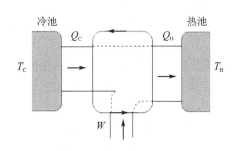

图 3-14-1 热泵工作图

空调在冬天从较冷的室外吸取热量泵浦到较热的室内。根据能量守恒定律有

$$W + Q_C = Q_H \tag{3-14-1}$$

式(3-14-1)也可以用功率形式表示。对于热泵,性能系数 K 定义为单位时间热泵从冷池泵取的热量 P_C(对于制冷机而言就称为制冷功率)与单位时间热泵所做的功 P_W(对于制冷机而言就称为消耗的电功率)的比值,即有

$$K = \frac{P_C}{P_W} \tag{3-14-2}$$

式中,P_W 为实际输入热泵的功率,对于全封闭小型压缩机即是输入电功率。性能系数 K(应用于制冷机就称之为制冷系数)是衡量热泵循环经济性的指标,常被称为能效比(COP)。性能系数 K 越大,循环越经济,同样条件下就越省电。

若假设图 3-14-1 所示的系统与外界没有各种热量交换和对外界做功,利用热学原理可以推出,热泵的最大性能系数 K_{max} 仅取决于热池的温度 T_H 和冷池的温度 T_C,即

$$K_{\max} = \frac{T_C}{T_H - T_C} = \frac{1}{\dfrac{T_H}{T_C} - 1} \tag{3-14-3}$$

式中,温度为 K 氏温度。可见,降低热池温度 T_H(比如改善电冰箱冷凝器的散热从而降低其温度,)或提高冷池温度 T_C,可提高 K_{max},实际性能系数 K 也跟着提高。但由于摩擦、热传导、热辐射和器件内阻焦耳热等引起的能量损失,实际性能系数 K 小于最大性能系数 K_{max}。

2. 压缩式制冷循环

(1) 原　理

图 3-14-2 是电冰箱(或空调器)压缩式制冷循环图。来自冷凝器的略高于室温的液态制冷剂,经干燥过滤器滤去水分和有形杂质,再送入由毛细管组成的节流器进行减压节流,在毛细管的出口进入蒸发器。由于蒸发器内的压强低(压缩机抽气引起的),从毛细管出来的液态制冷剂就沸腾蒸发,通过蒸发器管壁吸收大量的热量(潜热和显热),实现了电冰箱冷冻室(或冷藏室)内的制冷。沸腾蒸发后的气态制冷剂接着被低压回气管吸入压缩机,再压缩成高温高压的气态制冷剂,从压缩机的排气口排入气压较高的冷凝器。高温高压的气态制冷剂在冷凝器中由于散热(还有另外一个条件:气压高,两者缺一就不可液化)而液化。液化后的液态制冷剂再次进入干燥过滤器,进行下一次制冷循环。可见,制冷循环中的制冷剂起到了热量"搬运工"的作用,把热量从低温处搬运到了高温处。

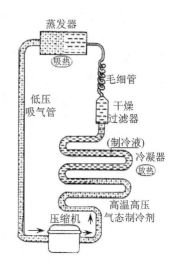

图 3-14-2　压缩式制冷循环图

在上述的制冷循环中,毛细管由于很细且较长,对制冷剂的流动有较大的阻力,因而维持了冷凝器中的高气压,以便于气态制冷剂在冷凝器内液化;毛细管同时维持了蒸发器中的低气压,以便于液态制冷剂在蒸发器内气化。毛细管常用于定频压缩机的制冷设备。毛细管也可以用膨胀节流阀代替,作用相同但可以控制节流阻力,常用在变频空调中。为了提高性能系数,通常将电冰箱的毛细管与低压吸气管进行热交换(毛细管绕在低压吸气管上)。

(2) 制冷剂和绿色冰箱

氟利昂是氯氟烃,如沸点 −29.8 ℃的 R12(分子式 CCl2F2),沸点 −40.8 ℃的 R22(分子式 CHClF2)等。这些制冷剂具有优良的热学性质,无毒、不燃。但是科学界逐渐发现被称作地球生命"保护伞"的大气臭氧层浓度正在不断降低,致使南极上空出现大片臭氧层空洞,太阳紫外线直接辐射到地球,威胁人类的健康,引发皮肤癌及其他疾病。氯氟烃或溴氟烃类气体经紫外线光解分裂成自由的氯原子或溴原子,它们具有强烈的破坏臭氧层的作用。因此,目前各国都以碳氢化合物作为首选替代物,主要为 R600n(异丁烷)和 R600a 与 R290(丙烷)的混合物。将不含(或含得少)氯溴原子的物质作为制冷剂的电冰箱称为绿色或无氟冰箱。

3. 半导体制冷循环

1834 年帕尔帖发现,当电流流过不同金属的接点时,有吸热和放热现象,称为帕尔贴效应。

半导体制冷的工作原理见图 3-14-3(a),其中绝缘导热基板(陶瓷材料)在最外侧,再向内就是导电的金属导流条,最内侧是 P 型和 N 型的半导体材料(碲化铋),工作电源用直流电源。

对于右侧的 N 型半导体与右上侧导流条连接处,金属中电子的势能低于 N 型半导体中载流电子的势能,右上侧导流条金属中的这部分电子必须获得额外的能量才能进入N型半导体,即这部分电子在金属中吸收热量后才能进入N型半导体,从而形成了制冷端。当电子欲从N区进入右下侧的金属导流条时,由于电子是从势能高的地方流向势能低的地方,要释放能量,因此在该处放出热量,从而形成了热端;对于左侧的P型半导体与左上侧导流条连接处,金属中正电荷的势能低于P型半导体中载流空穴的势能,金属中的这部分正电荷必须获得额外的能量才能进入P型半导体,即这部分正电荷在导流条吸收热量后才能进入P型半导体,也形成了制冷端。当正电荷欲从P区进入左下侧的导流条时,由于正电荷是从势能高的地方流向势能低的地方,要释放能量,因此在该处放出热量,从而形成了热端。因此整个上侧的导流条形成吸热端,下侧的导流条形成放热端,最终形成半导体热泵。

如果把电源的极性反过来,则冷端变为热端,热端变为冷端,原理仿上。

图3-14-3(b)是由4组制冷单元串联起来的,为的是提高制冷功率。

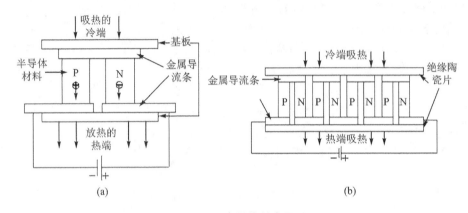

图3-14-3　半导体制冷原理

4.制冷功率的测量

制冷功率表示单位时间内制冷剂通过蒸发器所吸收的热量,一般采用热平衡补偿的原理来测量。对于压缩式制冷,在制冷箱内放置电加热器,调节电加热功率,当制冷箱内温度长时间不变时,即可认为热泵的制冷功率等于电加热功率。对于定频压缩式制冷压缩机转速不变,似乎制冷功率就应是不变的,但是当制冷箱内的热源功率不足时,就会导致进入蒸发器的部分制冷剂还没有吸热汽化就又抽回压缩机,即参与热量"搬运"的制冷剂有的没参加制冷循环的吸热过程,参加的只是一部分制冷剂,这就使得制冷功率下降。

对于半导体制冷,则要求电加热和制冷抗衡保持在初始的室温为热平衡态,如果电加热功率高于制冷功率,制冷箱内温度就升高,反之亦然。当然,这是假设制冷箱壁100%隔热而言,事实上,总有外界漏热进入制冷箱,即热平衡时电加热功率略小于制冷功率。

5. 热泵的社会应用——电冰箱、空调的自动温控过程

热泵的自动温控过程是通过控制压缩机的开停比例或转速来实现的。温控器可控制电冰箱、空调的自动温控过程。对于开停比例模式,设定温控器温度,当制冷温度低于设定值,温控器自动断开,从而断开了压缩机供电,温度回升;当回升温度到设定温度时,温控器又自动接通而使得压缩机恢复运转而制冷,导致温度下降,如此反复使得制冷温度在设定温度附近波动,这实际是调节压缩机开停比例,压缩机开的比停的时间多了,平均制冷功率就高,平均制冷温度就低,反之亦然。对于变频温控,则是直接控制压缩机转速,转速快制冷剂循环得快,制冷功

率提高,温度下降,反之亦然。

【实验仪器】

压缩式制冷实验仪、热泵热机综合实验仪。

【实验内容】

本实验每个同学可任意选择压缩式制冷或半导体制冷实验仪器进行实验,实验报告中的实验原理及实验步骤只写与自己选择实验仪器相关的内容,但公共的热泵原理、制冷功率的测量、温控过程都要写。

1. 压缩式制冷循环

① 观察仪器,对照压缩式制冷循环图和实物仪器,搞清各部件的连接关系原理。将实验仪上加热功率调节旋钮按逆时针旋至最小,关闭压缩机开关。

② 接通电源开关,将蒸发器内温度、压缩机排气口、进气口及冷凝器末端的压强记录于表 3-14-1 中。

③ 打开压缩机开关,等待压缩机运行 1 min 后,观察并记录各点压强的变化,并记于表 3-14-1 中。

表 3-14-1 实验记录数据

状 态	蒸发器温度 TC/℃	排气口压强 P_2/MPa	进气口压强 P_1/MPa	冷凝器压强 P_3/MPa
开压缩机前				
开压缩机约 1 min				

④ 不关压缩机,每隔 3 min 观察一次蒸发器的温度并记录于表 3-14-2 中,直至降温至 -30℃附近为止。

表 3-14-2 蒸发器的温度

时间/min	3	6	9	…
温度/℃				

⑤ 调节加热器输出功率为 20 W(加热时禁止关闭压缩机,否则可胀裂制冷管道,损坏仪器!),使蒸发器内升温至某个稳定值(要求至少加热 15 min,且蒸发器内的温度不再往高或低变化,但可在一个值上下稍微波动)附近,将此加热功率下的各个相关数据记入表 3-14-3 中。

表 3-14-3 升温至稳定值时,各部位相关数据

蒸发器温度 T_C/℃	排气口		进气口		冷凝器		电加热功 P_C/W	压缩机功率 P_W/W
	压强/MPa	温度/℃	压强/MPa	温度/℃	压强/MPa	温度 T_H/℃		
							20	
							87	

⑥ 改变加热功率为 87 W,重复上步内容。

⑦ 利用式(3-14-2)和式(3-14-3)计算上述不同加热功率条件下的实际性能系数 K 和最大性能系数 K_{max},分析实验结果并得出结论。

2. 半导体制冷循环

① 参见图 3-14-4,将"热泵热机综合实验仪"的功能置于半导体制冷功能。转换开关拨向"半导体制冷",且其左侧转换开关拨向"热泵";制冷箱(胆)外壳底部的"加热方式"切换开关打在"加热片"(图 3-14-4 中没有,见实际仪器);"电热通、电热断"开关打在"电热通"位置;"机外风扇电源"开关打在"高速"位置。打开机箱后侧面的总电源开关,将刚开机 20 s 内的制冷箱胆内初始温度(室温)记录于表 3-14-4 中。调节"热泵电流调节"旋钮,使热泵电流 $A_2 = 3.00$ A(如果实验过程中有变化,要再次调节为 3 A,一般刚开机 3 min 内会自动降低,要再次调高,5 min 以后就几乎不变了)。

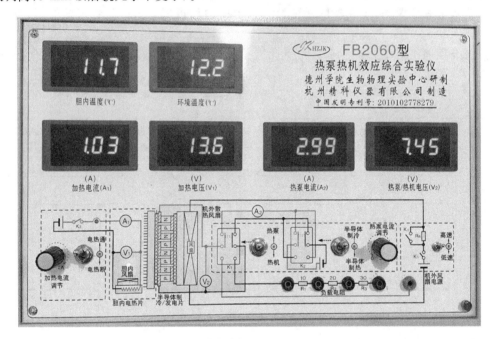

图 3-14-4　半导体制冷实验仪器面板图

表 3-14-4　刚开机 20 s 内的制冷箱胆内初始温度(室温)

室温/℃	胆内风扇转速	半导体制冷片输入功率 P_W/W			电加热功率 P_R/W			制冷功率 P_C/W
		V_2	A_2	P_W	V_1	A_1	P_R	$P_C = P_R$
	风扇高速		3.00 A					
	风扇低速		3.00 A					

② 调节"加热电流调节"旋钮,使加热电流 $A_1 = 1.03$ A,等待 7～8 min 后记录此时胆内温度,再等 1～2 min 看温度上升还是下降,如果温度下降,要增加加热电流 5%～10% 左右,再等 1～2 min 看温度变化并做相应调节(不可调完电流马上看温度变化,因为热量传递需要时间),反之减小加热电流,使制冷与加热两者达到热平衡(即胆内温度至少可维持 2 min 不变

时的状态,平衡后温度:室温±1.5 ℃),也即制冷与加热在制冷箱内达到功率平衡后的热平衡状态。热平衡后再将数据记录于表 3-14-4 中的首行。

③ 将"机外风扇电源"开关打在"低速"位置,先观察 3 min 内胆内温度升高(温升原因是胆外散热风扇降速后导致制冷功率下降),再将"加热电流"A1 减小(参考值 0.8 A 左右),仿照上步使胆内重新达到热平衡,把数据记入表 3-14-4 第 2 行。

④ 把"电热通、电热断"开关打在"电热断(内风扇开)"位置,"机外风扇电源"开关打在"高速"位置,测量半导体制冷循环 10 min 的制冷降温温度,记入表 3-14-5 中(此步为验证半导体制冷效果)。

表 3-14-5　制冷降温温度

时间/min	0	10
制冷箱内温度/℃		

⑤ 利用式(3-14-2)计算散热风扇不同转速下的实际制冷系数 K,分析实验结果并得出结论。

【注意事项】

1. 压缩机停机后 5 min 内不要启动,以免启动电流太大烧坏压缩机。

2. 加热时禁止关闭压缩机,否则可胀裂制冷管道损坏仪器。

3. 半导体制冷时,实验过程中要手动保持制冷电流 3.0 A 不变。

4. 半导体制冷时,禁止把"机外风扇电源"开关及"电热通/电热断"开关拨向"断"。

【思考讨论】

1. 设置同样的制冷温度,如何选择安装环境才能使得电冰箱及空调器提高制冷系数而节电?

2. 空调器的制热功率能大于耗电功率吗?

实验 3-15　热机效率的研究

(赵　杰)

1821 年,德国物理学家塞贝克发现两种不同金属的接触点一端被加热时,将产生电动势,该现象被称为塞贝克效应。温差发电热电效应的发现虽然已有很长历史,但是,由于金属的温差电动势很小,只是在用作测量温度的温差热电偶方面得到了应用。直到近几十年半导体技术出现后,才得到比金属大得多的温差电动势,温差发电才进入实用阶段。

【实验目的】

1. 测量半导体热机的卡诺效率和实际效率。

2. 测量温差发电电源的内阻。

【实验原理】

按照热学原理,可以连续地把热能转换为对外做功的装置称为热机,可见把热能转换为电能也是热机的一种。

　　用 P 型半导体和 N 型半导体以及导体和负载电阻连接成图 3-15-1 所示的电路,来实现效果显著的塞贝克效应。让半导体器件左边的温度比右边的温度高,则 N 区左端由于热运动产生了新的自由电子和空穴对,使得左端自由电子浓度高于右端的,自由电子就往浓度低的右端扩散;同理,P 区中的正电荷"空穴"也往右端扩散。上述自由电子及空穴向各自的低浓度处扩散的结果又导致各自区域产生电场反向力最终达到"浓度扩散"与"电场力飘移"的动态平衡而输出稳定电动势。温差电动势还包含了不同金属之间接触产生的内接触电动势,可仿上分析。

　　半导体热机是利用热池和冷池之间的温差产生电能来对外做功的。本实验利用电热片为热端提供热量并将冷端暴露在空气中,并用散热片及风扇给其散热来形成热端、冷端的温差。半导体热机输出的电能转化成负载电阻上的热能。

　　图 3-15-2 中,根据能量守恒(热力学第一定律)得

$$Q_{\mathrm{H}} = W + Q_{\mathrm{C}} \tag{3-15-1}$$

式中,Q_{H} 和 Q_{C} 分别表示进入热机的热量和排入冷池的热量,W 表示热机对外做的功。热机效率定义为

$$\eta = \frac{W}{Q_{\mathrm{H}}} \tag{3-15-2}$$

　　如果所有热量全部都转化为有用功,那么热机的效率等于 1,但实际热机效率总是小于 1。

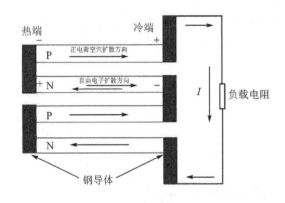

图 3-15-1　半导体温差发电电路图

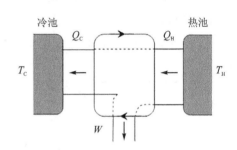

图 3-15-2　热机工作图

　　习惯上一般用功率而不是用能量来计算效率,对式(3-15-1)求导得

$$P_{\mathrm{H}} = P_{\mathrm{W}} + P_{\mathrm{C}} \tag{3-15-3}$$

式中,$P_{\mathrm{H}} = \dfrac{\mathrm{d}Q_{\mathrm{H}}}{\mathrm{d}t}$ 和 $P_{\mathrm{C}} = \dfrac{\mathrm{d}Q_{\mathrm{C}}}{\mathrm{d}t}$ 分别表示单位时间进入热机的热量和排入冷池的热量,$P_{\mathrm{W}} = \dfrac{\mathrm{d}W}{\mathrm{d}t}$ 表示单位时间做的功,即功率。则热机效率可以写为

$$\eta = \frac{P_{\mathrm{W}}}{P_{\mathrm{H}}} \times 100\% \tag{3-15-4}$$

　　对于温差发电的半导体热机,P_{H} 即为内部电加热片的电功率,$P_{\mathrm{W}} = P_{\mathrm{RL}}$ 即为温差发电电压在负载电阻上产生的电功率,上式的效率为实际的热机效率。研究表明,热机的最大效率仅与热机工作的热池温度和冷池温度有关,而与热机的类型无关,卡诺效率为

$$\eta_{\text{Carnot}} = \frac{T_{\text{H}} - T_{\text{C}}}{T_{\text{H}}} \times 100\% \qquad (3-15-5)$$

式中,温度单位是 K(开氏温度)。式(3-15-5)表明只有当冷池温度 T_{C} 为绝对零度时热机的最大效率为 100%;若摩擦、热传导、热辐射等引起的能量损失忽略不计,热机做功效率最大为卡诺效率。

【实验仪器】

热泵热机效应综合实验仪一套,如图 3-15-3 所示。

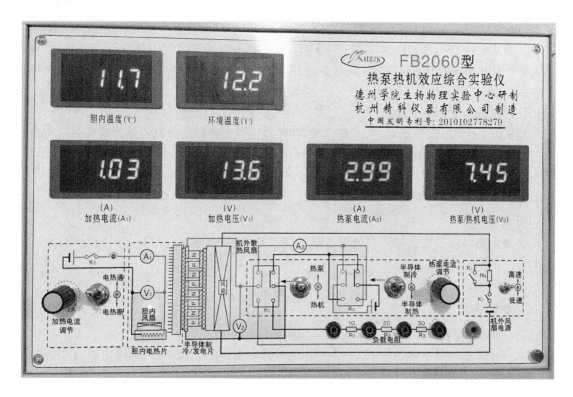

图 3-15-3 热泵热机效应综合实验仪

【实验内容】

1. 测量半导体热机的卡诺效率和实际效率

① 参见上面的仪器面板图将"热泵热机效应综合实验仪"的功能置于温差发电功能(中间开关拨向"热机");面板最左侧开关拨向"电热通";最右侧开关拨向"高速"。保温箱(图 3-15-3 中没有,见仪器)下面开关拨向"加热片"。开仪器箱后侧面的总电源开关后马上记录环境温度 θ_{C}(因该温度表的温度传感器在仪器箱内,时间长了仪器箱内电子元件发热会导致箱内温度上升,此时温度值就不是室内环境温度了,所以要以刚开机时的温度值为准)。然后调节加热电流 $A_1 = 1.80$ A(目的是快速升温到平衡温度,节省时间),等待保温箱内温度升高到 34 ℃左右时,通过插线接通负载电阻 $R_{\text{L}} = 3$ Ω,再减小 $A_1 = 1.00$ A,等待一段时间,直至保温箱内温度 θ_{H} 不再上升(θ_{H} 可保持 1.5～2 min 不再变化即认为不再上升,以室温 20 ℃时为参考值:1 A 加热电流下的热平衡温度 $\theta_{\text{H}} = 37.30$ ℃),把数据记录到表 3-15-1 中(V_1、A_1、P_{H} 分别为电加热的电压、电流、功率)。测量刚断开负载后 3～6 s 时间段内的空载电压 E 值。

② 调节加热电流 $A_1 = 1.35$ A,重复上述实验内容,记录数据于表 3 - 15 - 1 中。

表 3 - 15 - 1　实验数据

	温差发电的空载电压 E/V	冷端(环境)温度 θ_C/℃	热端(保温箱胆内)				负载 $R_L = 3$ Ω		实际效率/%	卡诺效率/%
			θ_H/℃	V_1/V	A_1/A	P_H/W	V_2/V	P_W/W		
低温差					1.00					
高温差					1.35					

③ 由式(3-15-4)和式(3-15-5)分别计算上述低温差和高温差情况下,半导体热机的实际效率 η 以及理想卡诺效率 η_{Carnot}(计算时注意要用公式 $T = 273.15 + \theta$,将摄氏温度 θ 换算成热力学温度 T)。

2. 测量温差发电电源的内阻

利用上述相关实验数据,自拟实验方法,计算温差发电电源的高温差及低温差对应的内阻 r。要求画出实验电路图,电路图中的器件图形和标号要规范,写出简要计算内阻 r 的公式和简要实验步骤。

3. 数据处理和结果分析,做出结论

【注意事项】

1. 某加热电流下保温箱内升到最高温的热平衡状态,需要耐心等待,不要调到该电流马上读数记录。

2. 保温箱的上盖要盖严实。

【思考讨论】

1. 从多个角度回答对于温差发电如何提高热机效率? 为什么?

2. 为什么在测量空载电压 E 时,要测刚断开负载 R_L 瞬间 3～6s 时间段内的值?

3. 构想一下温差发电的社会应用,举几个实例。

实验 3 - 16　用非线性电路研究混沌现象

(赵　杰)

人们在认识和描述运动时,大多只局限于线性动力学描述方法,即确定的运动有一个完美确定的解析解。但是自然界在相当多情况下,非线性现象却起着很大的作用。1975 年混沌作为一个新的科学名词首次出现在科学文献中。从此,非线性动力学迅速发展,并成为有丰富内容的研究领域。该学科涉及非常广泛的科学范围,从电子学到物理学,从气象学到生态学,从数学到经济学等。混沌通常相应于不规则或非周期性,这是由非线性系统本质产生的。本实验将引导学生自己建立一个非线性电路,采用实验方法研究 LC 振荡器产生的正弦波与经过 RC 移相器移相的正弦波合成的相图(李萨如图),观测振动周期发生的分岔及混沌现象;测量非线性单元电路的电流—电压特性,从而对非线性电路及混沌现象有一深刻了解。

【实验目的】

1. 用示波器观测 LC 振荡器产生的波形及经 RC 移相后的波形。

2. 用双踪示波器观测上述两个波形组成的相图(李萨如图)。

3. 改变 RC 移相器中可调电阻 R 的值,观察相图周期变化。记录倍周期分岔、阵发混沌、三倍周期、吸引子(周期混沌)和双吸引子(周期混沌)相图。

4. 测量由 LF353 双运放构成的有源非线性负阻"元件"的伏安特性,结合非线性电路的动力学方程,解释混沌产生的原因。

【实验器材】

双踪示波器,非线性电路混沌实验仪及组成如图 3-16-1 所示。仪器连接方法及注意事项:

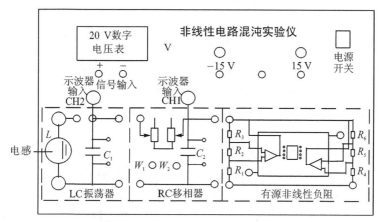

图 3-16-1　混沌实验仪结构图

1. 打开机箱,将铁氧体介质电感连接到与面板上对应接线柱相接。

2. 用同轴电缆线将实验仪面板上的 CH2 插座连接示波器的 Y 输入,CH1 插座连接示波器的 X 输入,并置 X 和 Y 输入为 DC。

以观测二个正弦波构成的利萨如图(相图)。

3. 接通实验板的电源,这时数字电压表有显示,对应 ±15 V 电源指示灯都为亮状态,且都有电压输出。

4. 数字电压表上的数字不停的闪烁,说明显示输入电压超过量程。

5. 关掉电源以后,才能拆实验板上的接线。

6. 仪器预热 10 min 以后才可以测数据。

【实验原理】

1. 非线性电路与非线性动力学

实验电路如图 3-16-2 所示,图中只有一个非线性元件 R,它是一个有源非线性负阻器件。电感器 L 和电容器 C_2 组成一个损耗可以忽略的谐振回路;可变电阻 R_0 和电容器 C_1 串联将振荡器产生的正弦信号移相输出。本实验所用的非线性元件 R 是一个五段分段线性元件。图 3-16-3 所示的是该电阻的伏安特性曲线,可以看出加在此非线性元件上电压与通过它的电流极性是相反的。由于加在此元件上的电压增加时,通过它的电流却减小,因而将此元件称为非线性负阻元件。

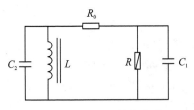

图 3 - 16 - 2　非线性电路原理

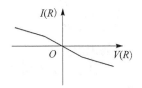

图 3 - 16 - 3　非线性元件伏安特性

图 3 - 16 - 2 电路的非线性动力学方程为

$$C_1 \frac{dU_{C_1}}{dt} = G(U_{C_2} - U_{C_1}) - gU_{C_1}$$

$$C_2 \frac{dU_{C_2}}{dt} = G(U_{C_1} - U_{C_2}) + i_L$$

$$L \frac{di_L}{dt} = -U_{C_2}$$

$$(3 - 16 - 1)$$

式中, U_{C_1}、U_{C_2} 为 C_1、C_2 上的电压; i_L 为电感 L 上的电流; $G = 1/R_0$ 为电导; g 为 U 的函数。如果 R 是线性的, g 是常数, 电路就是一般的振荡电路, 得到的解是正弦函数, 电阻 R_0 的作用是调节 C_1 和 C_2 的位相差, 把 C_1 和 C_2 两端的电压分别输入到示波器的 x, y 轴, 则显示的图形是椭圆。如果 R 是非线性的, 会看到什么现象呢?

实验电路如图 3 - 16 - 4 所示, 图 3 - 16 - 4 中, 非线性电阻是电路的关键, 它是通过 1 个双运算放大器和 6 个电阻组合来实现的。电路中, LC 并联构成振荡电路, R_0 的作用是分相, 使 J_1 和 J_2 两处输入示波器的信号产生位相差, 可得到 x, y 两个信号的合成图形, 双运放 LF353 的前级和后级正、负反馈同时存在, 正反馈的强弱与比值 R_3/R_0, R_6/R_0 有关, 负反馈的强弱与比值 R_2/R_1, R_5/R_4 有关。当正反馈大于负反馈时, 振荡电路才能维持振荡。若调节 R_0, 正反馈就发生变化, LF353 处于振荡状态, 表现出非线性, 从 C, D 两点看, LF353 与 6 个电阻等效一个非线性电阻。

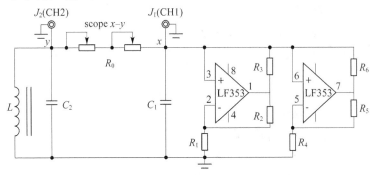

图 3 - 16 - 4　非线性电路混沌实验电路

2. 有源非线性负阻元件的实现

有源非线性负阻元件实现的方法有多种, 这里使用的是一种较简单的电路采用两个运算放大器(一个双运放 LF353)和 6 个配制电阻来实现, 其电路如图 3 - 16 - 4 所示, 它的伏安特性曲线如图 3 - 16 - 5 所示, 实验所要研究的是该非线性元件对整个电路的影响, 而非线性负阻元件的作用是使振动周期产生分岔和混沌等一系列非线性现象。实际非线性混沌实验电路如图 3 - 16 - 6 所示。

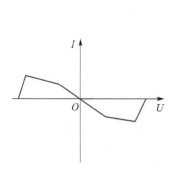

图 3 - 16 - 5　双运放非线性元件的伏安特性　　　　　　**图 3 - 16 - 6　有源非线性器件**

3. 名词解释

① 分岔:在一族系统中,当一个参数值达到某一临界值以上时,系统长期行为的一个突然变化。

② 混沌:a 表征一个动力系统的特征,在该系统中大多数轨道显示敏感依赖性,即完全混沌。b 表征一个动力系统的特征,在该系统中某些特殊轨道是非周期的,但大多数轨道是周期或准周期的,即有限混沌。

【实验内容】

1. 观察混沌现象(倍周期现象、周期性窗口、单吸引子和双吸引子的观察、记录和描述)

将电容 C_1 和 C_2 上的电压输入到示波器的 x,y 轴,先把 R_0 调到最小,示波器上可以观察到一条直线,调节 R_0,直线变成椭圆,到某一位置,图形缩成一点。增大示波器的倍率,反向微调 R_0,可见曲线作倍周期变化,曲线由一周期增为二周期,由二周期增为四周期……直至一系列难以计数的无首尾的环状曲线,这是一个单涡旋吸引子集,再细微调节 R_0,单吸引子突然变成了双吸引子,只见环状曲线在两个向外涡旋的吸引子之间不断填充与跳跃,这就是混沌研究文献中所描述的"蝴蝶"图像,也是一种奇怪吸引子,它的特点是整体上的稳定性和局域上的不稳定性同时存在。利用这个电路,还可以观察到周期性窗口,仔细调节 R_0,有时原先的混沌吸引子不是倍周期变化,却突然出现了一个三周期图像,再微调 R_0,又出现混沌吸引子,这一现象称为出现了周期性窗口。混沌现象的另一个特征是对于初值的敏感性。

观察并记录不同倍周期时 $U_{C_1} - t$ 图和 R_0 的值。

2. 测量有源非线性电阻的伏安特性并画出伏安特性图

由于非线性电阻是含源的,测量时不用电源,用电阻箱调节,伏安表并联在非线性电阻两端,再和电阻箱串联在一起构成回路。尽量多测数据点(自行设计表格记录数据)。

3. 测量一个铁氧体电感器的电感量,观测倍周期分岔和混沌现象(选做)

① 按图 3 - 16 - 5 所示电路接线。其中电感器 L 由实验者用漆包铜线手工缠绕。可在线框上绕 75~85 圈,然后装上铁氧体磁芯,并把引出漆包线端点上的绝缘漆用刀片刮去,使两端点导电性能良好。也可以用仪器附带铁氧体电感器。

② 串联谐振法测电感器电感量。把自制电感器、电阻箱(取 30 Ω)串联,并与低频信号发生器相接。用示波器测量电阻两端的电压,调节低频信号发生器正弦波频率,使电阻两端电压达到最大值。同时,测量通过电阻的电流值 I。要求达到 $I = 5$ mA(有效值)时,测量电感器的电感量。

【思考讨论】

1. 实验中需自制铁氧体为介质的电感器,该电感器的电感量与哪些因素有关? 此电感量可用哪些方法测量?

2. 非线性负阻电路(元件),在本实验中的作用是什么?

实验 3 - 17　测电源的电动势和内阻

(赵　杰　陈书来)

普通的电压表在测量电压时,由于从被测电路取出一部分电流,在被测电路的内阻上产生了内压降,因此实际测量的电压值比没接入电压表时有所降低。可见单独用一个普通的电压表是不能用来精确测量电动势的。本实验用低内阻普通的电压表,自行设计不从被测电路取出电流的测量电压的电路,精确测量待测电池的电动势以及接上负载以后的电压值;结合其他实验器材,精确测量待测电源的内阻。本实验可以训练实验者对电学知识的综合应用能力和设计电路的能力。

【实验目的】

1. 用给定的实验器材种类,自行设计高精度测量干电池的电动势和内阻的实验。

2. 训练综合设计能力、分析和解决问题的能力、仪器仪表类型和量程的选用能力。

【实验内容】

1. 画出实验电路图,写出实验原理和计算公式及其推导过程,在实验原理中要分析各相关内容的理由。

2. 设计出详细的实验步骤和表格,在步骤中要写入仪器仪表型号和量程。经教师检查认可后才可进行实验!

3. 由实验数据计算出结果并做出详尽分析和结论,分析如何减小误差。

4. 检流计要设保护电路。

【实验器材】

待测电源(2 号电池一节)、工作电源(可调稳压电源或 1 号电池两节串联构成)、多量程电压表 2~3 只、指针式检流计 1 个、直流电阻箱 2 个、滑线变阻器 1 个、开关 2 个、导线若干。

【思考讨论】

1. 要提高测量精度,实验中应注意什么?

2. 精度高的电压表,是否一定比精度低的电压表测量值精确?

实验 3 - 18　霍尔效应的研究

(赵　杰　陈书来　魏　勇)

霍尔效应是导体中的运动电荷在磁场的洛伦兹力作用下在导体边沿产生电荷积蓄所致的电动势的效应。霍尔效应可以测定载流子浓度及载流子迁移率等重要参数,是判断材料的导电类型和研究半导体材料的重要手段,还可以用霍尔效应测量直流或交流电路中的电流和功率以及把直流电流转换成交流电流并对它进行调制、放大。用霍尔效应制作的传感器可广泛用于磁场、位置、位移、温度、转速等物理量的测量。

【实验目的】

1. 理解霍尔效应的基本原理和霍尔元件对材料的要求。

2. 测量霍尔电压与霍尔元件电流的关系曲线、霍尔电压与电磁铁励磁电流的关系曲线。

3. 用霍尔效应判断霍尔元件载流子的导电类型,计算载流子浓度和迁移率。

【实验原理】

1. 霍尔效应原理

如图 3-8-1 所示,将通有电流 I_S 的导体置于磁场 B(B 沿 z 轴方向)中,并使磁场 B 垂直于电流 I_S(I_S 沿 x 轴的反向)方向(或虽然不垂直但有垂直分量也可)。在导体中垂直于磁场 B 和电流 I_S 的方向上(y 方向)导体的两个表面,会出现一个电势差 U_y,此现象称为霍尔效应。霍尔效应对金属来说并不显著,但对半导体非常显著,因此常用半导体材料制作霍尔元件。

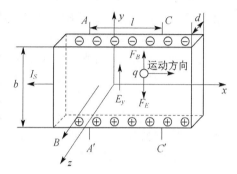

图 3-18-1 霍尔效应示意图

霍尔效应的实质是当电流 I_S 通过霍尔元件(假设为 N 型半导体材料制作的,即导电的电荷是电子)时,各个电子的漂移速度不尽相同的,用其平均漂移速度 v 来表示。垂直磁场 B 对运动电荷 q(q 为一个电子电量)产生一个洛伦兹力

$$F_B = q(v \times B) \tag{3-18-1}$$

洛伦兹力使电荷 q 产生 y 向的偏转,一部分电荷就在 y 向的两个表面积累起来,产生一个 y 向电场 E_y,直到电场 E_y 对电荷 q 的作用力 $F_E = E_y q$ 与磁场作用的洛沦兹力 F_B 相抵消为止,即

$$E_y q = q(v \times B) \tag{3-18-2}$$

此时,只要在产生电荷的两个端面不接负载,其他电荷将不再受偏转力的作用,只在导体中沿着 x 轴方向流动,霍尔电势差 U_y 就是这样产生的。

如果霍尔元件是 P 型半导体材料,即导电的载流子是空穴,则电场 E_y 与前者相反,霍尔电势差 U_y 也相反(与图 3-18-1 相反,上正下负),因此,可据此判断霍尔元件的导电类型是电子还是空穴,从而推出是 N 或 P 型半导体材料。

设霍尔元件的载流子浓度为 n,宽度和厚度各为 b 和 d,则通过样品的电流 $I_S = nqvbd$,电荷的运动速度 $v = I_S/nqbd$,将其代入式(3-18-2),有

$$|E_y| = |v \times B| = \frac{I_S B}{nqbd} = E_y \tag{3-18-3}$$

$$\frac{I_S B}{nqd} = E_y b = U_y \tag{3-18-4}$$

令 K 为霍尔元件灵敏度

$$K = \frac{1}{nqd} \tag{3-18-5}$$

令 R 为霍尔系数

$$R = \frac{1}{nq} = Kd \qquad\qquad (3-18-6)$$

式(3-18-5)和式(3-18-6)联立得

$$U_y = KI_sB \qquad\qquad (3-18-7)$$

霍尔元件灵敏度 K 的单位为 mV/(mA·T),其值愈大愈好。霍尔系数 R 则是反映霍尔元件材料本身的霍尔效应强弱的物理量,且与其形状和通过的电流无关。由式(3-18-5)可见 K 与载流子浓度 n 成反比,因半导体内载流子浓度远比金属载流子浓度小,所以都用半导体材料作为霍尔元件;K 与霍尔元件的厚度 d 成反比,所以霍尔元件一般做得很薄只有 0.2 mm 厚。

由式(3-18-7)可以看出,如已知磁感应强度 B(其大小用励磁电流 I_M 可计算出,一般厂家已经给出 B 与 I_M 的关系式),只要分别测出通过霍尔元件的工作电流 I_s 及霍尔电势差 U_y 就可算出霍尔元件灵敏度 K,霍尔系数 R 也可由式(3-18-6)求出。

2. 由霍尔系数 R 确定参数

由式(3-18-6)可得载流子浓度

$$n = \frac{1}{Rq} \qquad\qquad (3-18-8)$$

这个关系是假定所有载流子都具有相同的漂移速度得到的,若要更精确,根据半导体理论,还要考虑载流子的速度统计分布,引入 $3\pi/8$ 的修正因子。

3. 电导率和迁移率的测量

电导率 σ 可以通过图 3-18-1 所示的 A、C 电极进行测量。设 A、C 电极间的距离为 l,而样品的横截面积为 $S = bd$,流过样品的电流为 I_s,在零磁场下,若测得 A、C 间的电压为 U_σ,可由下式求得电导率

$$\sigma = \frac{I_sl}{U_\sigma S} \qquad\qquad (3-18-9)$$

电导率 σ、载流子浓度 n、载流子的迁移率 μ 之间的关系 $\sigma = nq\mu$,由式(3-18-6)得

$$\mu = \frac{\sigma}{nq} = |R|\sigma \qquad\qquad (3-18-10)$$

由式(3-18-10)得 $|R| = \mu/\sigma = \mu\rho$,$\rho$ 为电阻率。可见,要得到大的霍尔电压,霍尔元件材料的霍尔系数 $|R|$ 就要大,载流子的迁移率 μ 和电阻率 ρ 就得大。金属的 μ 和电阻率 ρ 都很低,不良导体虽 ρ 虽高,但 μ 极小,故上述两种材料的霍尔系数都很小,不能用来制造霍尔器件。半导体材料的 μ 高,ρ 也不太低,最适合制造霍尔元件。由于半导体材料内电子的迁移率比空穴的迁移率大,所以常用 N 型半导体材料制造霍尔元件。

由于霍尔效应的建立用时极短,所以使用霍尔元件时也可用交流电,得到的霍尔电压也是与通过电流的频率相同的交变电压。此时测得的各交流电流和电压应全为有效值。

4. 伴随霍尔电压产生的附加电压及其消除方法

在霍尔效应电压 U_y 产生的过程中,还会伴随一些副效应,给测量结果附加另外一些电压,使得测量产生误差。这些副效应包括爱廷好森效应产生的 U_E,这是由于在霍尔片中的载流子速度并不同,高速载流子及低速载流子由于受到的洛仑兹力不同而分别轰击上下区域,使霍尔片产生上下温差而产生电动势。能斯特效应,是由于霍尔片左右供电端子接触电阻不同使 x 方向存在温度梯度,电子将从热端扩散到冷端,如果 z 方向有磁场,如霍尔效应一样,在 y 方向其两侧 (A,A') 会有电动势 U_N 产生;里纪-勒杜克效应,是当 x 方向存在温度梯度,z 方向有磁场,可使样品沿着 y 方向产生温度梯度,此温度梯度也产生电位差 U_R;除了这些副效应外还有不等势电

势差 U_0,它是由于两侧(A,A')的电极不在同一等势面上引起的(见图 3-18-2),当电流通过时,即使不加磁场,A 和 A' 之间也会有电势差 U_0 产生,其方向随电流 I_S 方向而改变。为了消除上述副效应的影响,采用对称测量的方法来加以消除,通过改变 I_S 和 B 的方向,记下四组电势差数据:

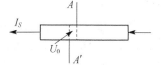

图 3-18-2　AA' 两电棒极不在 同一等位面上

当 I_S 正向,B 正向时,　　　$U_1 = U_y + U_E + U_N + U_R + U_0$

当 I_S 负向,B 正向时,　　　$U_2 = -U_y - U_E + U_N + U_R - U_0$

当 I_S 负向,B 负向时,　　　$U_3 = U_y + U_E - U_N - U_R - U_0$

当 I_S 正向,B 负向时,　　　$U_4 = -U_y - U_E - U_N - U_R + U_0$

计算 $U_1 - U_2 + U_3 - U_4$,取平均值,即 $\frac{1}{4}(U_1 - U_2 + U_3 - U_4) = U_y + U_E$,可见,爱廷好森效应产生的 U_E 无法消除,但由于它很小,可忽略,因此

$$U_y = \frac{1}{4}(U_1 - U_2 + U_3 - U_4) \qquad (3-18-11)$$

温度差的建立需要较长时间(约几秒钟),因此,如果给霍尔元件通以交流电,使它来不及建立,就可以减小测量误差。

【实验器材】

霍尔效应实验仪、测试仪组合 1 套。

【实验内容】

1. 连接开关和预置开关

按厂家的仪器使用说明书连接电路和预置开关。移动二维调节装置,使霍尔元件处于电磁铁气隙中心位置。将实验仪的霍尔电流"I_S"和电磁铁的励磁电流"I_M"调节旋钮全逆时针拧到头置零,如预热几分钟后不为零则调节"调零"电位器使之为零。

2. 测量 U_y-I_S 关系

将实验仪和测试仪的切换开关都拨向"U_H"(即本书中的 U_y)一侧。调节电磁铁励磁电流 $I_M = 0.5$ A 并保持不变,并按下表中要求改变其方向。按下表要求改变霍尔电流 I_S 的大小和方向,分别测量相应霍尔电压记入表 3-18-1 中。

表 3-18-1　霍尔电压值

| I_S/mA | U_1/mV | U_2/mV | U_3/mV | U_4/mV | $U_y = \dfrac{U_1 - U_2 + U_3 - U_4}{4}$ /mV |
	$+B,+I_S$	$+I_S,-B$	$-I_S,-B$	$-I_S,+B$	
1.00					
1.50					
2.00					
2.50					
3.00					
3.50					
4.00					
4.50					

3.测量 U_y - I_M 关系

各个开关状态与步骤 2 相同,调节 $I_S=5$ mA 并保持不变,按表 3-18-2 中要求改变其方向,同时按表 3-18-2 改变电磁铁励磁电流 I_M 的大小和方向,测量相应霍尔电压记入表 3-18-2 中。

表 3-18-2　相应霍尔电压值

I_M/A	U_1/mV $+B, +I_S$	U_2/mV $+I_S, -B$	U_3/mV $-I_S, -B$	U_4/mV $-I_S, +B$	$U_y = \dfrac{U_1-U_2+U_3-U_4}{4}$ /mV
0.10					
0.20					
0.30					
0.40					
0.50					
0.60					
0.70					
0.80					

4.测量 U_σ 值

将仪器的转换开关拨向"U_σ"一侧。调节 $I_M=0$ mA,I_S 大小的选取以仪器测 U_σ 的电压表不超量程为宜。

5. 判定霍尔元件的导电类型

测量霍尔电压 U_y 的极性,根据图 3-18-1 和实际使用仪器的结构和状态,判断所用霍尔元件是 N 型或 P 型(也可反推磁场方向)。

6. 数据处理

① 根据上述测得的两个表格数据,绘制 U_y - I_S 的关系曲线和 U_y - I_M 关系曲线。

② 计算霍尔系数 R,从而求出 n、σ、μ。

【思考讨论】

1. 当磁场方向与霍尔元件不垂直时,将对霍尔电压产生什么影响?

2. 简述用霍尔元件测磁场的方法,如果已知霍尔系数 R 和其厚度 d,用哪个公式计算?

实验 3-19　非平衡电桥

(赵　杰　崔廷军　陈书来)

惠斯登电桥是工作在平衡态下的电桥,可以准确测量未知电阻。但在科研和社会实际应用中,往往需要利用传感器把一些待测的物理量转换成电阻量接入电桥中,利用电桥由平衡态到非平衡态的变化过程参数,得知待测物理量,比如产品质量检验、温度测量等。此时电桥中的一个或几个桥臂往往是某种传感器,利用非平衡电桥可以很快连续测量这些传感元件电阻值的改变,从而得到这些物理量变化的信息。由于各类传感器的日新月异的发展,非平衡电桥的应用日益广泛。

【实验目的】

1. 掌握非平衡电桥工作原理和工作特性。
2. 研究非平衡电桥的特点。
3. 用非平衡电桥设计电阻温度计。

【实验原理】

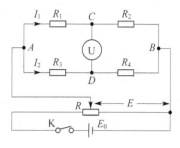

图 3 - 19 - 1　非平衡电桥原理图

如图 3 - 19 - 1 所示,当调节四个桥臂电阻使 C、D 两点等电位,则电桥达到了平衡。如果四个桥臂的某一个或某几个电阻换成传感器电阻,其他物理量(如温度、光强等)改变则传感器电阻也改变,C、D 两点电位就不再相等了,此时电桥就处于非平衡态,C、D 两点电位差的大小,反映了传感器桥臂电阻的变化情况,也就反映了待测物理量的变化,这就是非平衡电桥工作的基本原理。当 C、D 之间的平衡检测用低内阻电流表时,因电流表要消耗较大电流,称为功率非平衡电桥。

设计非平衡电桥时,要让电源 E_0 的内阻及其滑线变阻器 R 的电阻值,远小于非平衡电桥 A、B 两端的等效总电阻。这样 A、B 两点之间的输入电压 E 就为恒压源,相对于电桥电阻而言,A、B 两点相当于短路。对图 3 - 19 - 1 而言,因电压表 U 的输入阻抗远大于电桥的电阻,检流支路等同于接了电阻极大的电阻,无电流,计算简化,因此非平衡时 C、D 之间输出电压为

$$U=\frac{R_2}{R_1+R_2}E-\frac{R_4}{R_3+R_4}E=\frac{R_2R_3-R_1R_4}{(R_1+R_2)(R_3+R_4)}E \qquad (3-19-1)$$

根据等效电源定理,U 为从 C、D 两点看进去的等效电源的电动势,R_Q 为从 C、D 两点看进去的等效电源的内阻

$$R_Q=R_1//R_2+R_3//R_4=\frac{R_1R_2}{R_1+R_2}+\frac{R_3R_4}{R_3+R_4} \qquad (3-19-2)$$

当 C、D 两端改为接电阻为 R_G 的电流表时,相当于等效电源接了负载电阻 R_G,检流支路有了电流,C、D 两端电压降低为

$$U_G=\frac{U}{R_Q+R_G}R_G=\frac{R_G(R_2R_3-R_1R_4)}{(R_G+R_Q)(R_1+R_2)(R_3+R_4)} \qquad (3-19-3)$$

由式(3 - 19 - 3)可见,当 $R_2R_3-R_1R_4=0$,则 C、D 两端电压 $U_G=0$,这就是电桥处于平衡态。如果其中有一个未知电阻,则根据此关系可求出来,这就是我们以前做过的惠斯登平衡电桥的工作原理。

对非平衡电桥关注的是某一个(或几个)桥臂电阻由平衡态开始变化引起输出电压 U 的变化量,而不是这个电阻值,因此开始测量前,要先将电桥调至平衡。

设图 3 - 19 - 1 中的 R_1 由平衡态变到 $R_1+\Delta R_1$,在 C、D 端接高内阻(10 MΩ 左右)的数字电压表,则据式(3 - 19 - 1)有

$$U=\frac{R_2R_3-(R_1+\Delta R_1)R_4}{(R_1+\Delta R_1+R_2)(R_3+R_4)}E=\frac{nK}{(1+K+n)(1+K)}E \qquad (3-19-4)$$

式中，$n=\dfrac{\Delta R_1}{R_1}$ 表示待测臂的相对变化，$K=\dfrac{R_2}{R_1}=\dfrac{R_4}{R_3}$ 为其成立条件。

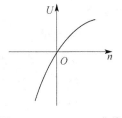

图 3-19-2 $U-n$ 曲线

由式(3-19-4)可见，当电压 E 保持不变时，非平衡电桥的输出电压 U 随比值 K 和待测臂的相对变化 n 而变化。当 n 变化较小时，对 K 值影响极小，此时可近似认为非平衡电桥的输出电压 U 仅为待测桥臂电阻值 R_1(或 n)的函数。当 K 和 E 为常量，只改变待测臂 R_1 阻值的相对变化 n，可得图 3-19-2 所示的 $U-n$ 曲线，利用这条曲线，经过定标，就可以测量其他物理量。其中斜率越大，非平衡电桥越灵敏。

定义非平衡电桥的灵敏度 $S=\dfrac{\partial U}{\partial n}$，由式(3-19-4)可得

$$S=\frac{KE}{(1+K+n)^2} \tag{3-19-5}$$

由式(3-19-5)可见，当 $n\to 0$ 时，也即在电桥的平衡态的附近，灵敏度最高。工作电源 E 越高非平衡电桥的灵敏度 S 也越高，但必须稳压为前提。在 $n\to 0$ 条件下，对式(3-19-5)求导可知，当 $K=1$ 时，灵敏度 S 最高，为

$$S_M=\frac{E}{4} \tag{3-19-6}$$

可见，相邻桥臂阻值越接近相等，非平衡电桥就越灵敏，这是实验中要注意的。

【实验器材】

稳压电源、标准电阻箱、数字万用表、金属电阻、温度计、液体槽和电加热器(可用电热杯代替)、搅拌器、导热液体、导线若干。

【实验内容】

按图 3-19-1 接线，如果 E_0 为可调稳压电源，此时可用调稳压电源的输出电压取代滑线变阻器 R，CD 之间接数字万用表的直流电压挡 0.2 V 挡，R_1 为传感元件(比如热敏电阻等)，其余桥臂接标准电阻箱。

1. 用模拟传感器研究非平衡电桥的特性

令 $E=4$ V，用桥臂 R_1 作为模拟传感器，令 $K=1$，$R_1=R_2=R_3=R_4=250$ Ω，开始要事先将非平衡电桥调到平衡状态，需仔细略调 R_3(或其他桥臂)到平衡态。从平衡态开始以稍微调节 R_1 往非平衡态调节，每稍微改变一次 R_1(注意每次 ΔR_1 要等间隔)，记录相应的不平衡电压 U，直到 R_1 由原来的平衡时的阻值往正负方向变化 125 Ω 为止。在坐标纸上作出 $U-n$ 曲线。

令 $E=2$ V，重复上述测量，在上述同一坐标纸的同一坐标系中作出 $U-n$ 曲线。

改变 K 值为 10，电源电压为 4 V，重复上述第一步的测量，并在同一坐标系中作出相应的曲线。

将上述三条曲线加以对比，作出结论。

计算当 $n\to 0$ 时，上述三种条件下的非平衡电桥的灵敏度 S，并加以对比，作出结论。

2. 非平衡电桥应用——电阻温度计的设计(选作内容)

电阻温度计测温原理：金属电阻随温度的升高而增大，为正温度系数。铂电阻传感器的性质稳定，测温范围大(-200~500 ℃)，而铜电阻传感器测温范围较小(-50~150 ℃)。金属电阻传感器电阻 R_t 随温度 t 变化有如下关系式：

$$R_t = R_0(1 + \alpha t) \tag{3-19-7}$$

式中，R_t、R_0 分别是温度为 t ℃、0 ℃时的电阻值；α 是金属电阻温度系数，在应用许可温度范围内 α 为常数。把式(3-19-7)代入式(3-19-4)可得

$$U = \frac{\alpha t K}{(1 + K + \alpha t)(1 + K)} E \tag{3-19-8}$$

当 $1 + K$ 远大于 αt 时，式(3-19-8)变为

$$U = \frac{\alpha t K}{(1 + K)(1 + K)} E = \frac{\alpha K E}{(1 + K)^2} t \tag{3-19-9}$$

即非平衡电桥输出的非平衡电压与传感器桥臂的温度呈线性正比关系，这就是金属电阻温度传感器与非平衡电桥结合研制金属电阻温度计的理论依据。

【实验设计要求】

1. 在图 3-19-1 中利用金属电阻(比如用细铜漆包线绕成的电阻)取代 R_1，记录一组 U-t 对应数据，并由此组数据作出 U-t 曲线，找出线性区(测温区)。

2. 利用自己设计的电阻温度计，实际测量某种液体的升温过程，并和商品温度计测得数据进行对比。

【思考讨论】

1. 如何提高非平衡电桥的灵敏度？

2. 热敏电阻对温度很敏感，但它是负温度系数的热敏电阻，在某个温度区段也是线性的，是否也可与非平衡电桥结合设计温度计。

实验 3-20　PN 结的物理特性

（赵　杰）

【实验目的】

1. 在室温时，测量 PN 结电流与电压关系，证明此关系符合指数分布规律。

2. 测量玻尔兹曼常数。

3. 学会用运算放大器组成电流-电压变换器测量弱电流。

【实验原理】

1. PN 结伏安特性及玻尔兹曼常数测量

PN 结的正向电流-电压关系满足

$$I = I_0[\exp(eU/kT) - 1] \tag{3-20-1}$$

式中，I 是通过 PN 结的正向电流，I_0 是反向饱和电流，当温度恒定 I_0 为常数，T 是热力学温度，e 是电子的电量，U 为 PN 结正向压降。由于在常温(300 K)时，$kT/e \approx 0.026v$，而 PN 结正向压降约为十分之几伏，则 $\exp(eU/kT) \gg 1$，于是有

$$I = I_0\exp(eU/kT) \tag{3-20-2}$$

也即 PN 结正向电流 I 随正向电压 U 按指数规律变化。若测得 PN 结 I-U 关系值，则利用式(3-20-1)可以求出 e/kT。在测得温度 T 后，就可以得到 e/k 常数，把电子电量 e 作为

已知值代入,即可求得玻尔兹曼常数 k。

　　实验电路如图 3-20-1 所示。在实际测量中,二极管的正向 $I-U$ 关系虽然能较好满足指数关系,但求得的常数 k 往往偏小。这是因为通过二极管电流不只是扩散电流,还有其他电流。一般它包括三个部分:扩散电流,它严格遵循式(3-20-2);耗尽层复合电流,它正比于 $\exp(eU/2kT)$;表面电流,它是由 Si 和 SiO_2 界面中杂质引起的,它正比于 $\exp(eU/mkT)$,一般 $m>2$。因此,为了验证式(3-20-2)及求出准确的 e/k 常数,不宜采用硅二极管,而采用硅三极管接成共基极线路,因为此时集电极与基极短接(因 LF356 的 2、3 脚之间的输入阻抗仅几个欧姆),集电极电流中仅仅是扩散电流。复合电流主要在基极出现,测量集电极电流时,将不包括它。本实验中选取性能良好的硅三极管(TIP31 型),实验中又处于较低的正向偏置,这样表面电流影响也完全可以忽略,所以此时集电极电流与结电压将满足式(3-20-2)。

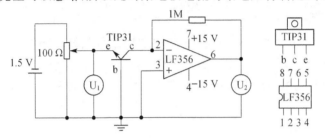

图 3-20-1　PN 结的结电流与结电压关系实验电路

　　2. 弱电流的测量

　　LF356 是一个集成运算放大器,用它组成电流—电压变换器(弱电流放大器),如图 3-20-2 所示。其中虚线框内电阻 Z_r 为电流-电压变换器等效输入阻抗。由图 3-20-2 可知,运算放大器的输出电压 U_o 为

$$U_o = -K_o U_i \qquad (3-20-3)$$

式中,U_i 为输入电压;K_o 为运算放大器的开环电压增益;R_f 为反馈电阻。因为运放的输入阻抗 $r_i \to \infty$,所以信号源输入电流 I_s 只流经反馈网络构成的通路。因而有

$$I_s = (U_i - U_o)/R_f = U_i(1+K_o)/R_f \qquad (3-20-4)$$

　　由式(3-20-4)可得电流—电压变换器等效输入阻抗 Z_r 为

$$Z_r = U_i/I_s = R_f/(1+K_o) \approx R_f/K_o \qquad (3-20-5)$$

　　由式(3-20-3)和式(3-20-4)可得电流—电压变换器输入电流 I_s 与输出电压 U_o 之间的关系式,即

$$I_s = -\frac{U_o}{K_o}(1+K_o)/R_f = -U_o(1+1/K_o)/R_f \approx -U_o/R_f \qquad (3-20-6)$$

　　通常 R_f 为常数,所以在数值上,输出电压 U_o 近似正比于输入电流 I_s,这就是运放测电流原理。若选用四位半量程 200 mV 数字电压表,它最后一位变化为 0.01 mV,那么用上述电流-电压变换器能显示最小电流值为:$(I_s)_{\min} = 0.01 \times 10^{-3}$ V$/(1 \times 10^6 \ \Omega) = 1 \times 10^{-11}$ A。

【实验器材】

PN 结物理特性综合实验仪。

【实验内容】

　　1. 按图 3-20-1 要求连接线路,其中 U_1 为三位半数字电压表,U_2 为四位半数字电压表,

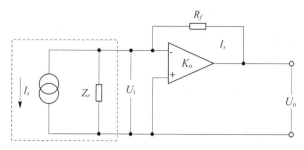

图 3 - 20 - 2　由运放组成的超高灵敏电流-电压变换器

TIP31 型为带散热板的功率三极管,调节电压的分压器为多圈电位器,为保持 PN 结与周围环境一致,把 TIP31 型三极管浸没在盛有变压器油槽中。变压器油温度用铂电阻进行测量。

2. 在室温情况下,测量三极管发射极与基极之间电压 U_1 和相应电压 U_2。在常温下 U_1 的值约从 0.3 V 至 0.42 V 范围每隔 0.01 V 测一点数据并记入表 3 - 20 - 1 中,直至 U_2 值变化较小或基本不变。在记数据开始和记数据结束都要记录变压器油的摄氏温度 t_1 和 t_2。

3. 曲线拟合求经验公式:运用最小二乘法,将实验数据分别代入线性回归、指数回归、乘幂回归这三种常用的基本函数(它们是物理学中最常用的基本函数),然后求出衡量各回归程序好坏的标准差 δ。对已测得的 U_1 和 U_2 各对数据,以 U_1 为自变量,U_2 作因变量,分别代入:

① 线性函数 $U_2 = aU_1 + b$;② 乘幂函数 $U_2 = aU_1^b$;③ 指数函数 $U_2 = a\exp(bU_1)$。求出各函数相应的 a 和 b 值,得出三种函数式,究竟哪一种函数符合物理规律,必须用标准差来检验。办法是:把实验测得的各个自变量 U_1 分别代入三个基本函数,得到相应因变量的预期值 U_2^*,并由此求出各函数拟合的标准差

$$\delta = \sqrt{\sum_{i=1}^{n} (U_i - U_i^*)^2 / n}$$

式中,n 为测量数据个数;U_i 为实验测得的因变量(U_2);U_i^* 为将自变量代入基本函数的因变量预期值。最后比较哪一种基本函数为标准差最小,并说明该函数拟合得最好。

表 3 - 20 - 1　数据记录表

n	U_1/V	U_2/V	线性回归 $U_2 = aU_1 + b$		乘幂回归 $U_2 = aU_1^b$		指数回归 $U_2 = a\exp(bU_1)$	
			U_2^*/V	$(U_2 - U_2^*)^2/V^2$	U_2^*/V	$(U_2 - U_2^*)^2/V^2$	U_2^*/V	$(U_2 - U_2^*)^2/V^2$
1	0.310							
2	0.320							
3	0.330							
4	0.340							
5	0.350							
6	0.360							
7	0.370							
8	0.380							

		线性回归 $U_2=aU_1+b$		乘幂回归 $U_2=aU_1^b$		指数回归 $U_2=a\exp(bU_1)$	
9	0.390						
10	0.400						
11	0.410						
12	0.420						
13	0.430						
14	0.440						
计算 δ							
计算 a 及 b		$a=$	$;b=$	$a=$	$;b=$	$a=$	$;b=$

指出回归拟合的最好的函数,说明 PN 结扩散电流—电压关系遵循指数分布规律。

4. 计算玻尔兹曼常数

$$e/k=bT=b\left(273.15+\frac{t_1+t_2}{2}\right)=b(273.15+\bar{t})$$

$$k=\frac{e}{bT}=e/b(273.15+\bar{t})$$

其中,b 是指数回归计算出的;e 为电子的电量。将此结果与公认值 $k=1.381\times10^{-23}$J/K 进行对比。

5. 选做内容

改变干井恒温器温度,待 PN 结与油温度一致时,重复测量 U_1 和 U_2 的关系数据,并与室温测得的结果进行比较。

【注意事项】

1. 数据处理时,对于扩散电流太小(起始状态)及扩散电流接近或达到饱和时的数据,在记录处理数据时应删去,因为这些数据可能偏离式(3 - 20 - 2)。

2. 必须观测恒温装置上温度计读数,待 TIP31 三极管温度处于恒定时(即处于热平衡时),才能记录 U_1 和 U_2 数据。

实验 3 - 21　电信号的傅里叶分解与合成

(赵　杰　崔廷军)

【实验目的】

1. 用 RLC 串联谐振方法将方波分解成基波和各次谐波,并测量它们的振幅与相位关系。

2. 将一组振幅与相位可调正弦波由加法器合成方波。

3. 了解傅里叶分析的物理含义和分析方法。

【实验原理】

1. 傅里叶分解合成的数学表达

任何具有周期为 T 的波函数 $f(t)$ 都可以表示为三角函数所构成的级数之和：

$$f(t) = \frac{1}{2}a_0 + \sum_{n=1}^{\infty}(a_n \cos n\omega t + b_n \sin n\omega t)$$

其中，T 为周期；ω 为角频率，$\omega = \dfrac{2\pi}{T}$；第一项 $\dfrac{a_0}{2}$ 为直流分量。

所谓周期性函数的傅里叶分解就是将周期性函数展开成直流分量、基波和所有 n 阶谐波的叠加。

如图 3-21-1 所示的方波可以写成

$$f(t) = \begin{cases} h & \left(0 \leqslant t < \dfrac{T}{2}\right) \\ -h & \left(-\dfrac{T}{2} \leqslant t < 0\right) \end{cases}$$

此方波为奇函数，它没有常数项。

数学上可以证明此方波可表示为

$$f(t) = \frac{4h}{\pi}\left(\sin \omega t + \frac{1}{3}\sin 3\omega t + \frac{1}{5}\sin 5\omega t + \frac{1}{7}\sin 7\omega t + \cdots\right)$$

$$= \frac{4h}{\pi}\sum_{n=1}^{\infty}\left(\frac{1}{2n-1}\right)\sin[(2n-1)\omega t]$$

可见，方波是由一系列正弦波（奇函数）合成，正弦波振幅比为 1∶1/3∶1/5∶1/7，它们的初相位相同。

同样，对于图 3-21-2 所示的三角波也可以表示为

$$f(t) = \begin{cases} \dfrac{4h}{T}t & \left(-\dfrac{T}{4} \leqslant t \leqslant \dfrac{T}{4}\right) \\ 2h\left(1 - \dfrac{2t}{T}\right) & \left(\dfrac{T}{4} \leqslant t \leqslant \dfrac{3T}{4}\right) \end{cases}$$

$$f(t) = \frac{8h}{\pi^2}\left(\sin \omega t - \frac{1}{3^2}\sin 3\omega t + \frac{1}{5^2}\sin 5\omega t - \frac{1}{7^2}\sin 7\omega t + \cdots\right)$$

$$= \frac{8h}{\pi^2}\sum_{n=1}^{\infty}(-1)^{n-1}\frac{1}{(2n-1)^2}\sin(2n-1)\omega t$$

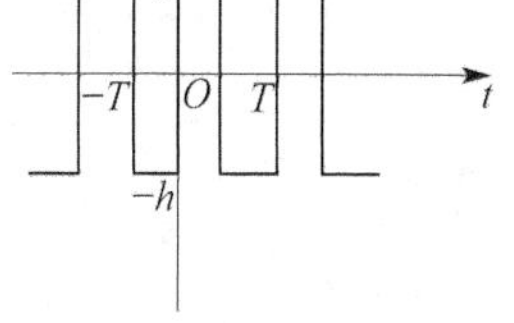

图 3-21-1　方波 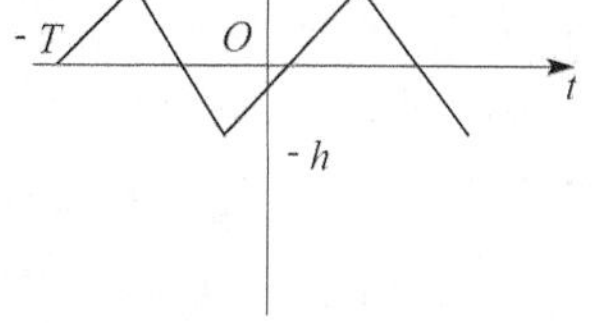　　　　　　　图 3-21-2　三角波

2. 周期性波形傅里叶分解的选频电路

用 RLC 串联谐振电路作为选频电路,对方波或三角波进行频谱分解。在示波器上显示这些被分解的波形,测量它们的相对振幅。我们还可以用一参考正弦波与被分解出的波形在示波器上构成李萨如图形,确定基波与各次谐波的初相位关系。

本仪器具有 1 kHz 的方波和三角波供做傅里叶分解实验。

实验线路如图 3 - 21 - 3 所示,这是一个简单的 RLC 电路,其中 R、C 是可变的,电感 L 一般取 0.1～1H 范围。

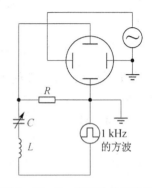

当输入信号的频率与电路的谐振频率相匹配时,此电路将有最大的响应。谐振频率 ω_0 为

$$\omega_0 = \frac{1}{\sqrt{LC}}$$

这个响应的频带宽度以 Q 值来表示:

$$Q = \frac{\omega_0 L}{R}$$

图 3 - 21 - 3　傅里叶分解电路

当 Q 值较大时,在 ω_0 附近的频带宽度较狭窄,所以实验中我们应该选择 Q 值足够大,大到足够将基波与各次谐波分离出来。

如果调节可变电容 C,在 $n\omega_0$ 频率谐振,我们将从此周期性波形中选择出这个频率单元。它的值为

$$V(t) = b_n \sin n\omega_0 t$$

这时电阻 R 两端电压为

$$V_R(t) = I_0 R \sin(n\omega_0 t + \varphi)$$

式中,$\varphi = \arctan \dfrac{X}{R}$,X 为串联电路感抗和容抗之和;$I_0 = \dfrac{b_n}{Z}$,Z 为串联电路的总阻抗。

在谐振状态 X = 0,此时,阻抗 $Z = r + R + R_L + R_C \approx r + R + R_L$。其中,r 为方波(或三角波)信号源的内阻;R 为取样电阻;R_L 为电感的损耗电阻;R_C 为标准电容的损耗电阻可忽略)。

由于电感用良导体缠绕而成,由于趋肤效应,R_L 将随频率的增加而增加。

3. 傅里叶合成

图 3 - 21 - 4 所示的电路为一个由运算放大器构成的模拟加法器。从输入端 1、3、5、7 输入四路单一频率的正弦波后,可以从输出端输出一个叠加后的信号。本仪器提供振幅和相位连续可调的 1 kHz,3 kHz,5 kHz,7 kHz 四组正弦波。如果将这四组正弦波的初相位和振幅按一定要求调节好

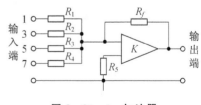

图 3 - 21 - 4　加法器

以后,输入到加法器,叠加后,就可以分别合成出方波、三角波等波形。

【实验器材】

傅里叶分解合成仪,双踪示波器。

【实验内容】

1. 方波的傅里叶分解

① 按图 3-21-3 接线,方波频率 $f=1\,000$ Hz。令电感 $L=0.1$ H,取样电阻 $R=20$ Ω,示波器用内锯齿波扫描,RLC 电路与方波信号源并联,垂直 Y 输入与取样电阻 R 并联。调节电容箱 C 的电容值,找出使示波器波形幅度最大(RLC 电路谐振状态)的基频 1 kHz 的波形,再调节示波器使波形稳定,记下此时 C 的电容值 C_1。再调节电容箱 C 的电容值,分别寻找 3 kHz、5 kHz 谐振时的电容值 C_3、C_5 并与理论值 $C_i=1/(\omega_i^2 L)$ 进行比较。观察将 C 调节到其他电容值时,却没有谐振出现(理论上基频的奇数倍也有,但幅度太小测不出来了)。

② 将 1 kHz 方波进行频谱分解,测量基波和 n 阶谐波的相对振幅和相对相位。测相位时要将示波器的 X 输入端接 1 kHz 的正弦信号,并将示波器扫描旋钮放在 XY 位置,垂直 Y 输入与取样电阻 R 并联。测出信号源内阻 r(参考值 $r=6.0$ Ω)。重新调节电容箱 C 的电容值至谐振时的 C_1、C_3、C_5 值,测出相关数据记入表 3-21-1。

表 3-21-1　数据记录表

谐振时电容值 $C_i/\mu f$			
谐振频率/kHz	1	3	5
相对振幅/cm			
利萨如图			
与 X 轴正弦波相位差			

由于电感 L 存在趋肤效应,其损耗电阻随频率升高而增加,因此使 3 kHz、5 kHz 谐波振幅数值比理论值有所降低。

由表中数据说明基波和各次谐波与同一参考正弦波(1 kHz)的初相位关系。

2. 方波的傅里叶合成

① 用利萨如图形反复调节各个移相器调节旋钮,使 1 kHz、3 kHz、5 kHz、7 kHz 正弦波同位相。方法是将示波器的 X 轴输入 1 kHz 正弦波,Y 轴分别输入 1 kHz、3 kHz、5 kHz、7 kHz 正弦波在示波器上分别显示图 3-21-5 波形时。

② 分别调节 1 kHz、3 kHz、5 kHz、7 kHz 正弦波振幅比为 1∶1/3∶1/5∶1/7。

③ 分别将 1 kHz、3 kHz、5 kHz、7 kHz 正弦波逐次接入加法器,观察和记录单个 1 kHz 的波形,1 kHz 与 3 kHz 正弦波叠加合成的波形,1 kHz 、3 kHz、5 kHz 三个正弦波叠加合成的波形。验证基波上叠加谐波越多,越趋近于方波。

3. 三角波的傅里叶分解(选做内容)

4. 三角波的傅里叶合成(选做内容)

参考方波的傅里叶分解方法进行。

① 将 1 kHz 的正弦波从 X 轴输入,用利萨如图形法调节各谐波移相器旋钮,调节各个正弦波的初相位,使各个利萨如图如图 3-21-6 所示。

同位相 反位相 同位相 反位相
Y输入 1 kHz 3 kHz 5 kHz 7 kHz   Y输入 1 kHz 3 kHz 5 kHz 7 kHz

图 3-21-5 Y 轴输入各个信号全与 X 轴输入   **图 3-21-6 三角波傅里叶合成**
1 kHz 信号相应差 180°时的利萨如图   **需求的基波和各个谐波的利萨如图**

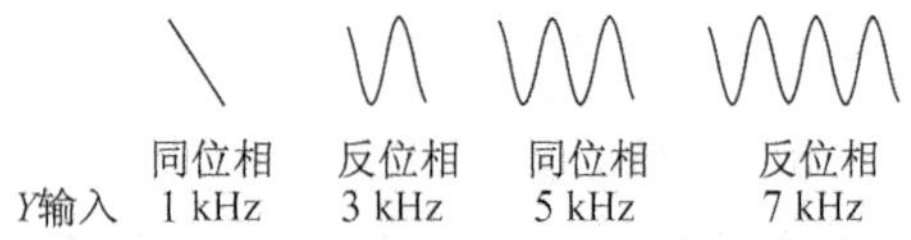

② 调节基波和各谐波振幅比为：$1 : \dfrac{1}{3^2} : \dfrac{1}{5^2} : \dfrac{1}{7^2}$。

③ 将基波和各谐波输入加法器，输出接示波器，可看到合成的三角波图形。

【思考讨论】

1. Q 值的物理意义是什么？

2. 良导体的趋肤效应是怎样产生的？如何测量不同频率时，电感的损耗电阻？如何校正傅里叶分解中各次谐波振幅测量的系统误差？

实验 3-22 用掠入射法测定透明介质的折射率

（罗秀萍）

【实验目的】

掌握用掠入射法测定液体的折射率。

【实验原理】

将折射率为 n 的待测液体放在已知折射率为 N 的直角棱镜的折射面 AB 上，且 $n < N$。若以单色的扩展光源照射分界面 AB 时，则从图中可以看出：入射角为 $\pi/2$ 的光线 I 将掠射到 AB 界面而折射进入三棱镜内。显然，其折射角 i_c 应为临界角，因而满足关系式

$$\sin i_c = \frac{n}{N} \qquad\qquad (3-22-1)$$

当光线 I 射到 AC 面，再经折射面进入空气时，设在 AC 面的入射角为 ψ，折射角为 φ，则有

$$\sin \varphi = N \sin \psi \qquad (3-22-2)$$

除掠入射光线 I 外，其他光线例如光线 II 在 AB 面上的入射角均小于 $\pi/2$，因此经三棱镜折射最后进入空气时，都在光线 I′的左侧。当用望远镜对准出射光方向观察时，视场中将看到以光线 I′为分界线的明暗半荫视场，如图 3-22-1 所示。

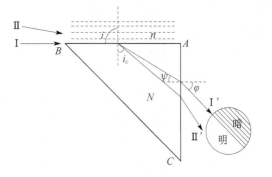

图 3-22-1 用掠入射法测液体折射率光路示意图

由图可以看出，当三棱镜的棱镜角 A 大于 i_c 时，A、i_c 和角 ψ 有如下关系：

$$A = i_c + \psi \tag{3-22-3}$$

由式(3-22-1)~(式 3-22-3)消去 i_c 和 ψ 后可得

$$n = \sin A \sqrt{N^2 - \sin^2 \varphi} + \cos A \cdot \sin \varphi \tag{3-22-4}$$

如果棱镜角 $A = 90°$，则式(3-22-4)简化为

$$n = \sqrt{N^2 - \sin^2 \varphi} \tag{3-22-5}$$

因此，当直角棱镜的折射率 N 为已知时，测出 φ 角后即可计算出待测液体的折射率 n。上述测定折射率的方法称为掠入射法，是基于全反射原理。

【实验器材】

分光计、三棱镜(两块)、钠灯、待测液体(水、酒精)。

【实验内容】

1. 按实验 1-20 有关内容将分光计调节好。即应用自准直方法将望远镜对无穷远调焦，并使其光轴垂直于仪器的转轴；调节棱镜的主截面也和仪器的转轴垂直。

2. 将待测液体滴一、二滴在直角棱镜的 AB 面上，用 $90°$ 作为棱镜顶角(A)，并用另一辅助棱镜 $A'B'C'$ 之一个表面 $A'B'$ 与 AB 面相合，使液体在两棱镜接触面间形成一均匀液膜，然后置于分光计棱镜台上。(注意棱镜 ABC 的放置方法)。

3. 点亮钠灯，将它放在折射棱 B 的附近，先用眼睛在出射光的方向观察半荫视场旋转棱镜台，改变光源和棱镜的相对方位，使半荫视场的分界线位于棱镜台近中心处，将棱镜台固定。转动望远镜，使望远镜叉丝对准分界线，记下两游标读数(v_1, v_2)，重复测量三次，取其平均值。

4. 再次转动望远镜，利用自准直的调节方法，测出 AC 面的法线方向(即使望远镜的光轴垂直于 AC 面)，记下两游标读数(v'_1, v'_2)，重复测量 3 次，取其平均值。可得

$$\varphi = \frac{1}{2} \left[(v'_1 - v_1) + (v'_2 - v_2) \right]$$

5. 将 φ 值代入式(3-22-5)，即得 n。

6. 依同样方法，重复以上步骤，测定另一种液体的折射率。

【注意事项】

1. 辅助棱镜 $A'B'C'$ 的作用是让较多的光线能投射到液膜和折射棱镜的 AB 面上，使观察到的分界线更为清楚。两棱镜之间的液膜一定要均匀，不能含有气泡。滴入液体不宜过多，避免大量渗漏在仪器上。

2. 当改换另一种液体时，必须将棱镜擦拭干净。

实验 3-23　望远镜的设计与组装

(罗秀萍)

望远镜是用来观察和测量远距离目标的一种目视光学仪器，从第一台天文望远镜的发明，

到现在已有 300 多年,望远镜在天文观测、工程测量、国防等科学技术领域内都获得了越来越广泛的应用。激光技术的问世和发展给望远镜在工业计量中的应用开辟了众多的途径。

【实验目的】

1. 了解望远镜的构造及放大原理,掌握其正确的使用方法。

2. 自己组装一台简易望远镜,测量其视放大率。

【实验原理】

望远镜一般用于远距离物体的观察。观察的像实际上并不比原物大,只是相当于把远处的物体移近,增大视角以便于观察。

望远镜由目镜和物镜构成。物镜是反射镜的称为反射望远镜,物镜是透镜的称折射望远镜。目镜是会聚透镜的为开普勒望远镜,目镜是发散透镜的为伽利略望远镜。远处物体 PQ 经物镜 L_O 后在物镜的像方焦面 f_O' 上成一倒立实像 $P'Q'$,像的大小决定物镜焦距及物体与物镜间的距离。像 $P'Q'$ 一般是缩小的,近乎位于目镜的物方焦面上,经目镜 L_E 放大后成虚像 $P''Q''$ 于观察者眼睛的明视距离与无穷远之间。

由理论计算可得望远镜的视角放大率为

$$M = \frac{\theta'}{\theta} = -\frac{f_O'}{f_E'} \qquad\qquad (3-23-1)$$

由此可见,望远镜的视角放大率等于物镜和目镜焦距之比。若要提高望远镜的视角放大率,可增大物镜的焦距或减小目镜的焦距。

不同之处是开氏望远镜的 f_O'、f_E' 均为正,得 M 为负值,故成倒立的虚像于无限远处;伽氏望远镜的 f_O' 为正,f_E' 为负,得 M 为正值,故成正立的虚像于无限远处。

伽氏望远镜的目镜为发散透镜,最后透射出的平行光所通过的 O 点在镜筒内,人眼无法置于该点接收所有这些光束,即使把眼睛贴近目镜观察,能够进入瞳孔的也仅是这些光束的一小部分,故视场较小,开氏望远镜的视场较大。

开氏望远镜的目镜的物方焦平面在镜筒内,在该处可以安装叉丝或分划板,以利于观测,伽氏望远镜则不能装配叉丝。

【实验器材】

光具座、光源、凸透镜、尺、屏等。

【实验内容】

自己组装一台简易望远镜。步骤如下:

① 利用实验室提供的仪器和用具,分别测出两透镜的焦距,确定哪一块做物镜,确定哪一块做目镜。

② 产生一近似平行光当作远处发光的物体,然后将物镜放到光具座上,移动光屏,找到像面,记下位置。

③ 取走光屏,放上目镜,调共轴,再移动目镜,直至观察到最清晰的像为止,记下位置。

④ 画出整个系统的光路图,标出数据,算出望远镜的筒长,和 $f_O' + f_E'$ 比较差多少? 算出视角放大率。

【注意事项】

1. 仪器共轴要调节好。

2. 放大的和直观的像要重合。

3. 望远镜的物应离物镜尽量远些。

【思考讨论】

用同一个望远镜观测不同距离的目标时,其视角放大率是否相同?

实验 3-24　利用电位差计改装电表

（赵　杰　王吉华　陈书来）

普通的电压表在测量电压时,由于从被测电路取出一部分电流,在被测电路的内阻上产生了内压降,因此实际测量出的电压值比没接入电压表时有所降低,即便该电压表的准确度等级很高也存在这种误差——虽然此时测出的电压较精确,但实际测出的仍是该电压表接入后降低后的精确电压。可见单独用一个普通的电压表是很难精确测量电压的。而电位差计测电压则不从被测电路取电流,因而测得的电压不会因电位差计的接入而降低,再加上电位差计的准确度等级很高,因此电位差计是测量电压最准确的仪器。改装电表后还要进行校准,本实验要求利用电位差计对改装后的电表进行校准。

【实验目的】

1. 了解电流表、电压表扩大量程的原理和方法。

2. 学会电位差计的使用。

3. 自行设计校准电表的方法,绘出校准曲线。

【实验器材】

箱式电位差计 1 台、直流稳压电源 1 台、待改装的小量程电流表头和电压表头各 1 个（2 个表头的内阻和量程事先由教师给定）、滑线变阻器 1 个、电阻箱 2 个、数字式万用电表 1 个（备用的）、开关 1 个、导线若干条。

【实验内容】

1. 根据给定的仪器,自行设计将小量程电流表和电压表改装成大量程（改装后的量程数值由教师给定）电流表和电压表。要求写出详细的实验原理,写出公式的推导过程,画出相应的实验电路图等。选定校准曲线的横坐标（改装电表的读数）和纵坐标（为修正值,即标准表与改装电表的读数之差）,电位差计测出的电压为标准电压。校准曲线做出以后,改装以后的电表读数可以用校准曲线进行校准,就可得到比较精确的读数。

2. 自行设计详尽的实验步骤和实验的数据表格,要求将各个实验器材的型号和量程以及操作方法都写入实验步骤中。

3. 纸面上的实验的方案设计完了以后,经教师检查认可以后才可以进行实验。

4. 由实验数据得出详尽的结论,并且画出校准曲线。

5. 确定校准后的电压表和电流表的准确度等级(电表的准确度等级定义为:整个量程内的最大误差除以量程再乘以 100。例如,0.5 级的电压表表示的是:该表在进行测量时,最大相对误差不会超过 0.5%)。

【附录 1】

电位差计是用来准确测量电源电动势的仪器,也可以用它准确测量电动势、电压、电流、电阻等物理量,还可用来校准精密电表和直流电桥等直读式仪表和仪器。它在电学量测量和非电参量(如温度、压力、位移等)的电测法中占据着重要的地位。

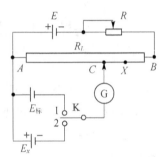

粗略地测量电源的电动势或者某个电路的电压,可以用电压表。然而测量出来的其实是端电压,比实际的电动势或者电压要小。这是因为电压表接入以后,因为电压表的内阻不是无穷大,必然要从被测电路取出一部分电流,这样就使得在电源的(或者待测电路的)内阻上产生一部分电压降,使测出的电压降低。由此可见,要想准确地测一个电压,必须不从被测电路取电流,这就是所谓的"补偿法"。电位差计就是不从被测电路取电流精确测量电压的一种仪器。电位差计有多种类型,但基本原理相同。下面就分析一下电位差计的工作原理,请参见图 3 - 24 - 1。

图 3 - 24 - 1　电位差计原理图

工作电源 E 由干电池组成;R 为标准电流调节可变电阻;R_L 为均匀的滑线电阻;$E_{标}$ 为标准电池,在恒定的温度环境中,其电动势非常稳定并且数值精确;待测电源的电动势(或待测电压)为 E_x;G 为一个高灵敏的检流计;开关 K 为一个单刀双掷的开关。

该电位差计的工作原理如下:将开关 K 打在"1"位,调节标准电流调节可变电阻 R,使得检流计 G 趋于平衡,此时通过 R_L 的电流称标准电流 $I_{标}$。这个过程就是标准工作电流 $I_{标}$ 的调节和校准过程,调节好 $I_{标}$ 以后不可再变动,可见还要求工作电源 E 非常稳定,否则标准工作电流 $I_{标}$ 在实验过程中要发生变化,导致增大实验误差。此时有以下关系:

$$E_{标} = I_{标} R_{AC} \qquad (3 - 24 - 1)$$

式中,R_{AC} 为均匀的滑线电阻 R_L 上 A、C 两点之间的电阻。

将开关 K 打在"2"位,将检流计上端的滑动端子滑动到某点 X,可再次使检流计趋于平衡,此时有以下关系:

$$E_x = I_{标} R_{AX} \qquad (3 - 24 - 2)$$

式中,R_{AX} 为均匀的滑线电阻 R_L 上 AX 两点之间的电阻。式(3 - 24 - 1)与式(3 - 24 - 2)联立可得

$$E_x = \frac{R_{AX}}{R_{AC}} E_{标} \qquad (3 - 24 - 3)$$

可以看出,只要知道标准电池的电动势 $E_{标}$,又知道 R_{AX}、R_{AC} 两个电阻的阻值或者两个电阻的比值,就可以精确测出待测电动势或者电压 E_x。电位差计在生产过程中,已经直接把电阻的数值转换为相应的电压,并且直接标在刻度盘上了。因此,待测电动势可以直接从电位

差计的 6 个刻度盘上读出(这 6 个刻度盘实际上是一个电阻箱)。由上述过程也可以看出,不管开关 K 置于 1 位或 2 位,都不会从标准电池 $E_标$ 和被测电路 E_x 取出电流,不会使标准或者待测电压下降,再加上标准电池的电动势 $E_标$ 以及两个电阻 R_{AX}、R_{AC}(或者比值)的精度很高,使得最后得到的待测电压 E_x 的数值非常精确。由上述原理也可以看出,这种测量的方法也可以说是电压比较法或者是电阻比较法。

UJ34A 型电位差计可按照以下方法进行测量(实验仪器的操作面板请参见图 3-24-2)。

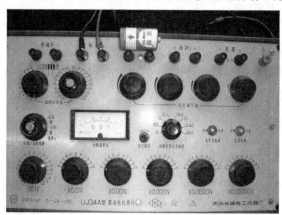

图 3-24-2　UJ34A 型电位差计

① 观察电位差计面板上的各部件,找到与原理图相应的部件,将各个主要部件的作用搞清楚。

② 将标准电池 $E_标$ 及待测电池 E_x 分别接在"标准"及"未知 1"接线柱上。

③ 据室温计算出标准电池电动势值 $E_标$(计算公式在"附录 2"内),将左上角的"温度补偿盘"调到该值。

④ 将"指零选择"开关及"电源选择"开关拨向"内附",把"内附指零仪灵敏度"打向 10 V挡位,预热 10 min 后逐步减至 25 μV 挡,同时调节"电气调零"旋钮,使检流计逼近零,然后再将"内附指零仪灵敏度"调回 10 V 挡。

⑤ 将"标准/未知选择"开关拨向"标准"挡,调节"电流调节盘",同时调节"内附指零仪灵敏度"到 25 μV 挡,两者交替调节使检流计指零,再将挡位拨回 10 V 挡。

⑥ 将"标准/未知选择"开关拨向"未知 1",将 6 个电位差读数盘(以下简称"钮")全调到零位,然后从最大挡级×0.1 V 钮增大,直到检流计逼近零;再将"内附指零仪灵敏度"旋钮调至1 V 挡,从 0 开始逐渐调大×0.01 V 钮使检流计逼近零,若调到某一挡反而更不平衡,说明这一挡偏大,应将其倒回,再从比它小的×0.001 V 钮从 0 开始增加(如果该×0.01 V 挡增加最小的第一挡也不能使之更平衡甚至反而更不平衡,说明最小的第一挡太大,将其倒回后再去增加下一级的甚至更下一级的钮;如果还不行,则说明上一级的×0.1 V 钮还偏大,应将其倒回一档甚至几挡)使检流计更逼近 0……,如此反复,在 6 个电位差读数盘全用上的前提下使检流计 25 μV 挡指针逼近 0。记录此时待测电压读数(6 个钮的读数相加即可)。在调节 6 个钮的过程中要注意:调节某一钮,级别比它小的所有的钮全要置零,否则,永远得不到精确的数值。上述调节方法对电阻箱、电感箱、电容箱以及多旋钮组合调节的电子仪器是普遍适用的,一定要熟练掌握!

⑦ 把"内附指零仪灵敏度"钮打在"关"位,"电源选择"拨向"外接",将"标准/未知选择"开关拨向"断"位。

⑧ 将 E_X 接在"未知 2"接线柱两端,重复以上操作也可进行测量。

【注意事项】

1. 标准及待测电源的极性不可接反。

2. 在不能估计被测电压大小的前提下,应从电位差计的较高档乃至最高档开始测量。

【附录 2】

BC9 型饱和标准电池在室温 20 ℃时,其电动势的数值 E_{20} 为 1.018 63 V。内阻约 500 Ω。当在偏离 20 ℃的某一个恒定温度下使用时,就需要用标准电池的电动势和温度公式进行换算。我国计量部门提出 0～40 ℃饱和标准电池"电动势—温度关系"的计算公式如下:

$$E_t = E_{20} = 39.94 \times 10^{-6}(t-20) - 0.929 \times 10^{-6}(t-20)^2 +$$
$$0.009\ 0 \times 10^{-6} \times (t-20)^3 - 0.000\ 06 \times 10^{-6}(t-20)^4$$

使用标准电池应注意的事项:

① 由于标准电池的结构主要是由松散的化学物质装入玻璃容器内,因此绝对不许震动或者倒置。

② 由于内阻高,在放电的情况下会极化,所以不能用它来供电当电池用,更不能短路。

③ 不能用普通的电压表测量它的电动势或者在线电压,这是由于普通的电压表内阻是比较小的,它不能供应 0.000 05 A 以上的电流。

④ 通过的电流不得大于 1 μA。

⑤ 它的贮存温度在 4～40 ℃。

实验 3 - 25　交流电桥的设计和测量

(赵　杰　陈书来　王吉华)

惠斯登直流电桥只可以测量电阻,而交流电桥可以测量电阻、电容、电感等物理量,还可以扩展做其他用途。交流电桥的调节方法比直流电桥复杂得多,电路的结构也有多种方式。

【实验目的】

1. 用分离器材自己设计组装交流电桥,测电阻、电感、电容及其损耗。

2. 了解和掌握交流电桥的特点和调节平衡的方法。

3. 学会成品交流电桥的使用方法。

【实验原理】

1. 交流电桥四个桥臂的每一个不一定是纯电阻,还可以是电容、电感或电容电阻、电感电阻组合而成。图 3 - 25 - 1 是交流电桥的原理图,四个桥臂复阻抗分别为 $\tilde{Z}_1$、$\tilde{Z}_2$、$\tilde{Z}_0$、$\tilde{Z}_X$,检流计 G 一般用交流毫伏表,在 A、B 两端加上交流电压后,如果调节桥臂使检流计 G 趋近零读数,则 C、D 之间无电压,此时电桥处于平衡状态,由此不难推出

$$\widetilde{Z}_X \cdot \widetilde{Z}_2 = \widetilde{Z}_0 \cdot \widetilde{Z}_1 \qquad (3-25-1)$$

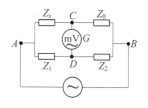

图 3 - 25 - 1　交流电桥原理图

可见,当交流电桥平衡时,相对两个桥臂的复阻抗乘积相等,这就是交流电桥的基本原理。若把复阻抗写成指数形式,则式(3-25-1)变为

$$Z_X \mathrm{e}^{j\varphi_x} \cdot Z_2 \mathrm{e}^{j\varphi_2} = Z_0 \mathrm{e}^{j\varphi_0} \cdot Z_1 \mathrm{e}^{j\varphi_1} \qquad (3-25-2)$$

则得出

$$Z_X \cdot Z_2 = Z_0 \cdot Z_1 \qquad (3-25-3)$$

$$\varphi_x + \varphi_2 = \varphi_0 + \varphi_1 \qquad (3-25-4)$$

式(3-25-3)表明,交流电桥平衡时,相对臂上的复阻抗模的乘积相等;式(3-25-4)表明,相对臂上的复阻抗的幅角之和也相等。这两条就是调节交流电桥平衡的最重要依据,这是它与直流电桥的主要区别。

在交流电桥平衡的调节过程中,两者是相互影响的,主次要矛盾是相互转化的。通常先调节式(3-25-3)表达的模的关系,此时调节的是桥臂大范围的改变阻抗(由于一般交流电桥的两个臂是纯电阻,可先调节纯电阻臂,调节纯电阻臂不影响幅角关系);当调节模的关系到不起作用时,主要矛盾又转化成式(3-25-4)幅角的关系不满足,此时再调节非纯电阻臂,当调节非纯电阻臂不起作用时,主要矛盾又转化成式(3-25-3)模的关系不满足,反过头来再调节纯电阻臂……,如此反复直至交流电桥逼近平衡。

从(3-25-3)、(3-25-4)两式还可看出,交流电桥的四个桥臂要按一定规则来配置,否则永远调不平衡。因纯电容、纯电感、纯电阻的复阻抗的幅角分别为-90°、90°、0°。所以可得出:相邻两臂为纯电阻,其他两臂必须同为电容或电感;相对两臂为纯电阻,另两个相对两臂必须为一个为电感、一个为电容。

但是,实际电感或电容并不是纯电容或纯电感,都存在能量的损耗,因此可把实际电容或电感等效成理想电容或理想电感与电阻串联(或并联)的形式。对实际待测电容,如果介质损耗较小,可以等效成理想电容 C 与损耗电阻 R 串联的形式,其等效电路如图 3-25-2(a)图,电压向量图为图 3-25-2(b)图。

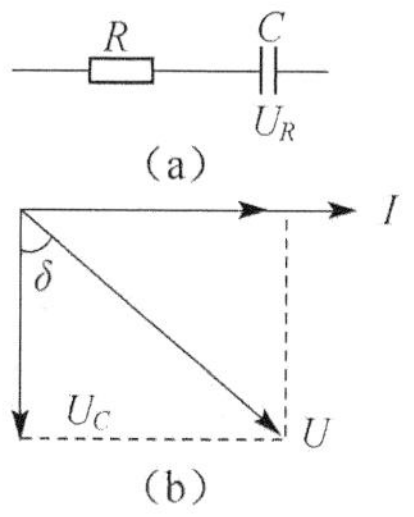

对于电容由于介质损耗的存在,使其上的电流不超前电压 90°,而是比 90°小一个角 δ,显然损耗电阻 R 越大角 δ 越大,因此通常把角 δ 称为介质损耗角,角 δ 的正切 $\tan \delta$ 称为介质损耗率 d:

图 3 - 25 - 2　电容等效
电路及其向量图

$$d = \frac{U_R}{U_C} = \tan \delta = R\omega C \qquad (3-25-5)$$

可见,电容的损耗率随频率升高而增大。上述串联等效电路适用于待测臂的电容损耗率小的情况。如果反之,则应该用电阻电容并联等效电路分析,但可以推导出对同一个电容,串联和并联等效电路得出的介质损耗率是相同的。

2. 电容电桥的一种测量电路

见图 3-25-3。其中标准电容 C_0 的损耗等效电阻极小,可视为零,因而增加了一个减小标准臂幅角的电阻箱 R_0。待测电容的电容值 C_x 和等效串联损耗电阻 R_x 构成待测臂。R_1、

R_2 为两个比率臂电阻箱。当电桥平衡时,由式(3-25-1)可得

$$\left(R_x-\mathrm{j}\,\frac{1}{\omega C_x}\right)R_2=R_1\left(R_0-\mathrm{j}\,\frac{1}{\omega C_0}\right) \tag{3-25-6}$$

令式中实部等式两边相等、虚部等式两边相等,可得

$$R_x=\frac{R_1}{R_2}R_0 \tag{3-25-7}$$

$$C_x=\frac{R_2}{R_1}C_0 \tag{3-25-8}$$

利用式(3-25-7)和式(3-25-8)可分别求得待测电容的损耗电阻 R_x 及电容值 C_x。

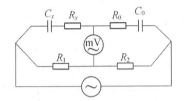

图 3-25-3　电容电桥原理图

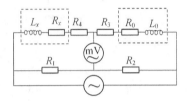

图 3-25-4　电感电桥原理

3. 电感电桥的一种测量电路

见图 3-25-4。由于标准电感 L_0(其损耗电阻 R_0)和待测电感 L_x(其损耗电阻 R_x)的复阻抗幅角究竟谁大还未知,故在各自的臂上串联了一个调幅角的电阻箱 R_3、R_4。R_1、R_2 为两个比率臂电阻箱。当电桥平衡时,由式(3-25-1)并仿照电容电桥的推导方法同样可得

$$(R_x+R_4+\mathrm{j}\omega L_x)R_2=R_1(R_3+R_0+\mathrm{j}\omega L_0)$$

$$R_x=\frac{R_1}{R_2}(R_3+R_0)-R_4 \tag{3-25-9}$$

$$L_x=\frac{R_1}{R_2}L_0 \tag{3-25-10}$$

利用式(3-25-9)和式(3-25-10)可分别求得待测电感的损耗电阻 R_x 及电感 L_x。

4. 交流电桥的设置和调节平衡技巧

在设计电路时,首先要考虑各个桥臂的性质要满足交流电桥平衡条件式(3-25-3)的基本要求;既然交流电桥是比较法测量,那么既然四个桥臂相互比较,阻抗就不能相差太多,否则将增加误差;信号发生器在音频范围内比较好,可得到适中的桥臂阻抗值,且导线形成的感抗极小,有利于提高测量精度;还要注意在信号源支路增设可调保护电阻,防止电桥很不平衡时损坏电表。在调节电桥时,要遵循"抓主要矛盾"的原则,就是电桥刚开始调节时,主要矛盾是4 个桥臂复阻抗的模的关系式(3-25-3)不满足,应先调节纯电阻箱组成的桥路(比如调 R_1、R_2),而非纯电阻箱构成的桥路中的电阻箱都应事先归零(比如调 R_3、R_4 为零);而当调节纯电阻箱组成的桥路不能再使电桥更接近平衡时,主要矛盾又转化成式(3-25-4)表达的四个桥臂幅角的关系不满足,再调节非纯电阻箱构成的桥路中的电阻箱,究竟增加哪一个桥臂的电阻值要试一下,如果增加阻值电桥更平衡,则说明该桥臂幅角复阻抗的幅角偏大,应增加该桥臂电阻值减小幅角才是,否则,减小另一个桥臂的幅角(增加该桥臂电阻值)。当调节幅角的关系不再起作用时,主要矛盾又转化式(3-25-3)不满足,反过头来再调节纯电阻箱组成的桥

路……,如此反复,使电桥逼近平衡。从第二次至后续几次调节时,都应该是微调。

5. 电阻箱的调节方法

当还不知道电阻箱的阻值应选多大时,应把其最大阻值级别的那一旋钮先调到中间的挡位,而将其余小于该旋钮的那些小阻值旋钮全归零。调节最大阻值级别的那一旋钮变大或变小,看是否可使电桥接近平衡,如果可以接近平衡,调到不管用时,再将比它小的那一阻值旋钮增加一挡,如果平衡变差了,再试着增加更小级别的阻值旋钮,如果还不行,说明前一大阻值旋钮应减小一挡,再反过头来重新调节刚才调过的小阻值挡,小阻值挡从零开始逐渐增加,当增加到反而不平衡时要退回一挡,再增加比该旋钮级别更小的那个旋钮……,如此反复,直至把其余更小阻值的阻值旋钮全用上。如果开始时调节最大阻值级别的哪一阻值旋钮变大或变小,根本不能使电桥接近平衡或干脆不起作用,说明该阻值旋钮最小的那一挡位阻值也太大,该阻值旋钮应归零才是。

在调节电阻箱几个阻值旋钮时要注意:第一,要先调节高阻值级别旋钮;第二,调节某一钮,级别比它小的所有的阻值旋钮全要置零,否则,永远得不到精确的数值。

【实验器材】

信号发生器、标准电阻箱、标准电容箱、标准电感箱、数字万用表、滑线变阻器、开关、待测电容、待测电感、导线若干、成品万能电桥。

【实验内容】

1. 自行设计电容电桥测电容的电路(可不局限于图 3-25-3),要求正确选择信号源的频率和电压,正确选择电阻箱、标准电容箱的数值,测量待测电容器的 R_x、C_x 和介质损耗率 d。

2. 按成品交流电桥的使用说明重新测量上述测量过的电容,并将测量结果与自己设计的电桥测量结果进行比较。

3. 自行设计电感电桥测电感的电路(可不局限于图 3-25-4),要求正确选择信号源的频率和电压,正确选择电阻箱、标准电感箱的数值,测量待测电感线圈的 L_x、R_x。

4. 按成品交流电桥的使用说明重新测量上述测量过的电感线圈,并将测量结果与自己设计的电桥测量结果进行比较。

5. 实验步骤要求自己根据实际实验过程编写详细,将自编的详细实验步骤写入实验报告中。

【思考讨论】

1. 交流电桥测空心电感还是测带铁心电感更准确?

2. 如何提高交流电桥的测量精度?

实验 3-26　硅太阳能电池的研究

(赵　杰　王吉华　陈书来)

太阳能是人类取之不尽用之不竭的绿色能源,把太阳能直接转变成电能的转换器件是太阳能电池。目前,单晶硅太阳能电池转换效率最高,技术也最为成熟,在实验室里最高的转换效率为23%,规模生产时的效率为15%,在大规模应用和工业生产中仍占据主导地位。但由于单晶硅成本价格高,大幅度降低其成本很困难,为了节省硅材料,又发展了多晶硅薄膜和非晶硅薄膜作为单晶硅太阳能电池的替代产品。硅太阳能电池作为光辐射探测器件,在气象、农业、林业、工程技术、科学研究等领域有广泛的应用。它有一系列的优点:性能稳定,光谱响应范围宽,转换效率高,线性相应好,使用寿命长,耐高温辐射等。

【实验目的】

1. 理解硅太阳能电池的基本原理和使用方法。
2. 测量和研究太阳能电池的基本参数。
3. 用太阳能电池研究检测自然光和偏振光。

【实验原理】

1. 太阳能硅光电池的基本原理

太阳能硅光电池常用硅或硒半导体材料制作,它是一种能将光能直接转换成电能的半导体器件,其结构图3-26-1所示。它实质上是一个大面积的光电二极管。硅光电池的基体材料为一薄片N型半导体,其厚度在0.44 mm以下,在它的表面上利用高温扩散法把硼扩散到硅片表面,生成一层很薄的P型半导体受光层。P区的多数载流子空穴向N区扩散,N区的多数载流子电子向P区扩散,使P区的下表面带有

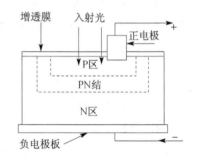

图3-26-1 硅太阳能电池的基本结构

负电荷,N区的上表面带有正电荷,从而在P区和N区的交界处形成了一个下正上负的结电场——PN结。该结电场阻碍上述两种多数载流子的移动,最终达到动态平衡。当光照射到P区后,光子具有能量,激发出很多光电子——空穴对,而P区的多数载流子空穴极多,光子激发出来的那些光子空穴微不足道,空穴浓度无变化,不会因其浓度不均而扩散。但P区的少数载流子电子原来很少的,由光子激发出的光电子浓度相对原来急剧增加,要向浓度低的PN结方向扩散,而N区的靠近PN结的上表面带有正电荷,就把光电子吸引过来,使N区的电子增加,带负电;同理,N区受光照射后也有少数载流子空穴流向P区,使P区的空穴——正电荷增加,带正电。这样,就在PN结两端形成了光生电动势,若在N和P型半导体外表面接上电极,就形成了光伏电池——硅光电池。应该指出的是,一定的光照下,光生电动势的数值是一定的,因光产生的少数载流子向对方流动的结果是产生光电动势,而光电动势在内部产生的电场是阻碍少数载流子的移动的,最后达到动态平衡时光生电动势就稳定了。由此不难想到,在一定范围内,光越强,光生电动势也越强。为了提高光的利用率,在受光面上还均匀覆盖有增透膜,它是一层很薄的天蓝色一氧化硅膜,可以使硅光电池对有效入射光的吸收率达到90%以上。当硅光电池接上负载后,就有连续的电流通过负载而获得电功率。

2. 太阳能电池的效率

太阳能电池并不能把照射其上的光能全部转化成电能,太阳光是硅光电池效率最高的光源,但实验证明实验室理想情况下才达到23%。究其原因,主要有以下一些因素:增透膜也不

能保证其光线不被反射掉一部分;离 PN 结远的被光子激发的电子——空穴对可能会自动重新复合,只发出热量而不能对光伏效应有贡献;半导体材料的晶格缺陷会使光激发后的电子——空穴对重新复合等。

3. 硅光电池的主要特性参数

① 硅光电池的电动势与入射光强度(照度)的关系。

② 硅光电池的短路电流与入射光强度(照度)的关系。

③ 入射光强和光源不变时,硅光电池的输出电压和电流随负载变化的输出伏安特性曲线和最大输出功率对应的匹配负载电阻。

④ 硅光电池的光谱相应。光强一定时,不同波长的光使硅光电池产生的电动势不一定相同。

4. 照度计

照度计是硒光电池探头和电表组合而成的,当其探头的受光面全部被光照射时,可直接读出照度,单位是勒克斯(lx)。照度是指被照物体单位表面积所收到的光通量,而入射光强度是指单位时间内垂直照射到被照物体表面上单位面积上光的能量。可以证明,点光源在某处产生的照度与该处的入射光光强度成正比,只要光源与被照物体之间的距离大于光源发光体尺寸的 10 倍以上就可视为点光源。所以,本实验用照度计测量代替光强的测量是正确的。但要注意,照度计不能超量程使用,当光强增大时,要及时换大量程,大量程也不够用时要加已知衰减倍率的光衰减片。

【实验器材】

硅光电池 1 个、手持式照度计 1 个、暗箱(如有暗室和光学导轨或光学平台可不用)1 个、可变光强度光源(或恒定光源配 220 V 手调自耦变压器)1 个、数字万用表 2 个、滑线变阻器 1 个、电阻箱 1 个、开关 1 个、偏振片 2 片,导线若干。

【实验内容】

1. 测量硅光电池的主要特性参数

① 硅光电池的电动势与入射光强度(照度)的关系。

② 硅光电池的短路电流与入射光强度(照度)的关系。

③ 入射光强和光源不变时,硅光电池的输出电压和电流随负载变化的输出伏安特性曲线,找出此光源条件下硅光电池最大输出功率对应的匹配负载电阻,并研究硅光电池的输出内阻是否不变。

2. 判断光源是否为偏振光及验证马吕斯定律

用给出的实验器材,判断光源是否是偏振光;简要验证马吕斯定律:$I = I_0 \cos^2 \varphi$(只验证 3 个极端情况:$\varphi = 0°, 45°, 90°$)

【实验要求】

1. 画出实验电路图和光路图,写出实验原理和计算公式及其推导过程,在实验原理中要分析各相关内容的理由。

2. 设计出详细的实验步骤和表格,在步骤中要写入仪器仪表型号和量程。

3. 由实验数据计算出结果、在坐标纸上画出实验曲线,做出详尽分析并得出结论,分析如何减小误差。

【思考讨论】

1. 如何获得低内阻输出的硅光电池。

2. 数字万用电表的电压挡内阻通常在 10 MΩ 以上,通过本实验数据分析,你认为可以直接用其测硅光电池的电动势吗?

实验 3 - 27 光纤传感器及应用研究

(赵 杰 陈书来)

光纤传感技术是 20 世纪 70 年代伴随光纤通信技术的发展而迅速发展起来的,以光波为载体,光纤为媒质,把待测物理量与光纤内部或外部的导光参数联系起来,从而感知和传输外界被测量信号的新型传感技术。作为被测量信号载体的光波和作为光波传播媒质的光纤,具有一系列独特的、其他载体和媒质难以与之相比的优点。光波不怕电磁干扰,易被各种光探测器件接收,可方便地进行光电或电光转换。光纤传感器可实现的传感物理量很广,广泛应用于对温度、位移、气压等物理量的测量,应用前景十分广阔。

【实验目的】

1. 理解光纤传感器的基本原理。

2. 测绘光纤位移传感器的光强-位移特性曲线。

3. 用光纤位移传感器设计光纤温度计。

【实验原理】

1. 光纤传感器相关器件原理

① 发光二极管 LED 是光纤传感器的光发射器件。LED 是由 P 型和 N 型两种半导体相连而形成的一个 PN 结,如图 3 - 27 - 1 所示,在平衡条件下,PN 结交界面附近形成了从 N 区指向 P 区的内电场区域(或称耗尽层),从而阻止了 N 区的电子和 P 区的空穴向对方扩散。当 LED 的 PN 结上加上正向电压时,外加电场将削弱内电场区域,使

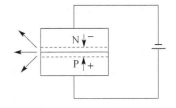

图 3 - 27 - 1 LED 发光图

得内电场区域变薄,载流子向对方扩散运动又可以继续进行,在内电场区域有大量的电子与空穴持续地复合。当电子与空穴相遇而复合时,电子由高能级向低能级跃迁,同时将能量以光子的形式释放出来,因而可以持续地发光。不同材料的 LED 其因其材料的能级宽度不同,发出的光的波长也就不同。

② 光电二极管是光纤传感器的光接收器件。光电二极管和 LED 相似,核心也是 PN 结,但在管壳上有一个能让光照射到光敏区的窗口。当以光子能量大于 PN 结半导体材料能级宽度的光照射时,PN 结各区域中的某个价电子吸收光子能量后,将挣脱价键的束缚而成为一个

自由电子,同时产生一个空穴,这些由光照产生的自由电子和空穴称为光生载流子,从而激发出很多光电子——空穴对。因 P 区的多数载流子空穴极多,光子激发出来的那些光子空穴微不足道,空穴浓度无变化,不会因其浓度不均而扩散。但 P 区的少数载流子电子原来很少的,由光子激发出的光电子浓度相对原来急剧增加,要向浓度低的 PN 结方向扩散,而 N 区的靠近 PN 结的面带有正电荷,就把光电子吸引过来,使 N 区的电子增加,带负电;同理,N 区受光照射后也有少数载流子空穴流向 P 区,使 P 区的空穴——正电荷增加,带正电。这样,就在 PN 结两端形成了光生电动势(光伏效应)。光生电动势随入射光的强度变化而变化,这种变化特性在入射光强度很大的范围内保持线性关系,因此光电二极管很适宜做光纤传感器的光电转换接收器件。

③ 光纤是光纤传感器的导光或传感部件。光纤是一种能够约束并引导光波在其内部或表面附近沿轴线方向传输的传输介质。常用光纤是由各种导光材料做成的纤维丝,有石英光纤、玻璃光纤和塑料光纤等多种。其结构分两层:内层为纤芯,直径为几微米到几十微米;外层称为包层,其材料折射率 n_2 小于纤芯材料的折射率 n_1;包层外面是塑料护套。由于 $n_1 > n_2$,只要入射于光纤端头上的光满足一定角度要求,就能在光纤的纤芯和包层的接触界面上产生全反射,通过连续不断的全反射,光就可从光纤的一端传输到另一端。光纤弯曲将使其导光性能变差。

2. 光纤传感实验仪光纤端的出射和接收光强分布

光纤端出射光的场强分布表达式为

$$\varphi(r,z) = \frac{1}{\pi\sigma^2 a_0^2 [1 + \xi(z/a_0)^{3/2}\tan\theta_c]^2} \cdot \exp\left[-\frac{r^2}{\sigma^2 a_0^2 [1 + \xi(z/a_0)^{3/2}\tan\theta_c]^2}\right]$$

$$(3-27-1)$$

式中,I_0 为由光源耦合入发送光纤中的光强;$\varphi(r,z)$ 为纤端光场中位置 (r,z) 处的光通量密度;σ 为表征光纤折射率分布的相关参数,对于阶跃折射率光纤,$\sigma=1$;a_0 为光纤芯半径;ξ 为与光源种类及光源跟光纤耦合情况有关的调制参数;θ_c 为光纤的最大出射角。

如果将同种光纤置于发送光纤纤端出射光场中作为探测接收器时,所接收到的光强可表示为

$$I(r,z) = \iint\limits_S \varphi(r,z)\mathrm{d}s = \iint\limits_S \frac{I_0}{\pi\omega^2(z)} \cdot \exp\left\{\frac{r^2}{\omega^2(z)}\right\}\mathrm{d}s \qquad (3-27-2)$$

式中,S 为接收光面,即纤芯面;并且令

$$\omega(z) = \sigma a_0[1 + \xi(z/a_0)^{3/2}\tan\theta_c] \qquad (3-27-3)$$

在纤端出射光场的远场区,可用接收光纤端面中心点处的光强来作为整个纤芯面上的平均光强,在这种近似下,得到接收光纤终端所探测到的光强为

$$I(r,z) = \frac{SI_0}{\pi\omega_2(z)} \cdot \exp\left[-\frac{r^2}{\omega^2(z)}\right] \qquad (3-27-4)$$

光纤传感器有光强调制型光纤传感器、光相位调制型光纤传感器、光偏振调制型光纤传感器、光频率调制型光纤传感器等多种模式,下面要分析和研究的是光强调制型光纤传感器。

3. 透射式光强位移传感器

透射式光强位移传感器原理如图 3-27-2(a)所示。两个光纤端面全为平面。通常入射

光纤不动,而接收光纤可以作纵(横)向位移,这样,接收光纤的输出光强被位移调制。

在发送光纤端,其光场分布为一立体光锥,各点的光通量由函数 $\Phi(r,z)$ 来描写,其光场分布曲线如图 3-27-2(b)所示。当 z 固定时,沿 r 方向移动接收光纤端,得到的是横向位移传感特性曲线,其传感效应最为灵敏。而当 r 固定移动 z 时,则可得到纵向位移传感特性曲线。

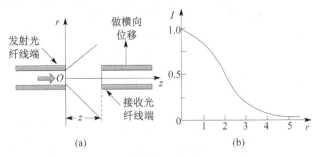

图 3-27-2　透射式横向位移传感器原理图

4. 反射式纵向位移传感器

这种传感器由两根光纤组成,一根光纤把光传送到反射镜,另一根光纤接收反射光并把光传到探测器。检测到的光强取决于反射镜和探头之间的距离。

见图 3-27-3(a),接收光纤端对于反射镜的镜像是等效光纤接收端,可利用透射分析法,直接计算出该镜像接收光纤在发送光纤纤端光场中所接收到的光强值;最后将该光强乘以反射体的反射率 R。等效光纤接收端坐标位置为 $F(2z,d)$,其中 d 为发射光纤线端轴心到等效光纤接收线端轴心间的距离,将其代入式(3-27-4),并乘以反射率 R 得

$$I(z) = \frac{RI_0}{\sigma^2[1+\xi(z/a_0)^{3/2}\tan\theta_c]^2} \cdot \exp\left[-\frac{d^2}{\sigma^2 a_0^2[1+\xi(z/a_0)^{3/2}\tan\theta_c]^2}\right]$$

$$(3-27-5)$$

该函数的曲线形状如图 3-27-3(b)所示。

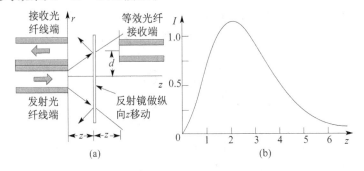

图 3-27-3　反射式纵向位移传感器原理图

另外,利用光纤弯曲将使其导光性能变差原理,可制成微弯光纤位移传感器。

5. 光纤传感器测微小位移的原理

从图 3-27-2 和图 3-27-3 的光强和位移的关系曲线图可看出,在很小位移情况下,在线性好的区段内,位移 z 或 r 与光强 I 呈线性关系,测出了光强(仪器上实际显示的是经放大器放大后的电压数,光强 I 与电压 U 成正比)与位移的若干对应数据后,再经过定标,就可以

利用光强的电压数把微小位移对应算出来了,其表达式为

$$\Delta U = k\Delta r \quad 或 \quad \Delta U = k\Delta z \tag{3-27-6}$$

$$\Delta r = \frac{\Delta U}{k} \quad 或 \quad \Delta z = \frac{\Delta U}{k} \tag{3-27-7}$$

式中,k 是由实验数据计算得到的比例系数,在某段线性区内为常数。它与光电二极管后端放大器的放大倍数成正比关系,如放大器的放大倍数越高,k 也越高,可测量的机械位移 Δr 或 Δz 也就越小。故可把机械位移检测精度提高几个数量级,这就是光强式光纤位移传感器的本质。

因温度、压强等物理量都可以与机械位移相关联,故上述原理可以推广到这些物理量的测量。

【实验器材】

光纤传感实验仪(FOS-Ⅲ)一套、感温双金属片、小反射镜片、双面胶、胶带、电吹风机、温度计。

【实验内容】

1. 透射式横向位移传感器光强位移关系曲线的测量

将入射光纤和出射光纤的两个电接头(出射光纤的为绿色)分别插入图 3-27-4 所示的光纤传感实验仪主机的 PIN 和 LED 插座上。入射光纤和出射光纤的两个光纤端头插入图 3-27-5 所示的二维微调节器的两个调节架上,使两个光纤端头距离 0.5 mm 左右并分别用螺丝紧固。调节横向位移(与光线方向垂直,沿 r 方向移动)的那个螺旋测微计,使入射光纤和出射光纤的两个端头对齐(主机的 mV 表读数最大为准),然后以此为 r 方向的起点(当然以螺旋测微计实际读数为准,不为零),往 r 方向两侧每隔 0.05 mm 测一组实验数据,要不少于 50 组数据。调主机的 UP 键和 DOWN 键使发光二极管电流为 30 mA 左右且实验过程中不再变。

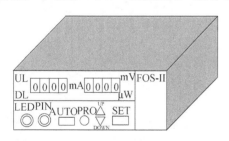

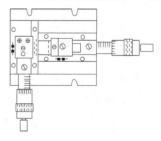

图 3-27-4　光纤传感应实验仪主机　　　　　　**图 3-27-5　二维调节器**

测量透射式横向位移传感器的光强电压 U 与横向位移 r 关系曲线的数据,并记入表 3-27-1 中。

表 3-27-1　U-r 关系曲线数据

横向位移/mm	起点坐标实值	输出电压 U/mV	最高电压值
⋮	⋮	⋮	⋮

由上述数据在坐标纸上以 r 为横轴、U 为纵轴描绘曲线,并找出线性区,计算 k 值。

2. 反射式纵向位移传感器光强位移关系曲线的测量(定量实验内容为选做)

根据前述相关原理,连接仪器各部件,自拟实验步骤和表格(要求发光二极管电流仍为 30 mA 左右),从反射镜面与光纤端头相接触的坐标开始测起,测量反射式纵向位移传感器的光强—位移关系数据(要不少于 70 组数据),画出反射光强电压 U 与纵向位移 z 的关系曲线,或者定性看光强电压与纵向位移的关系。

3. 光纤传感温度计的设计(选做的设计实验内容)

根据给定的实验器材和上述实验原理,结合双金属片温度变化将产生弯曲的情况,自行设计光纤传感温度计,并用于测量电吹风出口 20~30 cm 处的风温和成品市售温度计加以对比。

【思考讨论】

1. 对于反射式纵向位移传感器,为何反射镜面与光纤端头很近时反而光强电压很低?

2. 微弯式光纤位移传感器如何设计?

实验 3 - 28　用霍尔效应测量螺线管磁场

(赵　杰　李振华)

不同厂家的实验仪器使用方法可能不同,本实验尝试用不同的实验仪器来讲述同一个实验,以提高实验教材的通用性。

【实验目的】

1. 进一步理解霍尔效应的基本原理。

2. 利用霍尔效应测量长直螺线管的轴向磁场分布。

【实验原理】

1. 霍尔效应测磁场原理

在实验 3 - 18 霍尔效应的研究中,已经详细讲了霍尔效应原理,此处不再赘述,只对该实验推出的一个霍尔电压公式 $V_H = K I_S \boldsymbol{B}$(式(3 - 18 - 7))加以应用。

把式(3 - 18 - 7)变换为

$$K = \frac{V_H}{I_S \boldsymbol{B}_{\text{厂标}}} \qquad\qquad (3 - 28 - 1)$$

即

$$\boldsymbol{B} = \frac{V_H}{K I_S} \qquad\qquad (3 - 28 - 2)$$

由式(3 - 28 - 1)可以看出,如已知磁感应强度 $\boldsymbol{B}_{\text{厂标}}$,只要分别测出通过霍尔元件的工作电流 I_S 及霍尔电势差 V_H,就可算出霍尔元件灵敏度 K。解出霍尔元件灵敏度 K 后,再调 I_S 为某个恒定值,即可用式(3 - 28 - 2)来测量螺线管各处的磁感应强度 $\boldsymbol{B}$,达到用霍尔元件测螺线管内部磁场的目的。本仪器(第一种仪器)厂家已经给出了各个实验仪器的霍尔元件灵敏度,如 $K = 2.28$ mV/(mA·KGS) = 22.8 mV/(mA·T),1 T 等于 10^4 GS(高斯),当然不同仪器的数值不同,实验过程中要以各个仪器上面的标注为准。

2. 长直螺线管内部中央区段的磁场

设螺线管的直径为 D，总长度为 L，单位长度内的匝数为 n。若线圈用细导线绕得很密，则每匝线圈可视为圆形线圈。

根据描述电流产生磁场的毕奥-萨伐-拉普拉斯定律，经计算可得出通电螺线管内部轴线上某点 P 的磁感应强度：

$$\boldsymbol{B} = \frac{\mu_0}{2} n I_M (\cos \beta_2 - \cos \beta_1) \qquad (3-28-3)$$

式中，$\mu_0 = 4\pi \times 10^{-7}$ H/m，为真空中的磁导率；n 为螺线管单位长度的匝数；I_M 为励磁电流强度；β_1 和 β_2 分别表示 P 点到螺线管两端的连线与轴线之间的夹角，如图 3-28-1 所示。

在螺线管轴线中央，$-\cos \beta_1 = \cos \beta_2 = L/(L^2+D^2)^{1/2}$，式(3-28-3)可表示为

$$\boldsymbol{B} = \mu_0 n I_M \frac{L}{\sqrt{L^2+D^2}} = \frac{\mu_0 N I_M}{\sqrt{L^2+D^2}} \qquad (3-28-4)$$

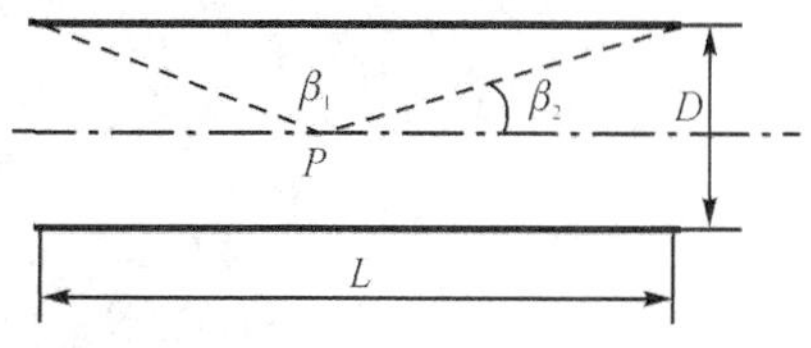

图 3-28-1　螺线管内几何关系

式中，N 为螺线管的总匝数。

① 如果螺线管为"无限长"，即螺线管的长度远大于直径时，式(3-28-3)中的 $\beta_1 \to \pi$，$\beta_2 \to 0$，因此式(3-28-3)可改写为

$$\boldsymbol{B} = \mu_0 n I_M \qquad (3-28-5)$$

这一结果说明，任何绕得很紧的长螺线管内部沿轴线的磁场都是匀强的，由安培环路定律易于证明，无限长螺线管内部非轴线处的磁感应强度也由式(3-28-5)描述。式(3-28-5)中的 μ_0 为真空的磁导率，n 为螺线管单位长度上的线圈匝数(第一种仪器的厂家已经给定 $108.5 \cdot 10^2$ 匝/m)，I_M 为螺线管线圈电流。长直螺线管的内部中央区域的磁场是均匀的，方向与螺线管的管轴平行。

② 在无限长螺线管轴线的端口处，$\beta_1 = \pi/2$，$\beta_2 \to 0$，将其代入式(3-28-3)，得

$$\boldsymbol{B} = \frac{1}{2} \mu_0 n I_M \qquad (3-28-6)$$

式(3-28-6)表明，长直螺线管轴线端点处的磁感应强度恰好是内部磁感应强度的一半。载流长直螺线管所产生的磁感应强度 $\boldsymbol{B}$ 的方向沿着螺线管轴线，指向可按右手法则确定。

本实验利用式(3-28-2)来测算长直螺线管内部各处的磁感应强度，验证了其磁场的均匀区域及两端头的磁感应强度为内部的 1/2，并与用式(3-28-5)计算的结果进行对比，从而验证了用霍尔效应来测螺线管磁场的正确性。

【实验器材】

螺线管磁场实验仪一套(第一种仪器螺线管总长度为 28 cm)。

【实验内容】

1. 第一种仪器的实验步骤

① 按图 3-28-2 所示连接电路。移动调节架，使霍尔元件处于螺线管右端头位置，并把

仪器上的上下两个移动标尺上的零点"0"都调到各自下面固定尺的零点上且对齐。把三个转换开关全打向远离实验者的那个位置。打开电源开关,将实验仪的霍尔电流 I_S 和电磁铁的励磁电流 I_M 调节旋钮全逆时针拧到头置零,如预热几分钟后不为零,则调节"调零"电位器使之为零。

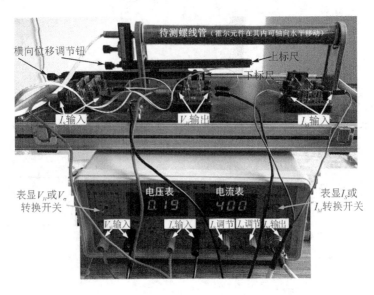

图 3 - 28 - 2   第一种螺线管磁场测量仪连接图

② 测量长直螺线管内部的磁感应强度。将主机"功能切换"开关拨向 V_H 一侧。调节螺线管电流 $I_M = 0.4$ A(此时要按下主机的"测量选择"开关)并保持不变,调节霍尔电流 $I_S = 4$ mA 也保持不变(此时要抬起主机的"测量选择"开关)。假设 3 个双刀开关远离实验者一侧为"+"位置,靠近实验者一侧为"−"位置,按表 3 - 28 - 1 要求改变霍尔电流 I_S 及磁感应强度 B 的方向(为了消除爱廷好森效应、能斯特效应、里纪-杜勒克效应、不等势电势差导致的附加在霍尔电压上的 4 种附加电压,原理参见实验 3 - 18 霍尔效应的研究),分别测量相应霍尔电压并填入表 3 - 28 - 1 中,同时记录本仪器 $K = 2.28$ mV/(mA · KGS) $= 22.8$ mV/(mA · T)。注意:不同仪器该值不同。霍尔传感器轴向位置 $X = (X_1 + X_2)$。

表 3 - 28 - 1   螺线管轴线各处的霍尔电压

上标尺 X_1/cm	下标尺 X_2/cm	位置 X/cm	U_1/mV $+B, +I_S$	U_2/mV $+I_S, -B$	U_3/mV $-I_S, -B$	U_4/mV $-I_S, +B$	霍尔电压净值/m $U_H = \dfrac{U_1 - U_2 + U_3 - U_4}{4}$	磁感应强度/T $B = \dfrac{U_H}{KI_S}$
0	0	0	0.18	−0.27	0.26	−0.2	0.2275 端头的	$2.49 \cdot 10^{-3}$
1	0	1	0.38	−0.46	0.45	−0.39	0.42	$4.61 \cdot 10^{-3}$
2	0	2	0.43	−0.52	0.50	−0.46	0.48	$5.26 \cdot 10^{-3}$
3	0	3	0.45	−0.54	0.51	−0.47	0.49	$5.37 \cdot 10^{-3}$
4	0	4	0.46	−0.54	0.52	−0.48	0.50	$5.48 \cdot 10^{-3}$

上标尺 X_1/cm	下标尺 X_2/cm	位置 X/cm	U_1/mV $+B,+I_S$	U_2/mV $+I_S,-B$	U_3/mV $-I_S,-B$	U_4/mV $-I_S,+B$	霍尔电压净值/m $U_H=\dfrac{U_1-U_2+U_3-U_4}{4}$	磁感应强度/T $B=\dfrac{U_H}{KI_S}$
5	0	5	0.46	−0.54	0.52	−0.48	0.50	$5.48 \cdot 10^{-3}$
6	0	6	0.46	−0.54	0.52	−0.48	0.50	$5.48 \cdot 10^{-3}$
7	0	7	0.46	−0.54	0.52	−0.48	0.50	$5.48 \cdot 10^{-3}$
10	0	10	0.46	−0.54	0.52	−0.48	0.50	$5.48 \cdot 10^{-3}$
13	0	13	0.46	−0.54	0.52	−0.48	准中央位置 0.50	$5.48 \cdot 10^{-3}$
15	1	16	0.46	−0.54	0.52	−0.48	0.50	$5.48 \cdot 10^{-3}$
15	4	19	0.46	−0.55	0.52	−0.48	0.50	$5.48 \cdot 10^{-3}$
15	7	22	0.46	−0.54	0.52	−0.48	0.50	$5.48 \cdot 10^{-3}$
15	10	25	0.46	−0.53	0.52	−0.47	0.498	$5.46 \cdot 10^{-3}$
15	11	26	0.45	−0.52	0.51	−0.45	0.48	$5.26 \cdot 10^{-3}$
15	12	27	0.40	−0.47	0.46	−0.41	0.44	$4.82 \cdot 10^{-3}$
15	13	28	0.24	−0.30	0.30	−0.24	0.27	$2.96 \cdot 10^{-3}$
15	13.5	28.5	0.12	−0.17	0.18	−0.12	此时霍尔元件已经不在螺线管内,该值不测。此时霍尔元件与大部分磁力线不垂直,磁场测量失效,此数据为的是让读者加深对磁场的认识	

③ 根据式(3 - 28 - 5),计算 $B=\mu_0 n I_M=4\pi \cdot 10^{-7}\,\mathrm{Tm/A} \cdot 108.5 \cdot 10^2/\mathrm{m} \cdot 0.4\,\mathrm{A}=$ $5.45 \cdot 10^{-3}\,\mathrm{T}$,与表 3 - 28 - 1 中的均匀磁场区域数值 $5.48 \cdot 10^{-3}\,\mathrm{T}$ 对比,可见两者基本吻合,说明理论与实验结果相符。在表 3 - 28 - 1 中找出磁场相等的区段,并算出其长度:22 cm — 4 cm=18 cm。

④ 验证长直螺线管起始端头位置处的磁感应强度为中间均匀磁场区域数值的一半(要用自己的实验数据)。

$$B=\frac{V_H}{KI_S}=\frac{0.2275}{22.8 \times 4}=2.49 \times 10^{-3}\,\mathrm{T}$$

实验结果分析:上述数值偏小是因为位置不够精确及螺线管端头的磁场部分弯曲没垂直穿过霍尔元件。

2. 第二种仪器的实验步骤

(1) 仪器的连接与预热

打开测试仪电源,预热 15 min,将霍尔电压置于"±20 mV"挡。按图 3 - 28 - 3 所示将螺线管、双刀双掷开关盒与霍尔效应-螺线管磁场测试仪连接起来,将霍尔元件插入四芯航空插座转接座的对应端口中。

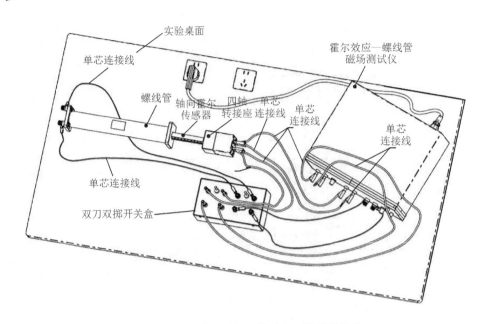

图 3 - 28 - 3　第二种螺线管磁场测量仪接线图

(2) 霍尔电压 V_H 与励磁电流 I_M 的关系

移动轴向霍尔传感器模块,使该模块刻线处的霍尔元件处于螺线管中心位置,即模块上刻线读数为 150 mm。

把双刀双掷开关上的工作电流钮子开关合到正向,调节工作电流 $I_S = 6.00$ mA,励磁电流开关合到正向,调节励磁电流 $I_M = 100$ mA,200 mA,…,1 000 mA,先算出螺线管中心位置磁感应强度 B 的理论值(已知螺线管绕线部分长 $L = 300$ mm,等效内径 $D = 36$ mm,密度 $n = 10\,000$ 匝/m),记录在表 3 - 28 - 2 的第二列,并测量各个霍尔电压也填入该表。注意:为消除副效应对测量结果的影响,对每一测量点都要通过换向开关改变 I_M 和 I_S 的方向,取 4 次测量绝对值的平均值作为测量值。

表 3 - 28 - 2　测量 V_H - I_M 关系　($x = 150$ mm, $I_S = 6.00$ mA)

I_M/mA	B/mT	V_1/mV	V_2/mV	V_3/mV	V_4/mV	$V_H = \dfrac{\lvert V_1 \rvert + \lvert V_2 \rvert + \lvert V_3 \rvert + \lvert V_4 \rvert}{4}$/mV
		$+I_M, +I_S$	$-I_M, +I_S$	$-I_M, -I_S$	$+I_M, -I_S$	
100						
200						
300						
400						
⋮						

依据测量结果绘制 V_H - B、V_H - I_M 曲线,观察 V_H 随 B、I_M 的变化关系。

(3) 霍尔电压 V_H 与工作电流 I_S 的关系

移动轴向霍尔传感器模块,使霍尔元件处于螺线管中心位置。

调节励磁电流 $I_M = 600$ mA,调节工作电流 $I_S = 1.00$ mA,2.00 mA,$\cdots$,10.00 mA,分别测量各个霍尔电压值并填入表 3-28-3 中。对每一测量点都要通过换向开关改变 I_M 和 I_S 的方向,取 4 次测量绝对值的平均值作为测量值。

表 3-28-3 测量 $V_H - I_S$ 关系 ($x = 150$ mm,$I_M = 600$ mA)

I_S/mA	V_1/mV $+I_M, +I_S$	V_2/mV $-I_M, +I_S$	V_3/mV $-I_M, -I_S$	V_4/mV $+I_M, -I_S$	$V_H = \dfrac{\lvert V_1 \rvert + \lvert V_2 \rvert + \lvert V_3 \rvert + \lvert V_4 \rvert}{4}$ /mV
1.00					
2.00					
3.00					
$\vdots$					

根据测量结果绘出 $V_H - I_S$ 曲线,得到曲线斜率 k。

(4)霍尔元件的灵敏度 K

由于 K 与载流子浓度 n 成反比,而半导体材料的载流子浓度与温度有关,故 K 随温度而变。

根据 $K = \dfrac{V_H}{I_S B}$,已知 V_H、I_S 及 B,即可求得 K,也可由 $V_H - I_S$ 直线的斜率 k 求得 K,进而由 $R = \dfrac{1}{nq} = Kd$(式(3-18-6))测算出霍尔系数 R 或流子浓度 n 等参量(已知霍尔元件的厚度 $d = 260$ μm)。

(5)螺线管感应强度 $\boldsymbol{B}$ 的大小及分布情况

调节 $I_S = 6.00$ mA,$I_M = 600$ mA,测量不同位置处的 V_H。

将轴向霍尔传感器模块放置在最左端,并使此时轴向霍尔传感器模块上刻度上的"0"刻线刚好处于螺线管支架的右边沿,记录此时对应的 V_H 值;然后以"0"刻度起,从左向右移动轴向霍尔传感器模块,每隔 10 mm 选一个点,测出相应的霍尔电压填入表 3-28-4 中。

表 3-28-4 测量 $V_H - X$ 关系 ($I_M = 600$ mA,$I_S = 6.00$ mA)

x/mm	V_1/mV $+I_M, +I_S$	V_2/mV $-I_M, +I_S$	V_3/mV $-I_M, -I_S$	V_4/mV $+I_M, -I_S$	$V_H = \dfrac{\lvert V_1 \rvert + \lvert V_2 \rvert + \lvert V_3 \rvert + \lvert V_4 \rvert}{4}$ /mV	B/mT
0						
10						
20						
$\vdots$						
140						

x/mm	V_1/mV $+I_M,+I_S$	V_2/mV $-I_M,+I_S$	V_3/mV $-I_M,-I_S$	V_4/mV $+I_M,-I_S$	$V_H = \dfrac{\|V_1\| + \|V_2\| + \|V_3\| + \|V_4\|}{4}\bigg/\text{mV}$	B/mT
150						
160						
$\vdots$						
280						
290						
300						

根据测得的 V_H、K、I_S 值,由式(3-28-2)计算出各点的磁感应强度,并绘出 B-x 图,显示螺线管内 B 的分布状态。

【注意事项】

1. 每个实验台上的仪器中的 K 及 n 不同,必须修改为所用的仪器上的标称值。

2. 表(3-28-1)中的斜体字都是参考实验数据,是实验中需要再次测量或计算的数据。

【思考讨论】

1. 当螺线管通电电流变化后中间区域的磁场还均匀吗?

2. 假如厂家没告知 K 的数值,如何在本实验中测量霍尔元件的灵敏度 K(对第一种仪器而言)?

实验 3 - 29 黑体辐射的研究

(赵　杰)

任何物体都有辐射和吸收热辐射的本领,一切温度高于 0K 的物体都能产生热辐射(实质是不同波长的电磁波辐射)。常温下,物体所辐射的能量大部分在红外区,而温度达几百甚至上千开尔文时,所辐射的能量主要集中在可见光区。物体热辐射的强度与温度有关(按电磁波波长的分布)。处于热平衡状态的物体热辐射光谱为连续谱。黑体是一种完全的温度辐射体,能吸收投入到其面上的所有热辐射能,黑体的辐射能力仅与温度有关。任何普通物体所发射的辐射通量都小于同温度下黑体发射的辐射通量,其辐射能力不仅与温度有关,还与表面材料的性质有关。所有黑体在相同温度下的热辐射都有相同的光谱,这种热辐射特性称为黑体辐射。黑体辐射的研究对天文学、红外线探测等有着重要的意义。黑体是一种理想模型,现实生活中是不存在的,但可以人工制造出近似的人工黑体。

【实验目的】

1. 研究普朗克辐射定律、维恩位移定律。

2. 验证斯特藩-玻尔兹曼定律。

3. 验证三棱镜对光的色散现象。

【实验原理】

1. 黑体辐射的光谱分布——普朗克辐射定律

1900 年,德国物理学家普朗克为了克服经典物理学对黑体辐射现象解释上的困难,推导出一个与实验结果相符合的黑体辐射公式,他创立了物质辐射(或吸收)的能量只能是某一最小能量单位(能量量子)的整数倍的假说,即量子假说,对量子论的发展有重大影响。他将适用于短波的维恩公式和适用于长波的瑞利-金斯公式结合,提出了关于黑体辐射度的新的公式——普朗克辐射定律,解决了"紫外灾难"(见后面说明)的问题。在一定温度下,单位面积的黑体在单位时间、单位立体角内和单位波长间隔内辐射出的能量定义为单色辐射度。普朗克黑体辐射定律为

$$E(\lambda, T) = \frac{2\pi h c^2}{\lambda^5 \left(e^{\frac{hc}{k\lambda T}} - 1 \right)} \tag{3-29-1}$$

式中,h 为普朗克常数,c 为光速,T 为绝对温度,k 为玻尔兹曼常量。可见,黑体向外辐射的能量 E 与其绝对温度 T 及辐射的波长 λ 都有关系。不同温度 T 下辐射的光谱实验曲线是不同的,如图 3-29-1 所示,但都为连续谱并有各自的峰。

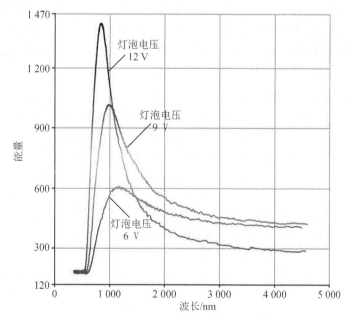

图 3-29-1　不同温度下灯泡的辐射能谱

2. 维恩位移定律

1893 年,德国物理学家维恩通过实验数据归纳总结,发现黑体辐射中能量最大(对应辐射光谱曲线最高峰)的峰值波长与绝对温度成反比。这就是维恩位移定律,定律指出:黑体在一

定温度下所发射的辐射中,含有辐射能大小不同的各种波长,能量按波长的分布情况及峰值波长,都将随温度的改变而改变。

$$\lambda_{max} = \frac{A}{T} \qquad\qquad (3-29-2)$$

式中,$A = 2.896 \times 10^{-3}$ mK,为常数。

　　维恩位移定律说明,光谱亮度的峰值波长 λ_{max} 与它的绝对温度 T 成反比。一个物体越热,其辐射谱的波长越短,即随着温度的升高,绝对黑体的峰值波长向短波方向移动且峰更为陡峭(图3-29-1的实验曲线也证明了这点)。光源灯丝的工作电压越高,光源灯丝温度就越高,光谱的最高峰就越往波长短的方向迁移,宏观上用眼睛看就是光线越白甚至向偏蓝色发展,也即常说的色温高。色温的概念是按绝对黑体来衡量的,光源的辐射在光的可见区与绝对黑体的辐射相同时,此时黑体的温度就称此光源的色温(用开氏温度表示)。通俗地说,光源发出光的颜色与黑体在某一温度下发出光的颜色相同时,此黑体的温度就称为光源的色温。比如说某光源的色温为5 500 K(如显示器、照相机、摄像机等都有色温的概念),是说相当于一个5 500 K温度的理想黑体辐射出的光。低色温光源的特征是能量分布中,红黄辐射相对多些,峰值波长在红光光谱区域,通常称为"暖光";色温提高后,辐射能量的峰值向波长短的方向移动,通常称为"冷光"。一些常用光源的色温:标准烛光为1 930 K;钨丝灯为2 760~2 940 K;中午阳光为5 600 K;电子闪光灯为6 000 K;蓝天为12 000~18 000 K;人体的热辐射是不可见的红外光。

　　根据维恩位移定律知,只要测出光源光谱的峰值波长 λ_{max},就可求得发光体的绝对温度 T,这为用光测高温提供了另一种非接触式测温手段。尤其是像宇宙天体的温度,不可能接触式测量,因距离遥远热辐射极其微弱,也不能用红外传感器测温,非接触式测温更有价值。实验表明,钨丝灯的灯丝温度达到2 940 K以上时,其辐射接近于理想黑体的辐射,但钨丝温度最高不可接近熔点3 683 K。

　　3. 黑体的积分辐射——斯特藩-玻尔兹曼定律

　　本定律由斯洛文尼亚物理学家约瑟夫·斯特藩和奥地利物理学家路德维希·玻尔兹曼分别于1879年和1884年各自独立提出。斯特藩是通过对实验数据的归纳总结得出的结论,而玻尔兹曼则是从热力学理论出发,推导出与斯特藩的结果相同的结论。

　　如果对式(3-29-1)所有的波长积分,同时也对各个辐射方向积分,那么可得到斯特藩-玻尔兹曼定律,即式(3-29-3)。绝对温度为 T 的黑体在单位面积、单位时间内向空间各方向辐射出的总能量为辐射度。此定律用辐射度 E_T 表示为

$$E_T = \delta T^4 \qquad\qquad (3-29-3)$$

即辐射度 E_T 的单位为每平方米多少瓦特(W/m²)。式中,T 为黑体的绝对温度;δ 为斯特藩-玻尔兹曼常量。

$$\delta = \frac{2\pi^5 k^4}{15 h^3 c^2} = 5.670 \times 10^{-8} \text{W/(m}^2 \cdot \text{K}^4)$$

　　如果辐射体不是理想黑体,则

$$E_r = \varepsilon \times \delta T^4$$

式中,ε 为辐射系数,对理想黑体 ε＝1。

4. 三棱镜分光及波长扫描原理

三棱镜可以把复色光中不同波长的单色光在空间布局上分开,其原理是复色光中不同波长的单色光进入三棱镜后,三棱镜对不同的波长的单色光有不同的折射率,因而不同波长的单色光从三棱镜出射的角度也就不同,从而把复色光在空间上分开,也即色散(或称分光)现象,由图 3 - 29 - 2 可见,波长越长的光波出射偏转角越小。

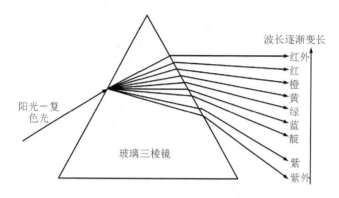

图 3 - 29 - 2　三棱镜分光的光路

波长扫描原理如下:从三棱镜色散出来的单色光都具有各自的出射角度,用带接收狭缝的红外传感器在某时刻只接收某个波长(或称某个出射角的)的出射光而变为电信号,该电信号及角度信号(通过角度传感器探测的)通过仪器主机送入计算机显示其该时刻的辐射能量及波长值,再转动红外传感器的位置角度并带动角度传感器一起转动,计算机就显示另一个时刻的辐射角度的波长,如此连续进行波长扫描,最后由计算机绘出光源的谱线,谱线的横轴就是角度传感器关联的波长扫描,纵轴则是传感器探测到的光强相对值。最终就把某个波长的单色光的辐射能量相对值显示在计算机屏幕上。

5. 仪器构造及测量原理

① 热辐射传感器:小型热电堆在热源照射下产生与辐射强度成正比的电压,可以非接触测量辐射能量。

② SB 灯(斯特藩-玻尔兹曼灯):是一个高温的热辐射源,通过调节卤素灯的施加电压,灯丝的最高温度能达到 3 000 ℃,且光谱与理想黑体的光谱比较接近,所以用卤素灯做热辐射源,通过调整不同的施加电压来改变灯丝的温度进行实验。

③ 维恩扫描架:SB 灯热辐射经凸透镜射到圆平台上的三棱镜分色后,投射至摇臂一端的狭缝板,透过狭缝后由辐射传感器测量,摇臂可以用手转角度,转角由角度传感器测量,输送给计算机分析处理。

④ 实验仪见图 3 - 29 - 3。

【实验仪器】

热辐射与红外扫描成像实验仪,计算机。

【实验步骤】

1. 维恩位移定律

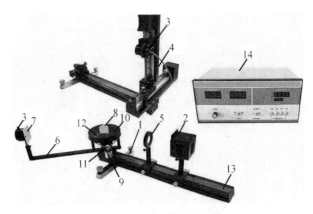

1—水平调节架；2—SB 灯；3—热辐射传感器；4—扫描架；5—凸透镜；6—摇臂；7—狭缝板；

8—三棱镜；9—角度传感器；10—大转环；11—小转盘；12—起始白线；13—导轨；14—实验仪主机

图 3 - 29 - 3　热辐射与红外扫描成像实验仪构造

① 打开主机电源，把"加热选择"开关拨到"灯泡"位置，调节仪器上的"灯泡功率"，使"灯泡加热电压"电压为 12 V，"黑体加热控制"开关抬到高位"关"。

② 将三棱镜毛玻璃面对准自己（反装光路则背离），左侧光滑面贴在起始白线并前推至限位铁片直角处。将色散的光投向白纸，观察光的色散现象，并找出紫外光及红外光所在的位置区域，解释这一现象。

③ 转动"摇臂"，使狭缝出射的复色光经过三棱镜折射后的色散光斑落在狭缝板上。调节凸透镜的位置及高度，使光斑位于狭缝板的中央附近。

④ 开启软件，单击"连接设备"，图标中两箭头消失表示设备与计算机连接成功。

⑤ 单击"实验校准"，输入 SB 灯上的温度 t（本机 19 ℃）和灯丝电阻 R（不同的仪器 R 值不同）。

⑥ 单击软件上"黑体实验"，在"模式"中选择"维恩定律"，"起始波长"输入 400 nm。

⑦ 逆时针转摇臂至起始位（转到转不动），单击左上角"设置"，选择"零位校准"，再单击"确定"按钮，完成角度传感器的零位校准（右下角短时出现"零位校准完成"）。

⑧ 单击"实验校准"按钮，"校准系数"栏填写大转环与小转盘直径比（4112222224），单击"灯丝参数校准"按钮，将短时间显示"灯丝校准完成"。

⑨ 在软件"电压"及"电流"框内填入当前"灯泡加热电压"和"灯泡加热电流"数据。

⑩ 单击"开始校准"，然后顺时针缓慢转摇臂至终点，同时观察"校准能量"数据是否出现峰值，然后转摇臂至起始位，单击"确认"按钮，右下角会短时出现"已确定"。

⑪ 单击"黑体实验"按钮，"采集通道"随便换个没用过的通道即可，然后单击"初始化当前模式"按钮（下述第⑭步第二次不操作）。

⑫ 转摇臂至圆平台上的起始白线与大转环短白线对齐位，单击"采集"按钮后（如果提示初始化当前模式，则先选择初始化当前模式，再打开上次保存的曲线文件以实现同屏显示两曲线，极缓慢地顺时针转摇臂（在左下角"当前能量"变化大时，要更缓慢，可以采用间歇转模式），屏上即绘制出曲线（如果转得快，会造成绘制的曲线不平滑且缺少右半部分）。然后单击"停止"按钮，把摇臂逆时针转到头。

⑬ 单击"文件"按钮,再单击"保存"按钮,在弹出的对话框内输入文件名(注上维恩曲线及灯泡电压和电流,并确认几通道),然后单击"保存"按钮及后续的"确定"按钮。

⑭ 把灯泡电压调到 9 V,重复上述第⑧～⑬步。但是在做第⑪步最后,方法(1):禁止单击"初始化当前模式",以保留曲线同屏显示再做的曲线;方法(2):单击"初始化当前模式"按钮,单击"文件"→"打开",选中刚才保存的实验曲线使之再现,并且要换个没用过的寄存器。该步骤绘曲线一开始没反应为正常(因重复画原有的线段)。

⑮ 把灯泡电压调到 6 V,重复第⑧～⑭步。

⑯ 依次移动鼠标到 12 V,9 V,6 V 曲线的峰值点,记录峰值波长及能量,参考数据分别为(978 nm,1 419),(1 154 nm,992),(1 265 nm,602)。

⑰ 利用维恩定律计算灯泡在 12 V,9 V,6 V 工作电压时灯丝相应的温度。

【参考实验数据处理】

由式(3-29-2)得

$$T_{12V} = \frac{A}{\lambda_{\max 12V}} = \frac{2.896 \times 10^{-3}}{978 \times 10^{-9}} = 2\ 961.2\ \text{K}$$

$$T_{9V} = \frac{A}{\lambda_{\max 9V}} = \frac{2.896 \times 10^{-3}}{1154 \times 10^{-9}} = 2\ 509.5\ \text{K}$$

$$T_{6V} = \frac{A}{\lambda_{\max 6V}} = \frac{2.896 \times 10^{-3}}{1265 \times 10^{-9}} = 2\ 289.3\ \text{K}$$

可见,用维恩位移定律不用与温度高达 3 000 多摄氏度的灯丝接触就可实现隔空测温。

2. 斯特藩-玻尔兹曼定律

① 关闭仪器电源。把热辐射传感器取下来(拧松螺丝),安装到扫描架 4 上,并把扫描架 4 安装到导轨的左端,把仪器上的"加热电源"换接到 SB 灯线上。用大拇指拨动成像扫描架的水平丝杆及垂直丝杆上的铝圆块,手动使丝杆转动,使热辐射传感器喇叭口对准 SB 灯的狭缝(靠近两者再调)。移动扫描架和灯座距离使其相距 30 cm 左右。

② 把"黑体加热控制"开关抬到高位(关),"加热选择"开关按下(即灯泡接通位置)。拧"灯泡功率"使电压为 6 V。

③ 选择软件界面"黑体实验"→"辐射出射度与温度",单击"高温模式"按钮,输入灯电压6 000 mV/电流 1 152(不同的仪器电流不同),"起始温度"设为 1 800 K。然后单击"初始化当前模式"按钮。

④ 单击"采集"按钮,把该点数据记入表 3-29-1 中。其他灯电压数据仿照上述采集。

表 3-29-1　不同灯丝电压下的温度与能量测量数据

灯电压/V	6	7	8	9	10	11	12
软件显示温度/K	2 161	2 316	2 461	2 595	2 722	2 841	2 954
能　量	778	860	997	1 136	1 287	1 453	1 681

⑤ 用 11～12 V 之间相邻间隔的数据,半定量验证积分辐射定律 $E_T = \delta T^4$ (W/m²),也即验证辐射度 E_T 的相对变化率与绝对温度 T^4 的相对变化率基本吻合。用其他相邻间隔(比如

6~7 V 之间)数据,看能否验证黑体的积分辐射定律,为什么?

【参考实验数据处理】

根据 $E_T = \delta T^4$ 计算,有

$$\frac{E_{12}}{E_{11}} = \frac{\delta T_{12}^4}{\delta T_{11}^4} = \left(\frac{T_{12}}{T_{11}}\right)^4 = \left(\frac{2\,954}{2\,841}\right)^4 = 1.169$$

根据仪器实测,有

$$\frac{E_{12}^{\text{实测}}}{E_{11}^{\text{实测}}} = \frac{1\,681}{1\,453} = 1.157$$

上述两者数值基本吻合,从而初步验证了黑体的积分辐射定律。

用 6~7 V 范围内的数据,有

$$\frac{E_7}{E_6} = \left(\frac{T_7}{T_6}\right)^4 = \left(\frac{2316}{2161}\right)^4 = 1.319$$

根据仪器实测值,有

$$\frac{E_7^{\text{实测}}}{E_6^{\text{实测}}} = \frac{860}{778} = 1.105$$

显然,两者误差变大,这说明灯泡的灯丝在低电压条件下,由于灯丝温度低,偏离黑体辐射规律,但在 12 V 的 2 954 K 高温下接近理想黑体的辐射。

说　明　1899 年,英国物理学家瑞利和天体物理学家金斯在电动力学和统计物理学的基础上从理论上导出一个黑体辐射能量对频率的分布公式。该公式在辐射频率小时与实验符合得很好,但在辐射频率高(比如紫外线)时与实验严重不符合(公式推导出的紫外线能量为无限大),经典物理学理论碰到了难题。由于频率很高的辐射处在紫外线波段,故这个困难被称为"紫外灾难"。

实验 3 - 30　导热系数的测定

(赵　杰)

　　导热、对流、热辐射是传递热量的三种基本形式,是工程设计、能源、环保、科研等领域的重要课题。导热的微观机制是原子或分子的振动传递(绝缘体及半导体热传递的主要途径)以及自由电子的迁移(金属中传热主要的途径)。

　　导热系数是材料本身的固有性能参数,用于描述材料的导热能力。导热系数又称为热导率,它与材料本身的大小、形状、厚度都无关,只与材料本身的属性有关。不同材料的导热率差异较大,导热系数高的材料常用于制造热传导部件,如电烙铁头等;导热系数低的材料用于制作保温材料。

　　导入物体的热流量等于导出物体的热流量,物体内部各点温度不随时间而变化的导热过程称为稳态导热,本实验就是基于稳态导热原理。本实验的理论基础是法国科学家傅里叶的热传导理论。

【实验目的】

1．学习用稳态平板法测量物体导热系数的原理。

2．掌握不良导热体导热系数的测定方法。

3．了解热电偶的原理和使用方法。

【实验原理】

傅里叶定律是法国著名科学家傅里叶在 1822 年提出的一条热学定律。该定律的内容是：在导热过程中，单位时间内通过给定截面的导热量正比于垂直于该截面方向上的温度变化率（或称温度梯度）和截面面积，而热量传递的方向则与温度升高的方向相反。如图 3 - 30 - 1 所示，圆形的上下铜板中间紧密地夹着待测导热系数的圆形物体（本实验用耐热的硅橡胶），上铜板上方贴着电热元件升温到 T_1，并且自上而下地传递热量，最后通过下铜板把穿过待测物（硅橡胶）的热量 Q 散发到空中。由于待测物的水平方向面积相对于厚度大得多，可近似认为它在侧面没有热量散发。另外，由于铜板导热性好，可近似认为其各处的温度相等（均匀分布）。设上铜板的温度经过一段时间将达到稳定状态 T_1，下铜板温度为 T_2 且不再改变，此时，下铜板放出的热量 $Q_{铜}$ 就等于穿过待测物（硅橡胶）的热量 $Q_{胶}$。由于待测物的导热性能远低于铜板，因此传热速率只取决于待测物（硅橡胶）。

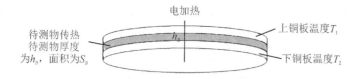

上铜板温度 T_1

电加热

待测物传热
待测物厚度
为 h_B，面积为 S_B

下铜板温度 T_2

图 3 - 30 - 1 傅里叶定律导热图

设垂直于导热方向上中间夹的待测硅橡胶厚度为 h_B，若平面面积为 S_B，在 Δt 的时间内从上铜板传到下铜板的热量为 ΔQ，则根据傅里叶定律得

$$\frac{\Delta Q}{\Delta t} = \frac{\Delta Q_{胶}}{\Delta t} = \frac{\Delta Q_{铜}}{\Delta t} = \lambda \frac{T_1 - T_2}{h_B} S_B = \lambda \frac{T_1 - T_2}{h_B} \pi R_B^2 \qquad (3 - 30 - 1)$$

式中，$\dfrac{\Delta Q}{\Delta t}$ 为传热速率；λ 为导热系数，该系数反映物质热传导性能的物理量，单位为 J/(m·s·K) 或 W/(m·K)；S_B 是垂直于传热方向待测物的横截面积；$\dfrac{\Delta Q_{胶}}{\Delta t}$，$\dfrac{\Delta Q_{铜}}{\Delta t}$ 分别为硅橡胶板和下铜板的传热速率；h_B 为硅橡胶板的厚度；R_B 为硅橡胶板的半径；T_1、T_2 分别为上、下铜板也即硅橡胶板上、下表面的温度。

根据上述分析，当热传导处于动态热平衡的稳定状态时，硅橡胶板内的传热速率等于下铜板的散热速率，只要测知下铜板在同一条件下的散热速率，就测出了硅橡胶板内的传热速率。

如果去除待测物硅橡胶并使下铜板远离上铜板，则下铜板将上下表面一块散热，此时，下铜板的上下表面将全裸露在空气中。根据热量公式 $Q = mC\Delta T$ 知，在散热温度 T_2 附近，下铜板的自然冷却速率为

$$\left.\frac{\Delta Q_{铜全}}{\Delta t}\right|_{T_2} = m \cdot C \cdot \left.\frac{\Delta T}{\Delta t}\right|_{T_2}$$

式中,m、C 分别为下铜板的质量和比热。由于散热速率与散热面积成正比,故

$$\frac{\Delta Q_{铜}/\Delta t}{\Delta Q_{铜全}/\Delta t} = \frac{S_{实际}}{S_{全}}$$

$$\frac{\Delta Q_{铜}}{\Delta t} = \frac{\Delta Q_{铜全}}{\Delta t}\left(\frac{S_{实}}{S_{全}}\right) = m \cdot C \cdot \left.\frac{\Delta T}{\Delta t}\right|_{T_2} \cdot \frac{\pi R_{铜}^2 + 2\pi R_{铜} h_{铜}}{2\pi R_{铜}^2 + 2\pi R_{铜} h_{铜}}$$

上式简化得

$$\frac{\Delta Q_{铜}}{\Delta t} = m \cdot C \cdot \left.\frac{\Delta T}{\Delta t}\right|_{T_2} \cdot \frac{R_{铜} + 2h_{铜}}{2R_{铜} + 2h_{铜}} \qquad (3-30-2)$$

式中,$R_{铜}$、$h_{铜}$ 分别为下铜板的半径和厚度;$S_{实}$、$S_{全}$ 分别为夹着待测物硅胶板、抽掉硅胶板时下铜板的散热表面积。

将式(3-30-2)代入式(3-30-1),得

$$\lambda = m \cdot C \cdot \left.\frac{\Delta T}{\Delta t}\right|_{T_2} \cdot \frac{R_{铜} + 2h_{铜}}{2R_{铜} + 2h_{铜}} \cdot \frac{h_B}{T_1 - T_2} \cdot \frac{1}{\pi R_B^2} \qquad (3-30-3)$$

式(3-30-3)为计算导热系数的公式之一。

热电偶原理:两根不同的金属,只将两端连在一起形成闭合环路但侧面不接触,如果两个连接端有温差,环路中就会产生温差电压和电流。产生温差电效应的原因有两个:其一是单个导体自身两端温差产生的自由电子由高温端扩散到低温端的效应(金属中的自由电子受热向低温端扩散类似于气体分子受热膨胀,单位体积内的分子数受热膨胀而减少,此时导致高温端减少了电子而带正电);其二是不同金属之间的接触面也发生电子由高浓度金属向低浓度金属扩散的效应(此时导电能力强的金属接触面带正电)。上述两种效应都使得其内各自的空间产生逆向电场削弱两种效应,最终达到电子扩散的动态平衡而使得温差电动势不变。由于高温端比低温端电子扩散得更多,导致高温端比低温端温差电动势更高,也即高温端温差电动势大于低温温差电动势,两者反向串联形成了温差电压(高温端温差电动势减去低温端温差电动势)及电流。产生的温差电压与两端的温差成线性正比关系。如果让冷端为恒温(一般冷端置于 0 ℃的冰水混合物中,本实验用冰点补偿装置代替),那么热端就可用来测温。由于用热电偶测温时的温度与输出电压成正比,即 $T =$ 某常数 $\cdot V_T$,因此式(3-30-3)中的温度 T 可直接用 V_T 代替。

图 3-30-2　热电偶温差电效应示意图

因此,式(3-30-3)变为

$$\lambda = m \cdot C \cdot \left.\frac{\Delta V}{\Delta t}\right|_{T_2} \cdot \frac{R_{铜} + 2h_{铜}}{2R_{铜} + 2h_{铜}} \cdot \frac{h_B}{V_{T_1} - V_{T_2}} \cdot \frac{1}{\pi R_B^2} \qquad (3-30-4)$$

式中,只要测出或得知下铜板的半径 $R_{铜}$、厚度 $h_{铜}$、质量 m 及比热 C,待测硅橡胶的厚度 h_B 及半径 R_B,温度稳定后的上下铜板的温度计电压 V_{T1} 及 V_{T2},测算出 T_2 温度点处下铜板全裸的散热速率 $\Delta V / \Delta t$,就可计算出硅橡胶的导热系数。

【实验仪器】

导热系数测试仪、冰点补偿装置、测试样品(硅橡胶)、塞尺各 1 个。

【实验步骤】

1. 按照图 3-30-3 所示连接仪器的各个部分。将冰点补偿组件的"信号输出Ⅰ"与主机的"信号输入Ⅰ"相连,"Ⅱ"接口也照此连接,将冰点补偿组件的"信号输入"接热电偶的插头。将"手动控制"开关拨到"0"位,"控制方式"打到"自动"上,"风扇电源"打到"关"。

2. 在上铜板 1 和下铜板 2 中放入硅橡胶,调节托起下铜板的 3 个调节螺丝,使三块板相互接触良好,注意不要过紧或太松。

图 3-30-3　导热系数测试仪面板和接线

3. 把连接冰点补偿组件的"信号输入Ⅰ"的第 1 个热电偶的探头涂上导热硅脂后插在上铜板 1 的小孔中(要插到底,用来测量上铜板的温度);把连接冰点补偿组件的"信号输入Ⅱ"的第 2 个热电偶的探头涂上导热硅脂后插在下铜板 2 的小孔中(要插到底,用来测量下铜板的温度)。

4. 打开电源开关,将温控器的"设置值"温度预置到 100 ℃(预置方法为:按"S"几次,使得"设置值"的某位数跳动,再按"上升"键或"下降"键设定数值,过一会就不闪动了)开始加热。过 25 min 左右温度表的测量值显示 100 ℃后,开始每隔 5 min 测量上铜板 1 温度计电压 V_{T1} 及下铜板 2 温度计电压 V_{T2}(通过拨"信号选通"开关到Ⅰ或Ⅱ位置来测量)记入表 3-30-1 中,直到 V_{T2} 基本不变。

表 3-30-1　导热系统热平衡状态测试

所在时刻	18:25	18:30	18:35	18:40	18:45	18:50	18:55	19:00	19:05	19:10	19:15	19:20
V_{T1}/mV	4.29	4.29	4.30	4.30	4.31	4.31	4.31	4.31	4.32	4.32	**4.32**	4.31
V_{T2}/mV	2.64	2.86	3.02	3.12	3.18	3.23	3.26	3.29	3.30	3.31	**3.31**	3.31

5. 调松托起下铜板的 3 个调节螺丝,用塞尺推出待测硅胶盘(千万不要碰着铜板烫着),并用塞尺推动下铜板使之与上铜板 1 对齐。再调节托起下铜板的 3 个调节螺丝,使得上下两块铜板接触良好。此时上铜板即对下铜板开始加热,当下铜板的 V_{T2} 比上表中最后热平衡后的值高出 0.39 V(折算温升 10 ℃)以上时,再次尽快调节上述 3 个调节螺丝下移到最低端,使下铜板与上铜板脱离接触,并且下铜板所有表面都暴露在空气中参与散热。每隔 30 s 记录下铜板温度计电压 V_{T2} 于表 3-30-2 中(计时要用仪器上的计时表)。

表 3 - 30 - 2 下铜板全裸露于空气中散热速率测试

间隔时间/s	0	30	60	90	120	150	180	210	240	270	300	330	360	390
V_{T2}/mV	3.76	3.71	3.67	3.63	3.59	3.55	3.51	3.47	3.43	3.40	3.36	**3.32**	3.29	3.25

6. 本实验已知(以实际标注为准)下铜板厚度 $h_铜$＝7.00 mm,半径 $R_铜$＝65 mm,质量 m＝0.881 kg,比热容 C＝380.5 kg/℃;硅橡胶的厚度 h_B＝8.05 mm,半径 R_B＝63.50 mm。利用上述数据,选择表 3 - 30 - 1 中的温度计电压 V_{T2} 趋于稳定(一般取倒数第二个数据)的数据,作为测算下铜板散热速率的温度 T_2(实际取电压 V_{T2} 的数据),对应上铜板的温度则为 T_1(实际取电压 V_{T1} 的数据),由式(3 - 30 - 4)计算硅橡胶的导热系数。

7. 把硅橡胶更换成其他待测物体,按照上述步骤测量其导热系数(选做实验内容)。

【参考实验数据处理】

1. 根据表 3 - 30 - 1,找出热平衡后上铜板温度 T_1 对应的温度计电压 V_{T1}＝4.32 mV,下铜板温度 T_2 对应的温度计电压 V_{T2}＝3.31 mV。

2. 根据表 3 - 30 - 2,找出热平衡后下铜板温度 T_2 对应的最接近的温度计电压 V_{T2}＝3.32 mV,此点的斜率就是 T_2 处的散热率。

根据式(3 - 30 - 4)知,导热系数

$$\lambda = m \cdot C \cdot \frac{\Delta V}{\Delta t}\bigg|_{T_2} \cdot \frac{R_铜 + 2h_铜}{2R_铜 + 2h_铜} \cdot \frac{h_B}{V_{T_1} - V_{T_2}} \cdot \frac{1}{\pi R_B^2}$$

$$= 0.881 \times 380.5 \times \frac{3.36 - 3.29}{360 - 300} \times \frac{65 + 2 \times 7}{2 \times 65 + 2 \times 7} \times \frac{8.05 \times 10^{-3}}{4.32 - 3.31} \times \frac{1}{3.14 \times (63.5 \times 10^{-3})^2}$$

$$= 0.135 \text{ W/(m} \cdot ℃)$$

说明:上述运算由于存在分子分母相互消掉的长度及电压单位,因此没必要都写成国际单位,直接用毫米及毫伏单位代入数据即可,导热系数单位中的℃用式温度单位 K 也可,因每摄氏度和每开尔文间隔相同。

讨论:能否用本仪器测量紫铜板的导热系数?

实验 3 - 31 紫外光谱的研究

(赵 杰)

衍射光栅是重要的分光元件。衍射光栅产生的谱线细且相互之间的间距宽,其分辨本领高,广泛应用在单色仪、光谱仪等光学仪器中。衍射光栅在研究谱线的结构特征、测定谱线的波长和强度时被广泛使用。它不仅适用于可见光波段,还适用于紫外、红外、远红外的所有光波频段。本实验尝试对普通的分光计加以改进创新来测量不可见的紫外光波长。本创新是在实验过程中发现的,并获得了中国专利(专利号 2020218872871)。本创新源于对现有分光计无法看到紫外线的谱线不满意而产生,这说明对现有技术不满足也是创新的动力;并且该设想是在采集汞灯谱线数据时突然产生的,这说明技术创新大多是在技术应用的实践环节萌发的,

因此,我们要非常重视技术实践,只有这样,才能有更多的技术创新。

【实验目的】

1. 用分光计和透射光栅测光栅常数、可见光及紫外光的波长。

2. 验证紫外光不可直接看到但是真实存在并可测。

【实验原理】

根据夫琅禾费衍射理论知,当一束波长为 λ 的平行光垂直地照射到光栅面上时,由于每条狭缝对光波都发生衍射,所有狭缝的衍射光经透镜汇聚后又彼此发生干涉,此时当衍射角 θ_k 符合

$$d \sin \theta_k = k\lambda \quad (k = 0, \pm 1, \pm 2, \cdots) \tag{3-31-1}$$

时,谱线的光将会加强,该点光强对应亮条纹。式中,$d = a + b$ 为光栅常数(a 为每条狭缝宽度,b 为每条不透光的刻痕宽度);λ 为光波波长;k 为光谱级数;θ_k 为对应 k 级明条纹的衍射角。

当光栅常数 d 已知时,再用分光计测出第 k 级光谱中某一明条纹的衍射角 θ_k,就可据式(3-31-1)算出该明条纹所对应的单色光的波长。反之,已知光的波长可测光栅常数 d。

式(3-31-1)是计算光栅常数或光波长的公式。普通分光计紫外光谱线看不到,但如果在分光计目镜的分划板玻璃外表面涂上透明的紫外荧光材料,紫外荧光材料就可以把紫外光转化成波长变大的可见光,且光线透过光栅后衍射的偏转角度没变,因此就可用这种改装后的紫外光可见分光计看到紫外光谱线。光路原理见图 3-31-1。

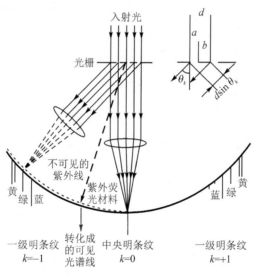

图 3-31-1　紫外光可见分光计光路

紫外荧光原理:

发光物质根据引起发光的原因可分为热致发光、光致发光、电场致发光、阴极射线发光、高能粒子发光及生物发光等多种发光方式。光致发光的原理是分子在吸收了光能后,从基能态跃迁到高能态,分子再从高能态返回基能态时,以光能的形式向外释放之前吸收的外来能量,即光致发光所发生的光。某些物质受到电磁辐射而激发时,它们能重新发射出较长波长的光。本实验所观察到的荧光现象本质是紫外荧光材料吸收了波长较短的 365 nm 的紫外光后重新发出的波长较长的 420 nm 以上的可见紫色荧光。

各种可见光颜色对应的波长范围:

各种颜色光对应的波长范围见图3-31-2。汞灯发出的谱线数量多、强度大,且都是分立的窄谱线,因此,把汞灯的谱线作为已知波长的"尺子",再拿该"尺子"来校对和测量其他光源的谱线波长。已知汞灯较强的谱线波长为:404.7 nm,435.8 nm,546.07 nm,576.9 nm,579.1 nm。

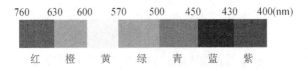

图3-31-2　各种可见光颜色对应的波长范围

【实验内容】

本实验首先要在分光计目镜的分划板玻璃外表面(也即拧开那个套筒就行)滴上几滴透明紫外荧光材料(该材料在网上有卖,要求是快干型的紫外荧光液体),并使其均匀浸满整个玻璃面,以后再做实验就不用再进行这一步了,并且不会妨碍分光计原有功能。

1. 调节分光计到达到正常的待测状态。

2. 按照图3-31-1所示的布局安装调整各个部件。

3. 调节汞灯位置并转动望远镜方位角,使眼睛能看到汞灯透过准直镜狭缝光进入望远镜后呈现的竖直亮线;伸缩狭缝筒使之聚焦,再调准直镜仰俯角,使汞灯的竖亮线在十字竖黑线上。

4. 将光栅放在载物平台上,让光栅平面方向与望远镜光轴垂直,调节载物台,使其高度适中。

5. 调节光栅刻线,使其与仪器中心转轴平行。

6. 测光栅常数及可见光和紫外光波长。

① 拧紧望远镜与刻度盘联动螺丝及游标盘制动螺丝。然后向左、向右转动望远镜,分别观察一级、二级谱线。

转动望远镜方位角,测量汞灯 $k=1$ 级和 $R=-1$ 级时光谱中的绿色及紫色谱线对应的角度,并记入表3-31-1中。

表 3-31-1

谱　　线	$k=1$		$k=-1$		$\theta=(\lvert\beta_1-\beta_2\rvert+\lvert\beta_1'-\beta_2'\rvert)/4$	θ 换算成弧度/rad
	β_1	β_1'	β_2	β_2'		
绿谱线波长 λ =546.07 nm 已知	281°26′	101°30′	262.5°3′	82.5°7′	9°27′=9.442°	0.164 793 987 9
紫色谱线	279°10′	99°12′	264°7′	84°11′	7.5°1′=7.516 666 666 6°	0.131 190 582 1
紫外谱线	278°01′	98°02′	265°25′	85° 23′	6°17′=6.283 333 333 3°	0.109 664 854 6

② 将表3-31-1中的绿谱数据代入式(3-31-1)计算出的光栅常数 d,再计算紫色谱线的波长。

③ 加上紫外光灯,左转望远镜,可见到其右边还有一条粗亮的蓝色谱线,其就是365 nm的紫外光谱线,用分光计读出该紫外谱线的衍射角并记入表3-31-1中。

【参考实验数据处理】

用绿谱线计算光栅常数：

$$d = \frac{k\lambda}{\sin\theta} = \frac{1 \times 546.07}{\sin 0.164\ 794} = 3\ 328.698\ 0\ \text{nm}$$

$$\lambda_{\text{紫外}} = d\sin\theta_1 = 3\ 328.698\ 0\sin 0.109\ 664\ 854\ 6 = 364.31\ \text{nm},$$

厂家标称值为 365 nm，相对误差

$$\eta = \frac{365 - 364.31}{365} \times 100\% = 0.19\%$$

$$\lambda_{\text{紫}} = d\sin\theta_1 = 3\ 328.698\ 0\sin 0.131\ 190\ 582\ 1\cdots = 435.44\ \text{nm}$$

公认值为 435.8 nm，相对误差为 0.08%。

实验 3 - 32　机械能守恒的研究

（赵　杰）

机械能守恒是重要的物理定律，但是大家可能未曾通过实验验证过，本实验就用普通的单摆实验仪稍加改动来验证该定律。开发常见仪器设备的新功能是技术创新的一条重要途径。

【实验目的】

1. 验证机械能守恒定律。

2. 学会测量圆周运动不同转动半径处的线速度。

【实验原理】

1. 势能差的计算及机械能转化分析

如图 3 - 32 - 1 所示，图中大都是单摆实验仪上的部件，唯一新增的是测速门。测速门可以用硬纸片（或薄的塑料片乃至金属片）剪一个凹字型薄片，在凹字型薄片的底部中央，还应剪出一个可插入摆球小孔的插片。虚线、实线区域分别是摆前、摆后最低点的状态。

设摆线长度为 L，摆球的直径为 D，质量为 m，摆球最低点到两个光束标记连线之间的距离为 Q，摆球摆到最低点摆球质心的速度为 v，摆球摆到最低点光束标记的速度为 v'，测速门宽度为 v'，摆球的上顶点在初始的最高位置为 h_1 时，摆球的质心高度（相对于水平杆）为

$$H_1 = h_1 - \frac{D}{2} \tag{3-32-1}$$

摆球的上顶点摆到最低位置 h_2 时，摆球质心相对水平杆的高度为

$$H_2 = h_2 - \frac{D}{2} \tag{3-32-2}$$

则上述两种情况下摆球质心的落差为

$$H = H_1 - H_2 = h_1 - \frac{D}{2} - \left(h_2 - \frac{D}{2}\right) = h_1 - h_2 \tag{3-32-3}$$

相应的势能差为

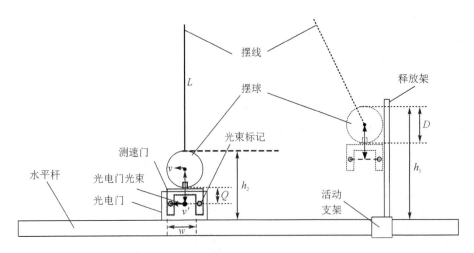

图 3 - 32 - 1　用单摆实验仪研究机械能守恒

$$E_{\text{势}} = mg(h_1 - h_2) \tag{3-32-4}$$

可见,测量摆球质心的落差不必测量摆球的直径及实际质心的位置,只测量摆球上表面最高的顶点的高度差即可。

摆球从上述高点降落到最低点,摆线对摆球的作用力的方向与摆球做圆周运动速度的方向总是垂直的,因此该力对摆球不做功。忽略对摆球的空气阻力和空气浮力,摆球从最高点降落到最低点的整个过程中,只有重力 mg 对摆球做功,把摆球的重力势能差 $E_{\text{势}}$ 转化成摆球到最低点的动能 $E_{\text{动}} = \frac{1}{2}mv^2$,也即

$$mgH = mg(h_1 - h_2) = \frac{1}{2}mv^2 \tag{3-32-5}$$

式(3-32-5)可简化为

$$g(h_1 - h_2) = \frac{1}{2} \times v^2 \tag{3-32-6}$$

可见,如果再测出摆球质心摆到最低点的速度 v,并将各个实验数据代入式(3-32-6),如果式(3-32-6)两边计算得数相等或近似相等,就验证了机械能守恒定律,并且也不需要测量摆球的质量,这是验证机械能守恒定律的第一种方式。另一种验证方式是分别计算出 $E_{\text{势}}$ 和 $E_{\text{动}}$,比较 $E_{\text{势}}$ 与 $E_{\text{动}}$,接近相等就可验证了,这种情况下也不需要测量和计算摆球的质量 m,因为 $E_{\text{势}}$ 及 $E_{\text{动}}$ 计算结果都是摆球质量 m 的倍数关系。

2. 测速门对小球质心位置偏移的影响分析

实测的测速门质量仅为 0.37 g,并且测速门的质心距离摆球质心仅 12 mm,而摆球的质量为 25 g,可见,测速门对摆球的质心位置和质量的影响可忽略不计。

3. 测速门上的光束标记处的速度折合到摆球质心位置速度的公式推导

由于摆球质心处的摆长小于测速门处的摆长,因此摆球质心处的线速度 v 小于测速门标记位置测出的线速度 v',必须把测速门标记处测出的速度 v' 换算成摆球质心处的速度 v,因为验证机械能守恒是对摆球质心而言的。设摆线长度为 L,测速门宽度为 w(也即左右挡光条各

自中心之间的距离,或者两者左边沿之间的距离),测速门摆过该距离用时为 t,则光束标记摆到最低点的线速度为

$$v' = \frac{w}{t} \tag{3-32-7}$$

根据物体做半径为 R 的圆周运动线速度 v 与角速度 ω 的关系:

$$v = \omega R \tag{3-32-8}$$

故

$$v = \omega \left(L + \frac{D}{2} \right) \tag{3-32-9}$$

$$v' = \omega \left(L + \frac{D}{2} + y \right) \tag{3-32-10}$$

式(3-32-9)和式(3-32-10)相除就把相同的角速度 ω 去掉了,再把式(3-32-7)代入其中,解出摆球质心处的速度 v,即

$$v = \frac{L + \dfrac{D}{2}}{L + \dfrac{D}{2} + y} \times \frac{w}{t} \tag{3-32-11}$$

式中,D 为摆球直径;y 是摆球质心到光电门光束中心点的距离,可用游标卡尺测出。

$$y = \frac{D}{2} + Q \tag{3-32-12}$$

式中,Q 为摆球最低点到两个光束标记连线之间的距离,可用游标卡尺测出。

将式(3-32-12)代入式(3-32-11),得摆球质心速度为

$$v = \frac{L + \dfrac{D}{2}}{L + D + Q} \times \frac{w}{t} \tag{3-32-13}$$

还需要在测速门上印 2 个"光束标记",每次做实验,都要把光电门光束高度调整到该标记高度。光电门光束高度调节的方法是:转动光电门或摆球的方位,并调节摆线长度,使光电门光束射到左或右光束标记正中央,再转动光电门或摆球的方位,使测速门位于光电门的正中央。则摆球摆到最低点的动能为

$$E_{动} = \frac{1}{2} m v^2 = \frac{1}{2} m \left(\frac{L + \dfrac{D}{2}}{L + D + Q} \times \frac{w}{t} \right)^2 \tag{3-32-14}$$

可见,只要把测量数据分别代入式(3-32-4)和式(3-32-14),两式的计算结果相等或近似相等,则机械能守恒定律得到验证,并且摆球质量 m 也不必测量和代入式(3-32-4)与式(3-32-14)中计算,只要得出的是质量 m 的多少倍就可比较了。或者用第一种验证方法,把实验数据代入式(3-32-6)验证,此时需要先把数据代入式(3-32-13)计算摆球质心的速度 v。

【实验仪器】

普通单摆实验仪、游标卡尺、自制测速门、米尺各 1 个。

【实验步骤】

1. 把自制测速门按照图 3-32-1 安装在摆球上,让摆球自然下垂,调节仪器水平及光电

门高度及角度,让光电门的光束开口与测速门等高。

2. 把摆球拉向释放架,并使测速门平面方向与摆动面垂直。

3. 用游标卡尺测出摆球上顶点的高度 h_1。

4. 预置光电计时器为一个计时周期并单击"执行"按钮。

5. 释放摆球,当摆球上的测速门划过光电门光束后,记录光电计时器显示的时间 t(也即测速门两个边框挡光的时间间隔)。

6. 用游标卡尺测出摆球在静止时的最低点状态下摆球顶点的高度 h_2。

7. 用游标卡尺测量摆球半径 D,摆球底部与测速门标记连线之间的距离 Q,测速门的宽度 w;用米尺测量摆线长度 L。

8. 把上述测量数据代入式(3-32-4)和式(3-32-14),验证机械能守恒。

【参考实验数据及处理】

参考实测数据:摆球直径 $D = 1.886$ cm,摆线长度为 $L = 71.85$ cm,测速门宽度 $w = 1.267$ cm,测速门划过光电门用时 $t = 0.019\,4$ s(三次测量值 0.0194、0.0197、0.0191 的平均值)。摆球最低点到两个光束标记连线之间的距离 $Q = 1.071$ cm。用游标卡尺读取摆球在最高位置时小球顶部的相对高度 $h_1 = 12.85$ cm $= 0.128\,5$ m,用游标卡尺读取摆球自然下垂到最低位置时的小球顶部的相对高度 $h_2 = 10.40$ cm $= 0.108\,0$ m。

把实测数据代入式(3-32-4),有

$$E_{势} = mg(h_1 - h_2) = m \times 9.807 \times (0.128\,5 - 0.108\,0) = 0.201\,0\ m\text{J}$$

把实测数据代入式(3-32-14),有

$$E_{动} = \frac{1}{2}m\left(\frac{L + \dfrac{D}{2}}{L + D + Q} \times \frac{w}{t}\right)^2 = 0.5m\left(\frac{71.85 + \dfrac{1.886}{2}}{71.85 + 1.886 + 1.071} \times \frac{0.012\,67}{0.019\,4}\right)^2 = 0.2019\ m\text{J}$$

相对误差为

$$\eta = \frac{E_{动} - E_{势}}{E_{势}} = \frac{0.201\,9\ m - 0.201\,0\ m}{0.201\,0\ m} \times 100\% = 0.45\%$$

由上述实验数据处理结果可见,$E_{势} \approx E_{动}$。这表明,摆球在高点静止状态下的重力势能几乎全部转化成了摆球摆到最低点的动能,机械能守恒定律得到验证。

【研究结论】

本实验对最常见的单摆实验仪稍加改动,仅仅增加了一个自制的简易测速门,再把单摆实验仪的周期设置为测量一个周期,就可验证机械能守恒定律,十分方便,还达到了做实验时必须综合利用单摆、物体做圆周运动的径向力不做功、动能及势能等知识点来进行机械能守恒研究的目的,有利于培养学生的知识综合应用能力和创新设计意识。实验仪器拆下测速门又可做单摆实验测重力加速度,使仪器一机两用。这个创新,虽然简单易行、效果很好,但是不易想到,这就是技术创新的一个特点。因此,大家一定要善于发掘现有技术的可创新点,努力思考,为技术创新作出贡献。

附　表

附表 1　国际单位制

	量的名称	单位名称	单位符号		SI 基本单位和用其他 SI 导出单位表示式
			中文	国际	
基本单位	长度	米	米	m	
	质量	千克	千克	kg	
	时间	秒	秒	s	
	电流	安培	安	A	
	热力学温标	开尔文	开	K	
	物质的量	摩尔	摩	mol	
	发光强度	坎德拉	坎	cd	
辅助单位	平面角	弧度	弧度	rad	
	立体角	球面度	球面度	sr	
导出单位	面积	平方米	米^2	m^2	
	速度	米每秒	米/秒	m/s	
	加速度	米每平方秒	米/秒^2	m/s^2	
	密度	千克每立方米	千克/米^3	kg/m^3	
	频率	赫兹	赫	Hz	s^{-1}
	力	牛顿	牛	N	kg·m/s^2
	压力、压强、应力	帕斯卡	帕	Pa	N/m^2
	能量、功、热量	焦尔	焦	J	N·m
	功率、辐射能通量	瓦特	瓦	W	J/s
	电荷、电量	库仑	库	C	A·s
	电压、电动势、电位	伏特	伏	V	W/A
	电容	法拉	法	F	C/V
	电阻	欧姆	欧	Ω	V/A
	磁通量	韦伯	韦	Wb	V·s
	磁感应强度	特斯拉	特	T	Wb/m^2
	电感	亨利	亨	H	Wb/A
	光通量	流明	流	lm	cd·sr
	光照度	勒克斯	勒	lx	lm/m^2
	动力黏度	帕斯卡秒	帕·秒	Pa·s	
	表面张力	牛顿每米	牛/米	N/m	
	质量热容	焦尔每千克开尔文	焦/(千克·开)	J/(kg·K)	
	热导率	瓦特每米开尔文	瓦/(米·开)	W/(m·K)	
	介电常数(电容率)	法拉每米	法/米	F/m	
	磁导率	亨利每米	亨/米	H/m	

附表 2 基本物理常数 1986 年国际推荐值

物理量	符号	数值	单位	不确定度 ppm
真空中的光速	c	299 792 458	ms^{-1}	(精确)
真空磁导率	μ_0	$1.255\ 637\ 1 \times 10^{-6}$	$N \cdot A^{-1}$	(精确)
真空介电常量	ε_0	$8.854\ 187\ 817 \times 10^{-12}$	$F \cdot m^{-1}$	(精确)
牛顿引力常量	G	6.672 59(85)	$10^{11}\ m^3\ kg^{-1} \cdot s^{-2}$	128
普朗克常量	h	6.626 075 5(40)	$10^{-34} J \cdot s$	0.60
基本电荷	e	1.602 177 33(49)	$10^{-19}\ C$	0.30
电子质量	m_e	0.910 938 97(54)	$10^{-30}\ kg$	0.59
电子荷质比	$-e/m_e$	-1.758 819 62(53)	$10^{11}\ C/kg$	0.30
质子质量	m_p	1.672 623 1(10)	$10^{-27}\ kg$	0.59
里德伯常量	R_∞	10 973 731.534(13)	m^{-1}	0.001 2
精细结构常数	a	7.297 353 08(33)	10^{-3}	0.045
阿伏伽德罗常量	N_A, L	6.022 136 7(36)	$10^{23}\ mol^{-1}$	0.59
气体常量	R	8.314 510(70)	$J\ mol^{-1}\ K^{-1}$	8.4
玻尔兹曼常量	k	1.380 658(12)	$10^{23}\ J \cdot K^{-1}$	8.4
摩尔体积(理想气体) $T=273.15\ K; p=101\ 325\ Pa$	V_m	22.414 10(29)	L/mol	8.4
圆周率	π	3.141 592 65		
自然对数底	e	2.718 281 83		
对数变换因子	$\log_e 10$	2.302 585 09		

参考文献

[1] 郭松青.普通物理实验教程[M].北京:高等教育出版社,2019.

[2] 刘安平.电磁学实验[M].北京:科学出版社,2022.

[3] 刘维慧.大学物理实验教程[M].北京:高等教育出版社,2022.

[4] 黄义清.大学物理实验教程(修订版)[M].北京:电子工业出版社,2016.

[5] 陈东生.大学物理实验[M].北京:中国电力出版社,2016.

[6] 黄水平.大学物理实验教程[M].北京:机械工业出版社,2020.

[7] 牛原.大学物理实验[M].2 版.北京:高等教育出版社,2023.